中等职业教育农业部规划教材

YUANLIN CELIANG
园 林 测 量

肖振才　主编

中国农业出版社

内容简介

  《园林测量》是中等职业教育农业部"十二五"规划教材。本教材以实践技能为主线，围绕实践技能展开理论知识，体现职业性，突出技能性。在保证系统性的同时，力求使内容精简、通俗、适用，注重操作技能的培养，做到图文并茂。

  本教材分为"园林测量基础知识"、"地形图测绘"和"测量在园林中的应用"3篇，共设10章内容。根据学习识记规律，在每章中设有学习目标、教学方法、知识探究、知识运用、思考练习、资料库、实习实训、考核评分等栏目，利于学生预习、复习及便于教师备课。教材还配有多媒体课件（PPT）光盘供任课教师上课及学生自学、课后复习使用。

  本教材适用于中等职业学校园林技术、园林绿化及相近专业教学使用，也可用于从事园林工作的人员进行岗位培训。

编 写 人 员

主 编 肖振才（广西桂林林业学校）

副主编 谢阳军（福建省三明市农业学校）

参 编（按姓名笔画排序）

马小友（山东省济宁高级职业学校）

王文侠（河北省邢台市农业学校）

吴永隆（安徽省黄山茶业学校）

前 言

《园林测量》被列为中等职业教育农业部"十二五"规划教材。本教材是中等职业学校园林技术专业及园林绿化专业的一门重要专业基础课，是后续学习《园林规划设计》、《园林工程》、《园林工程预算》等专业课的基础。

本教材针对中等职业学校学生的特点，以掌握实践技能为主线，围绕实践技能展开理论知识。在保证教材系统性的同时，力求使内容精简、通俗、适用，注重操作技能的培养，做到图文并茂。

本教材分为"园林测量基础知识"、"地形图测绘"和"测量在园林中的应用"3篇，共10章内容。教材中标有"＊"的章节为选学内容，各学校可根据实际情况选用。根据学习识记规律，在各章中设计有如下栏目：

【学习目标】使师生明确学习该章应达到的效果。

【教学方法】建议该章采用的教学方法，供教师备课参考和安排教学，提高教学效果。

【知识运用】列举所学知识在生产实践中的运用，激发学生的学习积极性。

【知识探究】介绍重点知识内容。

【资料库】简要介绍本章专业相关知识、学科最新发展等，为教师备课和学生学习提供多元化和丰富的素材。

【思考练习】在每章中以名词解释、判断题、选择题、简答题、计算题、绘图题等形式出思考练习题，便于学生课后复习及考试。

【实习实训】布置该章实践项目的目的、内容、所需仪器、用具、操作的方法、步骤、注意事项及上交资料要求等，便于教师、学生提前准备。

【考核评分】对需考核学生的操作项目，结合教学，设计简便易行，能准确反映学生独立操作能力的标准、方法、步骤与评分办法。

此外，教材配有多媒体课件（PPT）供任课教师上课及学生自学、课后复习使用。

本教材适用于中等职业学校园林技术、园林绿化及相近专业教学使用，也可

用于从事园林工作的人员进行岗位培训使用。

本教材由广西桂林林业学校肖振才主编并统稿，福建省三明市农业学校谢阳军副主编。编写分工如下：肖振才编写第一章、第十章及全书教学实训，谢阳军编写第四章、第八章，马小友编写第五章、第九章，王文侠编写第六章、第七章，吴永隆编写第二章、第三章。

在教材编写过程中，参考了测量有关教材、文献，在此一并致谢！

由于编者水平有限，加上时间仓促，教材中难免存在缺点及不足之处，敬请读者批评指正！

编　者

2012 年 3 月

目　录

前言

第一篇　园林测量基础知识

第一章　测量基本知识 ·· 2

　　第一节　测量学概述 ·· 2

　　第二节　地面点位的确定 ·· 4

　　第三节　园林图纸的种类 ·· 6

　　第四节　比例尺 ·· 7

　　第五节　测量工作概述 ·· 9

　　【思考练习】 ·· 13

第二章　距离测量与罗盘仪测量 ·· 15

　　第一节　直线定线与距离丈量 ·· 15

　　第二节　电磁波测距 ·· 20

　　第三节　直线定向 ·· 22

　　第四节　罗盘仪测量 ·· 24

　　【思考练习】 ·· 30

　　【实习1】直线定线与距离丈量 ·· 32

　　【实习2】罗盘仪测磁方位角 ·· 33

　　【考核1】罗盘仪测磁方位角 ·· 34

第三章　水准测量 ·· 36

　　第一节　水准测量原理 ·· 36

　　第二节　水准测量仪器及其使用 ·· 38

　　第三节　水准测量的方法 ·· 43

　　第四节　水准测量的误差及注意事项 ·· 50

　　*第五节　水准仪的检验与校正 ·· 53

　　*第六节　自动安平水准仪与电子水准仪简介 ······································ 55

　　【思考练习】 ·· 60

　　【实习3】水准仪的构造与使用 ·· 62

　　【实习4】水准路线测量及成果整理 ·· 64

【考核 2】水准仪测两点的高差 ································· 67

第四章　经纬仪测量 ································· 68

第一节　角度测量原理 ································· 68
第二节　光学经纬仪的构造及使用 ················· 69
第三节　角度测量方法 ································· 75
第四节　角度测量的误差和注意事项 ················· 79
第五节　视距测量 ································· 81
＊第六节　经纬仪的检验与校正 ··················· 83
＊第七节　电子经纬仪简介 ······················· 86
【思考练习】 ································· 93
【实习 5】经纬仪的构造及读数 ··················· 94
【实习 6】水平角观测（测回法） ················· 96
【实习 7】竖直角观测 ····························· 97
【实习 8】视距测量 ····························· 98
【考核 3】测回法观测水平角 ····················· 99

第五章　测量误差基本知识 ················· 101

第一节　测量误差概述 ························· 101
第二节　衡量精度的指标 ······················· 104
【思考练习】 ································· 107

第二篇　地形图测绘

第六章　图根控制测量 ················· 110

第一节　控制测量概述 ························· 110
第二节　经纬仪导线测量 ······················· 111
第三节　图根点的展绘 ························· 118
＊第四节　前方交会加密控制点 ················· 120
第五节　高程控制测量 ························· 121
【思考练习】 ································· 123
【实习 9】经纬仪导线测量 ····················· 125

第七章　大比例尺地形图测绘 ················· 127

第一节　地形图测绘基本知识 ··················· 127
第二节　地形测图的方法 ······················· 135
第三节　地形图的绘制 ························· 140
＊第四节　全站仪与数字化测图简介 ··············· 142
【思考练习】 ································· 154

【实习 10】平板仪的使用 ·· 155

【实习 11】地形碎部测量 ·· 157

第三篇　测量在园林中的应用

第八章　地形图的应用 ··· 160

第一节　地形图识读基本知识 ·· 160

第二节　地形图的应用 ·· 166

第三节　面积计算 ··· 171

【思考练习】 ··· 179

【实习 12】地形图野外用图 ·· 182

【实习 13】地形图量算 ·· 182

＊第九章　园林道路测量 ·· 184

第一节　概述 ··· 184

第二节　中线测量 ··· 185

第三节　纵断面测量 ·· 194

第四节　横断面测量 ·· 196

第五节　纵断面图的绘制 ··· 199

第六节　路基设计图的绘制 ·· 202

第七节　土石方的计算 ·· 203

【思考练习】 ··· 206

【实习 14】园林道路中线测量 ··· 207

【实习 15】园路纵、横断面测量 ·· 209

第十章　园林工程测量 ·· 212

第一节　园林工程测量概述 ·· 212

第二节　园林场地平整测量 ·· 213

第三节　测设的基本工作 ··· 218

第四节　点位测设的基本方法 ··· 220

第五节　园林建筑施工测量 ·· 223

第六节　其他园林工程施工放样 ··· 227

【思考练习】 ··· 230

【实习 16】水平角、水平距测设 ·· 231

【实习 17】高程测设 ·· 232

教学实训 ·· 234

园林测量实训须知 ··· 234

【实训 1】大比例尺地形图测绘 ··· 236

【实训 2】园林工程施工测量 ························ 238

【＊实训 3】场地平整测量 ························ 240

【＊实训 4】园林道路测量 ························ 240

主要参考文献 ························ 243

园林测量基础知识

测量基本知识

第一节　测量学概述

一、测量学的概念

测量学是研究如何测定地面点的平面位置和高程，将地球表面的几何形状及其他信息测绘成图，以及确定地球的形状和大小的学科。

二、测量学的分类

测量学按研究对象和应用范围，可以分为以下几门学科：

1. 大地测量学　研究在广大区域建立国家大地控制网，以及测定地球的形状、大小和地球重力场的理论、技术和方法的学科。随着人造地球卫星的发射和遥感技术的发展，大地测量又分为常规大地测量和卫星大地测量。

2. 普通测量学　研究地球表面较小区域（半径≤10km）内测绘工作的基本理论、技术、方法和应用的学科。在此区域内可将地球表面视为平面，而不考虑地球曲率的影响。

3. 摄影测量学　研究利用摄影或遥感技术获取被测物体的信息，以测量物体的形状、大小和空间位置等信息的理论和方法的一门学科。根据摄影方式不同分为地面、水下、航空、航天等摄影测量。

4. 工程测量学　研究工程建设在勘测设计、施工和管理阶段所进行的各种测量工作的学科。包括工业建设、城市建设、铁路、公路、桥梁、隧道、矿山、水利工程、地下工程、管线工程等各项工程。

本教材定名为《园林测量》，其内容包括普通测量学和工程测量学的基本内容。

三、测量学的作用

测绘技术在国民经济建设、国防建设和科学研究中起着重要的作用。

测量学在园林建设中的应用也非常广泛。在进行公园或绿地规划设计、园林苗圃设计时，首先必须了解该地区地面高低起伏、坡向和坡度变化情况及道路、水系、房屋、管线、植被等地物的分布情况，以便合理地进行山、水、路、植物和园林建筑的综合规划和设计，而这些资料，需要通过测量工作绘制成的地形图、平面图和断面图获得；在进行规划设计时，需要把规划设计的结果标绘到地形图上（称为规划设计图）；某些园林工程（如园路、广场等）还需详细的专项工程测量，以便进行细部设计；在施工过程中，要把图上已设计好的各项园林工程的位置，准确地标定在实地上，以便工程施工；当园林工程施工完毕后，有时还要测绘竣工图，为今后的使用、管理、维修和扩建提供资料。这些都必须依靠测量工作来实现。

四、园林测量的任务

通过学习，使读者掌握园林测量的基本知识、基本理论和基本技能，具有使用常规测量仪器的操作技能，了解先进测绘仪器的功能、基本构造和使用方法；熟悉小范围大比例尺地形图测绘的过程和方法，对数字化测图有所了解；在园林规划、设计和施工中能正确使用地形图和测量信息，能进行一般园林工程的施工放样工作；为学习园林绿地规划设计、园林工程等专业课程打下基础。

概括地说本课程的任务包括测绘（测图）、用图和测设（施工放样）三方面。

"测绘"（测图）就是运用一定的方法、手段，采用一定的仪器设备，把地面上的地物和地貌按规定的比例尺测绘到图纸上，供规划设计使用。

"用图"就是使用地形图，泛指使用地形图的知识、方法和技能，能利用地形图解决园林工程中的一些基本问题。

"测设"（施工放样）就是把图上已规划和设计好的工程或建筑物的位置，准确地测定到地面上，作为施工的依据。

五、测量技术的发展

随着计算机技术、电子技术、激光技术、遥感技术和空间技术的发展和应用，以及测绘科技本身的进步，为测量提供了新的工具和手段，推动了测量技术的发展。例如：全站仪集光电测距仪、电子经纬仪和微处理机的功能于一体，可以以很高的精度同时测定出距离、角度和高程，并根据需要，利用其微处理机计算出待定点的坐标和高程，利用传输的接口把全站仪野外采集的数据终端与计算机、绘图仪连接起来，配备数据处理软件和绘图软件，实现地形图测绘的自动化（即机辅成图系统）；又如：全球定位系统（GPS），不仅能同时测定点的三维坐标，而且具有高精度、测点间无需通视、不受气候限制等优点，为测量工作提供了一种崭新的技术方法和手段。总之，随着测量仪器和测绘技术的不断发展和应用，测量工作正朝着电子化、数字化和自动化的方向发展。

第二节　地面点位的确定

地面点的位置，是由它的平面位置（坐标）和高低位置（高程）确定的。由于测量工作是在地球表面上进行的，所以首先需要了解水准面与大地水准面的概念。

一、水准面与大地水准面

地球的形状似一个椭圆球体，它的自然表面是一个极其复杂的不规则曲面，有山地、丘陵、平原、盆地、高原和海洋等。在陆地上，最高点位于我国喜马拉雅山的珠穆朗玛峰，高出平均海水面8 844.43m；在海洋中，最深点位于太平洋的马里亚纳海沟，低于平均海水面11 022m。地球表面最高与最低两点高差近20km。

地球表面虽然起伏很大，但对平均半径为6 371km的地球来说，还是微不足道的（最大的高低变化幅度只约为地球半径的1/320）。又因为海洋面积约占整个地球表面面积的71%，所以假定海水处于"完全"静止状态时，把海水面延伸到大陆内部的包围整个地球的连续曲面，称为"水准面"。

由于潮汐的影响，海水涨落时高时低，所以水准面有无数个，其中与平均海水面重合的封闭曲面称为"大地水准面"。大地水准面是高程的起算面（高程为零）。

二、地面点位的表示方法

为了确定一个点的位置，需要设定一个基准面作为点位的投影面。在大范围内进行测量工作时，以大地水准面作为地面点投影的基准面；若在小范围（半径≤10km）内测量，则可用水平面作为地面点投影的基准面。

地面点投影到基准面之后，其位置用坐标和高程来表示。

（一）地面点的坐标

地面点的坐标可用"地理坐标"和"平面直角坐标"表示。而平面直角坐标又分为"高斯平面直角坐标"和"独立（或任意）平面直角坐标"。

1. 地理坐标　地球表面任意一点的经度和纬度，称为该点的"地理坐标"。

如图1-1所示，NS为地球旋转轴，通过地球旋转轴的面称为"子午面"；通过英国格林尼治天文台的子午面

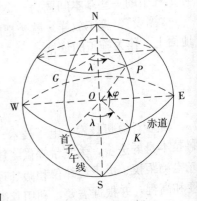

图1-1　地理坐标

称为"首子午面"（即起始子午面）；子午面与地球表面的交线称为"经度线"或"子午线"（图 1-1 中的 NPS）；首子午面与地球表面的交线称为"首子午线"（图 1-1 中的 NGS）；过球心 O 且与地球旋转轴垂直的平面称为"赤道平面"，赤道平面与地球表面的交线称为"赤道"（图 1-1 中的 WKE）。

过地球表面任意点 P 的子午面与首子午面所夹的两面角（图中的 λ）称为"经度"，经度线在首子午面以东者为东经，以西者为西经，其值在 $0° \sim 180°$。中国在东经 $72° \sim 138°$。

过 P 点的基准线（即铅垂线）PO 与赤道平面的夹角（图中的 φ）称为 P 点的"纬度"，在赤道以北为北纬，以南者为南纬，其值在 $0° \sim 90°$。中国位于北半球，纬度为北纬。

地理坐标按坐标所依据的基准线和基准面的不同以及解算方法的不同，可进一步分为天文地理坐标和大地地理坐标。以铅垂线（重力的方向线）为基准线，以大地水准面为基准面的地理坐标称为"天文地理坐标"，其经度、纬度分别用 λ、φ 表示，它是用天文测量的方法直接测定的；以法线（与旋转椭球面垂直的线）为基准线，以参考椭球面为基准面的地理坐标称为"大地地理坐标"，其经度、纬度分别用 L、B 表示，它是根据起始的大地原点坐标和大地测量所得的数据推算而得的。

2. 高斯平面直角坐标　高斯平面直角坐标系简称"高斯坐标系"，它是以高斯投影后的中央子午线（经线）作为纵轴（x 轴），赤道作为横轴（y 轴），中央经线和赤道的交点作为坐标系原点，如图 1-2 所示。某点的高斯坐标以相应的"x，y"表示。该坐标系应用于中、小比例尺的地形图中。

我国位于北半球，任何点的纵坐标 x 值均为正值；横坐标 y 值在中央经线以东为正值、以西为负值。为了使用坐标方便，避免 y 出现负值，在地形图上将所有 y 值加上 500km（相当于原纵轴西移 500km）。为了表明坐标值属于哪个投影带，规定 y 值加上 500km 后，在其值前面再加写投影带的带号，这样形成的横坐标值称为"通用坐标"。未加上述两项内容的坐标称为"自然坐标"。

如：某点位于 37 投影带内，自然坐标为（2 798km，−65km），则其通用坐标为（2 798km，37 435km）。

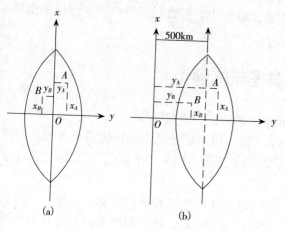

图 1-2　高斯平面直角坐标

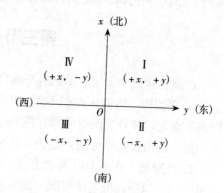

图 1-3　平面直角坐标

3. 独立（或任意）平面直角坐标 在测区范围较小（半径≤10km）时，不必考虑地球曲率的影响，可将大地水准面当作水平面。测量时可将地面上的点沿铅垂线直接投影到水平面上，并用各点的平面直角坐标来表示其位置。该坐标系应用于大比例尺的地形图中。

建立独立平面直角坐标系的方法是：以过测区原点的南北方向为坐标系的纵轴，用 x 表示；以过测区原点的西东方向为坐标系的横轴，用 y 表示。它和数学上平面直角坐标系中的纵、横轴相反，且象限排列次序为顺时针（也和数学上相反），如图1-3所示。坐标系建立后，测区内各点的位置用统一的坐标（x, y）表示。

（二）地面点的高程

地面上任意一点到大地水准面的垂直距离称为该点的"绝对高程"（或海拔），用 H 表示，如图1-4中的 H_A 和 H_B。

在有些测区，引用绝对高程有困难，为了工作方便可以采用假定的水准面作为高程起算的基准面。地面上一点到假定的水准面的垂直距离称为该点的"相对高程"（或假定高程）。如图1-4中的 H_A' 和 H_B'。

地面上两点高程之差称为"高差"，用 h 表示。如图1-4中，A点高程为 H_A，B点高程为 H_B，则A点对于B点的高差 $h_{AB}=H_B-H_A$，当 h_{AB} 为正值时，说明A点高程低于B点高程；h_{AB} 为负值时，则相反。

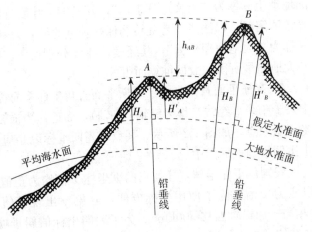

图1-4 高程与高差

知识运用

测定出地面点的坐标（根据测得的角度、距离而算得），就可以确定该点的平面位置；测定出地面点的高差，就可以确定该点的空间位置。在地形测量中，需要测定出每个地物、地貌特征点的角度、距离和高程。在园林工程施工放样中，需要根据设计图中点位的坐标、高程，用仪器在实地测定出各点的准确位置。

第三节 园林图纸的种类

在园林建设中常用的图纸有平面图、地形图、断面图、透视图等。

1. 平面图 当测区面积不大（半径≤10km）时，可以把测区内的地物沿铅垂线方向投影到平面上，按规定的符号和比例缩小而构成的相似图形，称为"平面图"。如园林设计总平面图，种植设计平面图，建筑设计平面图，等等。

2. 地形图 在图上既表示出道路、河流、居民地等各种地物的平面位置，又用等高线表示出测区的地面高低起伏状况（地貌）的图，称为"地形图"。许多园林建设都是在地形图基础上进行。如园林道路设计，场地平整，堆山挖湖，给水排水管道布设，等等。

3. 断面图　假想用剖切面剖开物体后，仅画出该剖切面与物体接触部分的正投影，所得的图形称为"断面图"。在园林设计中，常为表示地面某一方向起伏状况而绘制断面图，以便于指导施工。如园林道路纵断面图，横断面图，假山断面图，人工湖断面图，等等。

4. 透视图　在人与景物之间设立一个透明的铅垂面作为投影面，人的视线（投射线）透过投影面而与投影面相交所得的图形，称为"透视图"。在园林设计中，常用透视图表示整个园林景观建成后的立体效果，以便让未经专业学习的人都能理解设计思想。本内容在《园林制图》课程中学习，本书不详述。

第四节　比 例 尺

 知识探究

一、比例尺的概念

无论是平面图、地形图还是断面图，都不可能将地球表面的形状和物体按真实大小描绘在图纸上，而必须用一定的比例缩小后，按规定的图式在图纸上表示出来。"比例尺"就是图上某一线段长度（d）与地面上相应线段水平距离（D）的比值。用分子为 1 的分数式表示：

$$\frac{1}{M}=\frac{d}{D} \tag{1-1}$$

式中：M 为比例尺分母，表示缩小的倍数；图上长度 d 通常用厘米（cm）作单位；实地距离 D 通常用米（m）作单位。计算时注意将图上长度化为米（m）。

根据比例尺，可以解决生产中的两个实际问题：

（1）根据图上长度求出相应地面的水平距离：

$$D = dM \tag{1-2}$$

（2）根据地面上两点的水平距离可求出在图上的相应长度：

$$d = \frac{D}{M} \tag{1-3}$$

📃 知识运用

例 1：在 1：500 的地形图上，量得某建筑边线长 $d = 2.4\mathrm{cm}$，则其实地水平距离为：
$$D=dM=2.4\times500=1\,200（\mathrm{cm}）=12（\mathrm{m}）$$

例 2：量得某公园一段道路水平距离 $D = 120\mathrm{m}$，绘在 1：1 000 的地形图上，其相应图上长度为：

$$d=\frac{D}{M}=\frac{120}{1\,000}=0.12（\mathrm{m}）=12（\mathrm{cm}）$$

比例尺的大小，取决于分数值的大小，即分母愈大，比例尺愈小，反之亦然。

测量上通常把比例尺≥1：5 000 的图称为大比例尺图，比例尺 1：1 万～1：10 万的图称

为中比例尺图，比例尺<1∶10万的图称为小比例尺图。

知识探究

二、比例尺种类

由于测量和用图的需要，比例尺表示的方法有所不同，可分为以下两种类型：

1. 数字比例尺 数字比例尺使用分子为1的分数或数字比例形式来表示的，如1/200、1/500、1/1 000、1/5万等，也可写成1∶200、1∶500、1∶1 000、1∶5万等。

2. 图示比例尺 图示比例尺的种类有直线比例尺、三菱比例尺和复式比例尺（即斜线比例尺）。下面主要介绍较常用的直线比例尺。

直线比例尺是直接画在某种图纸上的，能直接进行图上长度与相应实地水平距离的换算，并可避免图纸伸缩而引起的误差。

图1-5为1∶500的直线比例尺，它的绘制方法是：先在图上绘一条直线（单线或双线），把它分成若干个1cm或2cm（视比例尺不同而不同）长的基本单位（一个基本单位为一大格），再把左端的一个基本单位又分成十等分（一个等分为一小格），最后在大格与小格的分界处标注0，在其他分格上标注其相应的实际水平距离。

使用时，以分规两脚尖分别对准图上待量的两点，然后移至直线比例尺上，一脚尖对准直线比例尺右端的某一整分划线上，另一脚尖落在左端的小格线中，两脚尖的读数之和即为图上两点相应的实地水平距离（图1-5所示为23.6m）。

三菱比例尺（图1-6）和复式比例尺则主要用于绘图。

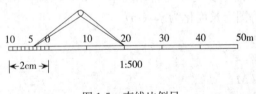

图1-5　直线比例尺

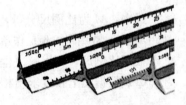

图1-6　三菱比例尺

三、比例尺精度

人用肉眼能分辨的最小距离一般为0.1mm，间距小于0.1mm的两点，只能看成一个点。因此把图上0.1mm所代表的实地水平距离称为"比例尺精度"（即0.1mm$M$）。例如，比例尺为1∶500时，比例尺精度为：0.1mm×500＝50mm＝0.05m；比例尺为1∶2 000时，比例尺精度为：0.1mm×2 000＝200mm＝0.2m。

地面上小于0.1mm$M$的长度在图上无法表示出来。由此可见，比例尺越大，图上能够表示的地物、地貌越详细，测图工作量也越大；比例尺越小，图上能够表示的地物、地貌越简略，测图工作量也越小。因此，测图时要根据工作需要选择合适的测图比例尺。

知识运用

根据比例尺精度，在测图中可解决两个方面的问题：一方面，根据比例尺的大小，确定在碎部测量量距时应准确的程度；另一方面，根据预定的量距精度要求，可确定所采用比例尺的大小。

例如，测绘 1：1 000 比例尺地形图时，实地量距精度只要达到 0.1m 即可，小于 0.1m，在图上也无法绘出；若要求在图上能显示 0.05m 的距离，则所用测图比例尺应不小于 1：500。

第五节 测量工作概述

一、测量工作的基本内容

通过学习第二节后知道，测量工作的实质就是确定地面点的位置。在实际测量工作中，使用传统测量仪器很难直接测出点的平面直角坐标 (x, y) 和高程 H，而是通过实地测量有关点位关系的基本元素，然后由计算得出。如图 1-7 所示，A、B 是已知高程和坐标的两个已知点，1、2 为待确定点，只要测出水平距离 D_{B1}、D_{12}，水平角 β_1、β_2 及高差 h_{B1}、h_{12}，经过计算就能得出 1、2 点的坐标和高程。因此，距离、角度和高差是确定点位关系的三要素；对距离、角度和高差进行测量是测量工作的基本内容。

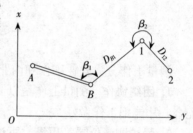

图 1-7 点位间的位置关系

二、测量工作的基本原则

在测量工作中，误差是不可避免的，有时甚至会出现错误。在测图过程中，如果从一点开始逐点连续施测，不加控制和检核，前一点的误差会传到后一点，使误差积累起来，最后可能达到不可容许的程度。

为了防止测量误差的积累，提高测量精度，在实际测量工作中，必须遵循"从整体到局部"、"先控制后碎部"、"由高精度到低精度"的原则。即先在测区范围内选定一定数量具有控制作用的点（即控制点），如图 1-8 中的 1、2、3、4、5、6 点，用精密的仪器和相应的方法测出控制点的位置，这部分测量工作称为"控制测量"；然后，再测定各控制点周围一定范围内的地物和地貌，这部分测量工作称为"碎部测量"。

需要说明的是，随着现代化测绘仪器的迅速发展和普及，传统的测量方法正受到冲击。如电子全站仪在一个测点上可同时以很高的精度测定出距离、角度和高程三要素，并根据需要，利用其自带的微处理机计算出待定点的平面坐标和高程，对测量结果进行保存或传输到电子记录簿上保存。因此，它在进行控制测量的同时，可以进行碎部测量；或先碎部测量后控制测量。如果测区范围不大（例如 1～2km），通视条件好，用电子全站仪测图时，甚至可以直接进行碎部测量。

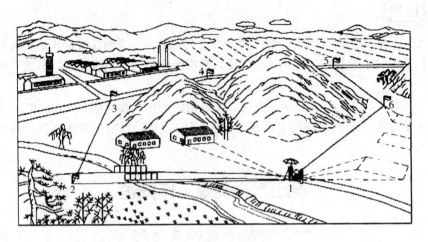

图 1-8 测量工作程序

三、测量工作的基本要求

测量工作分为外业工作和内业工作。在工作中要做到以下几点：

1. 团结协作 测量工作是以队、组等集体形式进行的，因此，既要合理分工又要密切配合，才能把工作做好。

2. 爱护测量仪器、用具 不论是贵重的光学（电子）仪器还是细小的测钎，都是测量过程中不可缺少的工具，因此，要养成爱护仪器、正确使用仪器的良好习惯。

3. 认真负责 测量数据和图纸是外业工作的成果，是评定观测质量、使用观测成果的基本依据。测量人员必须坚持认真严肃的科学态度，实事求是地做好外业观测和记录工作。

4. 注意检查、校核 测量工作是一项非常细致且连续性很强的工作，一处发生错误就会影响下一步工作，甚至影响整个测量成果。因此，必须做到随时检查，步步校核，发现错误或不符合精度要求的观测数据，要查明原因，及时返工重测。

5. 保持资料的原始性 测量记录要做到内容真实、完善，书写清楚、整洁。记录一般用铅笔，如记错了，不要用橡皮擦掉，而用铅笔把它划掉，然后将正确数据写在其上方或旁边，以保持测量记录的原始性。严禁更改测量数据或测量结果。

资料库

一、"地球椭球"（参考椭球）

虽然大地水准面比地球的自然表面规则得多，但是还无法用一个数学公式表示。为了便于测绘成果的计算，科学家们选择了一个大小、形状与大地水准面极为接近又能用数学公式表达的旋转椭球来代表地球的形状和大小，这个椭球称为"地球椭球"（参考椭球），如图 1-9 所示。它的大

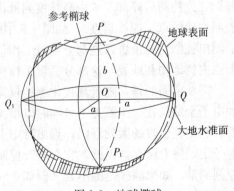

图 1-9 地球椭球

小和形状是由长半径 a、短半径 b 和扁率 f 3 个元素所决定。我国采用 1975 年"国际大地测量与地球物理联合会"16 届大会推荐的椭球元素值。即：

长半轴：$a = 6\ 378\ 140$ （m）

短半轴：$b = 6\ 356\ 755.3$ （m）

扁率：$f = \dfrac{a-b}{a} = \dfrac{1}{298.257}$

由于参考椭球的扁率很小，因此可以把地球当成一个圆球，其半径为：

$$R = \frac{a+a+b}{3} = 6\ 371 \text{（km）}$$

二、"高斯投影"

当测区范围较大时，地球表面必须看成是曲面。把曲面上的点位或图形展绘到平面上，必然会产生变形。为了减少变形误差，必须采用一种适当的地图投影方法。地图投影有等角投影、等面积投影和任意投影 3 种。我国于 1952 年开始，正式用高斯投影作为国家及本土的投影方法，它是一种等角投影，保证椭球面上的微分图形投影到平面后能保持相似关系，这也是地形测图的基本要求。

高斯投影是"高斯-克吕格投影"的简称，由德国数学家、物理学家、天文学家高斯于 19 世纪 20 年代拟定，后经德国大地测量学家克吕格于 1912 年对投影公式加以补充，又称"等角横切椭圆柱投影"。

高斯投影时，先将地球划分成若干个投影带，然后把每个投影带投影到平面上。

投影带划分后，即可进行高斯投影。如图 1-10（a）所示，它是以一个椭圆柱面套在椭球体外面，椭圆柱的中心轴通过椭球体中心，使椭球体上某带中央经线与椭圆柱面相切，在保持等角的条件下，将中央经线东、西各在一定经差范围内的经线和纬线投影到椭圆柱面上，再将圆柱分别沿着通过南、北极的两直线切开展成平面，便得到该带在平面上的投影，这就是高斯投影，如图 1-10（b）所示。

1：2.5 万至 1：50 万的地形图采用 6°带。投影带从首子午线开始，自西向东每隔经差 6°为一带，将全球划分成 60 个投影带，依次以 1、2、3……60 进行编号，如图 1-10（c）所示。位于各带中央的子午线称为该带的中央经线（子午线），其经度 L_0 与相应投影带带号 N 的关系为

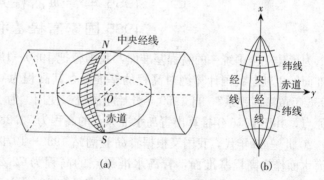

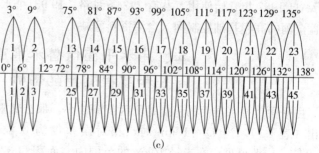

图 1-10　高斯投影

$L_0 = 6°N - 3°$。

大于等于 1：1 万的地形图采用 3° 投影带，投影变形更小。它是从东经 1°30′ 的子午线开始，自西向东每隔经差 3° 划分一带，将全球划分成 120 个投影带，依次以 1、2、3……120 进行编号。各带的中央经线经度 L_0 与相应投影带带号 N 的关系为 $L_0 = 3°N$。

如图 1-10（b）所示，在高斯投影平面上，中央经线为一直线，且长度不变，其余经线均为凹向中央经线的弧线，离中央经线愈远，其变形愈大；赤道投影后也为直线，其余纬线均为凸向赤道的弧线；中央经线与赤道、其余的经线与纬线投影后仍保持互相垂直（即无角度变形）。

三、"1954 年北京坐标系"与"1980 年西安坐标系"

"1954 年北京坐标系"是将我国大地控制网与苏联 1942 年普尔科沃大地坐标系相联结后建立的我国过渡性大地坐标系。采用前苏联克拉索夫斯基椭圆体，大地原点在前苏联西部的普尔科夫，是在 1954 年完成测定工作的，所以叫"1954 年北京坐标系"，我国标有"1954 年北京坐标系"的地形图上的平面坐标位置都是以这个数据为基准推算的。

"1980 年西安坐标系"采用 1975 年国际大地测量与地球物理联合会第 16 届大会推荐的地球椭球参数。大地原点的天文地理坐标和大地地理坐标是一致的。我国的大地原点位于陕西省泾阳县永乐镇，根据该原点建立的全国统一坐标，就是我国目前使用的"1980 年西安坐标系"。

四、"1956 年黄海高程系"与"1985 国家高程基准"

为了建立全国统一的高程基准面，我国曾把 1950—1956 年的黄海平均海水面作为大地水准面，也就是我国计算绝对高程的基准面，其高程为 0；凡以此基准面起算的高程称为"1956 年黄海高程系"，自 1959 年开始全国统一使用。为了使用方便，在验潮站附近建立水准原点，并于 1956 年推算出青岛水准原点的高程为 72.289m。

20 世纪 80 年代，我国又根据青岛验潮站 1952—1979 年的验潮站数据确定新的黄海平均海水面作为高程基准面，青岛水准原点的高程为 72.260m，命名为"1985 国家高程基准"，自 1987 年开始使用。共有 292 条线路、19 931 个水准点，总长度为 93 341km，形成了覆盖全国的高程基础控制网（台湾资料暂缺）。

五、用水平面代替水准面对距离和高程测量的影响

用平面代替水准面的前提是测区范围较小，那么其限度是多大呢？按数学方法可推导计算出（表 1-1），当 $D = 10$km 时，相对误差仅为 0.8cm。当 $D = 25$km 时，相对误差为 12.8cm。由此可见，在半径 10km 的范围内（面积约 320km² 内），以水平面代替水准面所产生的距离误差可以忽略不计。可以不考虑地球曲率对水平距离的影响。

表 1-1　水平面代替水准面对距离的影响

距离 D（km）	距离误差 ΔD（cm）	相对误差 ΔD/D
10	0.8	1∶1 220 000
25	12.8	1∶200 000
50	102.7	1∶49 000
100	821.2	1∶12 000

对于精度要求较低的测量，还可以将这一范围扩大到 25km。

对高差的影响计算见表 1-2：

表 1-2　水平面代替水准面对高程的影响

距离 D（m）	10	50	100	200	500	1 000
高程误差 Δh（cm）	0.0	0.2	0.8	3.1	19.6	78.5

从表 1-2 中可看出，当距离为 50m 时，高程误差已达到 0.2cm，并随着距离的增加成倍增长。因此，用水平面代替水准面对于高程测量影响较显著，即使距离很短也应考虑地球曲率对高程的影响。

【思　考　练　习】

一、名词解释

水准面　大地水准面　绝对高程（高程、海拔）　高差　比例尺　比例尺精度

二、填空题

1. 地面点的坐标可用_____和_____两种形式表示。

2. 地面点的位置是由它的_____和_____确定的。

3. 在园林建设中常用的图纸有_____、_____、_____、_____。

4. 测量的基本工作就是_____、_____、_____，这些是研究地球表面上点与点之间相对位置的基础。

5. “1956 年黄海高程系”的国家水准原点高程为_____ m，“1985 年国家高程基准”的国家水准原点高程为_____ m。

三、单项选择题

1. 大地水准面是一个（　　）的曲面。
   A. 规则　　　　B. 不规则　　　　C. 部分规则　　　　D. 无法确定

2. 目前我国采用的坐标系统是（　　）。
   A. 1954 年北京坐标系　　　　　　B. 1980 年西安坐标系
   C. 自由坐标系　　　　　　　　　　D. 国家没有确定

3. “1985 年国家高程基准”的水准原点高程为（　　）m。
   A. 0　　　　　　B. 72.289　　　　　　C. 72.260　　　　　　D. 100

4. 在 10km 范围内，以下哪一观测量不可以用水平面来代替水准面？

    A. 水平距离   B. 水平角   C. 平面坐标   D. 高程

5. 量得某座建筑物长边方向水平距离 $D=80m$，绘在 $1：1\,000$ 的地形图上，其相应图上长度 d 为（   ）。

    A. 4cm   B. 8cm   C. 12cm   D. 16cm

6. 测绘 $1：500$ 比例尺地形图时，实地量距精度要达到（   ）。

    A. 5cm   B. 10cm   C. 15cm   D. 20cm

四、简答题

1. 测量学分为哪几种？

2. 测量学的任务有哪几项？

3. 测量学在园林建设中有哪些应用？

4. 测量的平面直角坐标系与数学的坐标系有何区别和联系？

5. 简述测量工作的基本原则。

距离测量与罗盘仪测量

学习目标

1. 掌握直线定线和钢尺量距的基本方法。
2. 了解光电测距的原理，熟悉短程激光测距仪的功能及其使用。
3. 明确直线定向的基本内容。掌握方位角、象限角等基本概念。
4. 熟悉罗盘仪的结构及使用方法，掌握罗盘仪测定磁方位角的步骤。
5. 熟悉罗盘仪导线测量、罗盘仪碎部测量的基本方法。

教学方法

1. 理论课应用多媒体课件（PPT）讲授。
2. 罗盘仪的构造及罗盘仪测磁方位角内容采用边讲、边练的方法。
3. 实习实训采用任务驱动教学法。

第一节　直线定线与距离丈量

距离是指地面上两点投影到水平面上的水平距离。距离测量是测量的基本工作之一。根据使用的工具和方法的不同，常用的距离测量方法有丈量、视距测量、电磁波测距等。本节介绍的是距离丈量。

一、地面点的标志

要测定地面点的位置或地面上两点间的水平距离，就需要先把点位明确标志出来。点的标志可分为临时性标志和永久性标志，如图 2-1 所示。

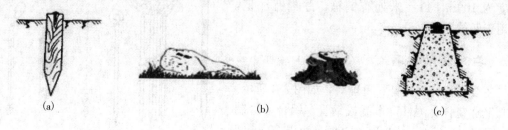

(a)　　　　　　　　(b)　　　　　　　　(c)

图 2-1　地面点的标志

临时性标志可用长 30~40cm，截面 5~7cm 的正方形木桩（a）打入地下，在其顶面中间钉一小钉或刻一"＋"字精确标定点位。硬质场地可打入钢钉用红漆涂上标定点位。利用一些岩石、树桩（b）、石阶、桥墩等也可作为临时性标志。永久性的标志可用混凝土桩或石桩（c）埋入地下，在桩顶做出标志。地面标志都应有编号、等级、所在地、点位略图及委托保管等情况，这种记载点位情况的资料称为点之记。

二、量距工具

丈量距离时，常使用钢尺、皮尺、测绳等。辅助工具有标杆、测钎和垂球等。

（一）主要工具

钢尺是钢制的带尺，如图 2-2 所示，常用的其长度有 20m、30m 及 50m 几种。钢尺的基本分划为厘米，在每米及每分米处有数字注记。一般钢尺在起点处 1dm 内刻有毫米分划；有的钢尺，整个尺长内都刻有毫米分划。

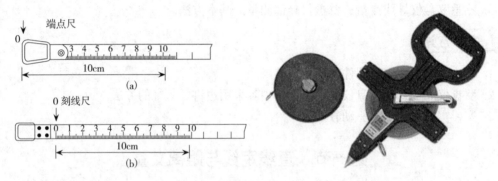

图 2-2　钢尺与皮尺

由于尺的零点位置的不同，有端点尺（a）和刻线尺（b）的区别。端点尺是以尺的最外端作为尺的零点，当从建筑物墙边开始丈量时使用很方便。刻线尺是以尺前端的一刻线作为尺的零点。

皮尺是用麻线织成的带状尺，其长度有 20m、30m 及 50m 几种。尺度最小刻画为 1cm。与钢尺类似，零刻画位置有在顶部和尺上标记之分。由于皮尺不耐拉，易于伸缩，多用于精度要求较低的测量。

测绳是由细麻绳和金属丝制成的线状绳尺，长度为 100m，每一米处有铜箍，并刻有注记，只用于低精度的丈量。

（二）辅助工具

主要有标杆、测钎、垂球等，如图 2-3 所示。标杆又称花杆、测杆，木制或钢管、铝合金管制成，直径 3~4cm，长 2~3m，杆身涂以 20cm 间隔的红、白漆，下端装有锥形铁尖，主要用于标

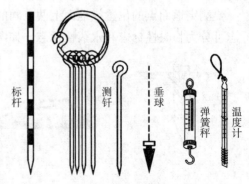

图 2-3　辅助工具

定直线方向或作为观测觇标用。测钎亦称测针，用直径 5mm 左右的粗钢丝制成，长 30～40cm，上端弯成环行，下端磨尖，一般以 6 根或 11 根为一组，穿在铁环中，用来标定尺的端点位置和计算整尺段数。垂球用于在不平坦地面丈量时标定测尺端点垂直投影的位置。

当进行精密量矩时，还需配备弹簧秤和温度计，弹簧秤用于对钢尺施加规定的拉力，温度计用于测定钢尺量矩时的温度，以便对钢尺丈量的距离施加温度改正。

三、直线定线

当地面两点之间的距离大于钢尺的一个尺段或地势起伏较大时，为方便量距工作，需分成若干尺段进行丈量，这就需要在直线的方向上插上一些标杆或测钎；在同一直线上定出若干节点，这项工作被称为直线定线。其方法有目估定线和仪器定线。一般情况，目估定线就能满足距离丈量的精度要求；当精度要求较高时，应采用经纬仪定线。

（一）两点间目测定线

目测定线适用于钢尺量距的一般方法。如图 2-4 所示，设 A 和 B 为地面上相互通视、待测距离的两点。现要在直线 AB 上定出 1、2 等分段节点。先在 A、B 两点上竖立标杆，甲站在 A 点标杆后约 1m 处，指挥乙左右移动标杆，直到甲在 A 点沿标杆的同一侧看见 A、1、B 三点处的标杆在同一直线上。用同样方法可定出 2 点和在 AB 延长线上的节点。直线定线一般应由远到近，即先定出 1 点，再定 2 点。

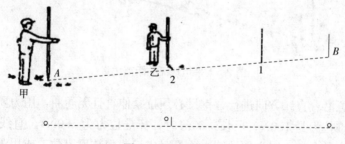

图 2-4　两点间定线

（二）经纬仪定线

当直线定线精度要求较高时，可用经纬仪定线。如图 2-5 所示，欲在 AB 直线上精确定

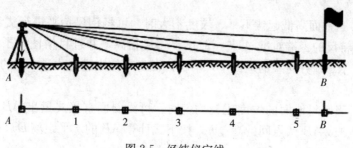

图 2-5　经纬仪定线

出 1、2、3、4、5 等点的位置，可将经纬仪安置于 A 点，用望远镜照准 B 点，固定照准部制动螺旋，然后将望远镜向下俯视，将十字丝交点投测到木桩上，并钉小钉以确定出 1 点的位置。同法标定出 2、3、4、5 等点的位置。

四、距离丈量的一般方法

(一) 平坦地面的距离丈量

丈量工作一般由两人进行。如图 2-6 所示，沿地面直接丈量水平距离时，可先在地面上定出直线方向，丈量时后尺手持钢尺零点一端，前尺手持钢尺末端和一组测钎，沿 AB 方向前进。行至一整尺段处停下，后尺手将钢尺的零点对准 A 点，指挥前尺手将钢尺拉在 A、B 直线上，当两人同时把钢尺拉紧后，前尺手在钢尺末端的整尺段长分划处竖直插下一根测钎得到 1 点，即量完一个尺段。前、后尺手抬尺前进，当后尺手到达插测钎处时停住，再重复上述操作，量完第二尺段。后尺手拔起地上的测钎，依次前进，直到量完 AB 直线的最后一段为止。

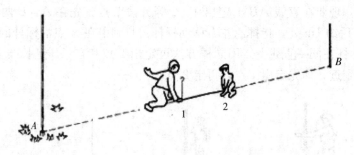

图 2-6　平坦地面的距离丈量

丈量时应注意沿着直线方向进行，钢尺必须拉紧伸直且无卷曲，用力要均匀、适当（尺长≤30m 时，标准拉力为 100N；尺长＞30m 时，标准拉力为 150N）。直线丈量时尽量以整尺段丈量，最后丈量余长，以方便计算。丈量时应记清楚整尺段数，或用测钎数表示整尺段数。然后逐段丈量，则直线的水平距离 D 按下式计算：

$$D = nl + q \qquad (2\text{-}1)$$

式中，l 为钢尺的一整尺段长；n 为整尺段数；q 为不足一整尺的尺段长。

(二) 倾斜地面的距离丈量

1. 平量法　当地面高低起伏不平、坡度不大时，可将钢尺抬平进行丈量。丈量由 A 向 B 前行，后尺手将尺的零端对准 A 点，前尺手将尺抬高，并且目估使尺子水平，用垂球尖将尺段的末端投于 AB 方向线的地面上，再插以测钎，依次进行丈量 AB 的水平距离。如图 2-7 所示。

2. 斜量法　当倾斜地面的坡度比较均匀时，可沿斜面直接丈量出 AB 的倾斜距离 D′，测出地面倾斜角 θ 或 AB 两点间的高差 h，按下式计算 AB 的水平距离 D。如图 2-8 所示。

$$D = D' \cos\theta \qquad (2\text{-}2)$$

或
$$D=\sqrt{D'^2-h^2} \tag{2-3}$$

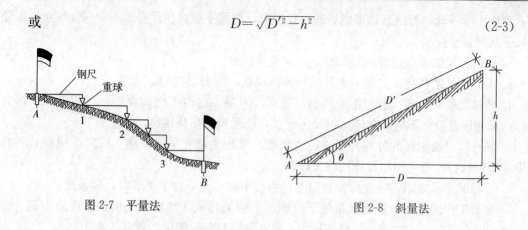

图 2-7　平量法　　　　　　　　　　　　图 2-8　斜量法

五、距离丈量的精度要求

为了进行校核和提高丈量精度，一段距离都要求进行往、返丈量或往测两次（由高处量向低处时）。丈量精度用相对误差 K 来衡量。相对误差为往、返测距离的差数绝对值 $|\Delta D|$ 与它们的平均值 $\overline{D}$ 之比，并化为分子为 1 的分数，分母越大，说明精度越高。即

$$\overline{D}=\frac{D_{往}+D_{返}}{2} \tag{2-4}$$

$$\Delta D=|D_{往}-D_{返}| \tag{2-5}$$

$$K=\frac{|\Delta D|}{\overline{D}}=\frac{1}{N} \tag{2-6}$$

一般钢尺量距的相对误差 K 值要求是：在平坦地区≤1/3 000，地势变化较大的地区应 ≤1/2 000，在量距困难地区也应≤1/1 000。

若超过限差则应分析原因，进行重测；符合精度要求时，取往返距离的平均数作为最后结果。

知识运用

例 1：在平坦地区，直线 AB 往测 136.369m，返测为 136.401m，求 AB 丈量结果及其丈量精度。

解：往返测距离的平均值

$$\overline{D}=（D_{往}+D_{返}）/2=（136.369m+136.401m）/2=136.385（m）$$

因丈量精度

$$K=|\Delta D|/\overline{D}=|136.369-136.401|/136.385=1/4\ 262<1/3\ 000$$

故 AB 的长度为 136.385（m）。

知识探究

六、距离丈量的注意事项

1. 钢卷尺使用时要小心慢拉，不可卷扭、打结。若发现有扭曲、打结情况，应细心解

开，不能用力抖动，否则容易造成折断。拉尺时，前尺手应抓住尺身而不要握住尺盒，以免将尺子从尺盒中拔出。

2. 认清钢尺的零点位置和尺面注记，避免读错数。

3. 为保证量距精度，丈量时钢尺应拉平、拉直，用力要均匀、适当。

4. 转移尺段时，前、后尺手应将钢尺提高，不要在地面上拖拉摩擦，以免磨损尺面分划；钢尺伸展开后，不能让车辆从钢尺上通过，否则极易损坏钢尺。

5. 测钎应对准钢尺的分划并竖直插直地面。单程丈量完毕后，前、后尺手应检查各自手中的测钎数目，避免加错或算错整尺段数。

6. 一测回丈量完毕，应立即检查限差是否合乎要求。不合乎要求时，应重测。

7. 丈量工作结束后，要用软布擦干净钢尺上的泥和水，然后涂上机油，以防生锈。使用皮尺或测绳要防水、防潮，拉力勿过大；尺在潮湿时应先晾干，再卷入盒中。

8. 精密量距时要用经过检定的钢尺量距。

第二节　电磁波测距

电磁波测距是用电磁波（光波或微波）作载波，传输测距信号，以测量地面上两点间距离的一种方法。它具有测程远（远程 30km 以上、中程 5～30km、短程 5km 以下）、精度高、作业快、较少受地形限制等优点。有以微波段的无线电波作为载波的微波测距仪，以激光作为载波的激光测距仪和以红外光作为载波的红外光测距仪。红外光测距仪及小型激光测距仪的测程一般在 5km 以内，常用于小区域控制测量、地形测量、园林工程测量中。目前，各类光电测距仪正向着高效率、轻小型、全能性、数字化和自动化方向发展，并得到广泛应用。

一、光电测距的基本原理

光电测距仪是通过测量光波在待测距离上往、返一次所需的时间和光波传播的速度，来确定两点间的距离。如图 2-9 所示，欲测定 A、B 两点间的距离 D，应安置测距仪于 A 点，安置反射棱镜（简称反光镜）于 B 点。由仪器发出调制光波由 A 到达 B，经反光镜反射又回到仪器，测出光波在 A、B 之间往返

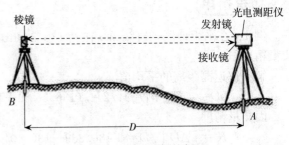

图 2-9　光电测距原理

传播所用的时间 t，则距离 $D = ct/2$，其中 c 为光在大气中的传播速度，约为 $3 \times 10^8 \text{m/s}$。

二、光电测距仪的基本操作

(一) 光电测距仪的基本结构

光电测距仪的种类较多，但其基本结构是一致的，都是由照准头、反射器、微处理系统

和电源四大部分组成。

1. 照准头　一般包括光源系统、发射系统和接收系统 3 部分。光源系统发出光波，并经过调制变为调制波，由发射系统发射至待测目标，调制波经目标反射回到接收系统，接收系统将接收到的信号转换成电信号，并送到微处理系统进行处理。

2. 反射器　反射器是由一块或多块棱镜组成，这种棱镜的特点是能使反射波与入射波保持平行。

3. 微处理系统　对测距信号进行一系列处理，最后由显示器输出测量结果，如平距、斜距、高差、坐标增量或三维坐标等。

4. 电源　光电测距仪一般由可充电的镍镉电池作为电源，电池配有专用的充电器。

（二）徕卡迪士通 D5 激光测距仪及其使用

徕卡迪士通 D5 是徕卡公司生产的一款手持式短距激光测距仪。该测距仪如图 2-10 所示，具有 4 倍变焦数码瞄准器，2.4 英寸彩色显示屏，±45°倾角传感器。

1. 测距仪的主要技术功能

（1）测距范围及精度。测距范围 0.05～200m，精度为 ± 1.0mm。

（2）4 倍变焦数码瞄准器。内置的数字激光点跟踪器配有 4 倍光学放大 2.4 英寸彩屏，使远距离寻找目标也非常容易。在较强日光下也能识别，可以提供清晰、逼真的图像。

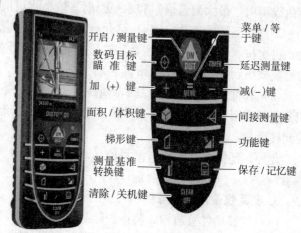

图 2-10　徕卡 D5 激光测距仪

（3）±45°倾角传感器。通过内置的倾角传感器，可以快速简易地测量±45°的倾角。并可测量水平距离或者越过障碍物测量水平距离。

（4）强大测距技术。100m 以内测距无需使用目标反射板；200m 以内搭配目标反射板使用。空间计算功能可以简单快捷的测量屋顶的斜率以及建筑表面的面积。勾股定理功能则可间接地测量难以到达位置的高度和宽度。此外还可显示角度、面积、体积等信息。

2. 测距仪的基本操作

（1）开启、关闭仪器。按开启（ON）键打开仪器；较长时间按住关闭（OFF）键关闭仪器。激光束在仪器 3min 内无操作后将自动关闭；仪器在 6min 内无操作后将自动关闭。

（2）设置菜单。按住（MENU）键进入设置菜单。菜单出现后，按加（＋）键或（－）键可通过主菜单在菜单中导航；短按（MENU）键，进入所选择的主菜单中的子菜单，通过（＋）键或（－）键可以修改子菜单；较长时间按（MENU）键，确认设置。按（OFF）键，可以在任何时间不保存设置而退出菜单。菜单包含以下项目：距离测量单位、角度测量单位、显示屏照明、远距离模式、三脚架、蜂鸣、偏移、黑白显示数码目标、水平器在工作范围内、复位和校准倾斜传感器。菜单可以根据用户的使用习惯而设置。

（3）设置测量基准边。仪器默认的基准边设置是后沿。按测量基准转换键后，下一个测量将以前沿为基准边。较长时间按测量基准转换键可将测量基准边固定为前沿。在进行了一次测量后，测量基准边将自动回到默认设置（后沿）。

（4）基本测量。

①单个距离测量。按距离（DIST）键打开激光束，将仪器对准所要测量的目标并再次按距离（DIST）键，测量所得距离数据将立即以指定的单位显示在显示屏上。在进行远距离测量时，需用三脚架辅助测量以避免测量者手部不稳定造成的抖动现象，仪器的后部有一个可接驳三脚架的装置。

②最大、最小值测量。按住距离（DIST）键直到听到蜂鸣声，然后缓慢将激光束在所测目标周围大面积来回上下多次扫过。再按一次距离（DIST）键终止持续测量模式。测量所得最大或最小距离将显示在屏幕上的主值显示区。

这一功能可以从一个测量点出发测量出最大或最小距离。如测量间距；又如测量房间的对角线距离（最大测量值）和水平距离（最小测量值）。

③持续测量。按住（ON）键开启此功能，直到持续图标伴随蜂鸣声持续显示在显示屏内，再次按（ON）键进行测量。较长时间按（OFF）键，可关闭仪器及持续激光。在持续激光模式下，仪器会在15min后自动关机。

（5）其他功能。仪器除基本测量外，还具有以下功能：距离测量的加减、面积测量、体积测量、梯形测量、直接水平距离、倾角测量、三角形面积、放样功能和利用勾股定理计算的间接测量。

此外，还能保存常数（测量值）、显示最后20个历史储存值以及利用计时器自动延时测量。

3. 测距仪使用的注意事项

（1）仪器须注意防潮、防振和防高温；防止摔跌、冲撞。

（2）勿将测距仪直接对着太阳或其他耀眼的物体，因接收镜片可起到聚光镜的作用，以致烧坏仪器内部。

（3）防止大雨淋湿仪器，以免发生短路，烧毁电气元件。

（4）测站应远离变压器、高压线等强电磁辐射环境，以免仪器底座自动识别功能失效造成测量超过容许误差。

（5）在日光或目标反光不好的情况下要使用反射板。

（6）不要直视激光束或瞄射他人，以免对眼睛造成伤害。

（7）长期不使用仪器时，应将电池取出保存；电池要经常进行充、放电保养。

第三节 直线定向

确定地面上两点在平面位置上的相互关系，不仅要测定两点间的水平距离，还要测定两点连线的方向。确定地面上一条直线与基本方向之间的角度关系的工作称为直线定向。

一、基本方向的种类

1. 真子午线方向 通过地面上一点指向地球南北两极的方向线（即经度线的切线方

向），称为该点的"真子午线方向"，其北端亦称"真北"方向。它是用天文测量的方法来确定的。

2. 磁子午线方向　是指磁针在自由静止时所指的方向线，它指向地球的南北磁极，其北端亦称"磁北"方向。可用罗盘仪测得。

3. 坐标纵轴方向　是指平面直角坐标系的纵坐标轴方向，即高斯投影带中的中央子午线方向。纵坐标轴北端方向亦称"坐标北"方向。

上述 3 种方向，简称"三北"方向。由于地磁南北极与地球南北极不重合，地面上某点的磁子午线方向与真子午线方向通常不一致，其两方向间的夹角称为"磁偏角"，以 δ 表示。当磁子午线北端偏于真子午线以东时为东偏，δ 取正值；反之为西偏，δ 取负值。如图 2-11 所示。不同点的磁偏角是不同的，我国磁偏角在 $+6°\sim$ $-10°$。真子午线方向与坐标纵轴间的夹角 γ 称为"子午线收敛角"。坐标纵轴北向在真子午线方向以东称东偏，γ 为正；反之称西偏，γ 为负。

由于地球上各点的子午线互相不平行，而是向两极收敛，这给计算工作带来很大不便，为此，在普通测量中一般常用坐标纵轴方向为标准方向，这样，测区内通过地面各点的标准方向互相平行，使计算工作简化。由于磁子午线方向比较容易确定，在小面积地形测量中则常采用磁子午线方向作为定向标准。

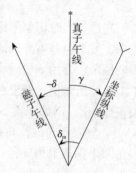

图 2-11　3 种标准方向之间的关系

二、基本方向的表示方法

在测量工作中，通常用方位角和象限角来表示直线的方向。

（一）方位角

1. 方位角的概念　从基本方向北端起，顺时针方向到某一直线的水平夹角，称为该直线的"方位角"。角值范围 $0°\sim360°$。如图 2-12 所示。因基本方向的不同又可分为真方位角，用 A 表示；磁方位角，用 A_m 表示；坐标方位角，用 α 来表示。

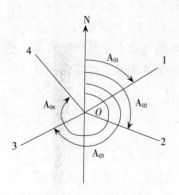

图 2-12　方位角

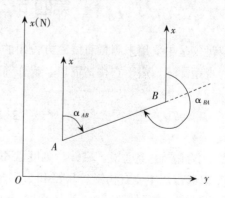

图 2-13　正、反坐标方位角

2. 正反坐标方位角   一条直线有正反两个方向，通常以直线前进的方向为正方向，反之，称为反方向。在园林测量中常采用坐标方位角确定直线方向。由于任何地点的坐标纵轴都是平行的，因此，由图 2-13 中可以看出，所有直线的正坐标方位角和它的反坐标方位角数值相差 180°。即

$$\alpha_正 = \alpha_反 \pm 180° \tag{2-7}$$

（二）象限角

测量上有时用象限角来确定直线的方向。所谓象限角，就是由基本方向的北端或南端起至某一直线所夹的锐角，常用 R 表示，角值范围 0°～90°。象限角不但要写出角值，还要在角值之前注明象限名称（北偏东或 NE、南偏东或 SE、南偏西或 SW、北偏西或 NW）。象限角与方位角一样，可分为真象限角、磁象限角和坐标象限角 3 种。

（三）坐标方位角和象限角的换算关系

坐标方位角和象限角均是表示直线方向的方法，它们之间既有区别又有联系。在实际测量中经常用到它们之间的互换，由图 2-14 可以推算出它们之间的互换关系，见表 2-1 所示。

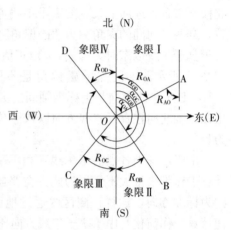

图 2-14   坐标方位角与象限角

表 2-1   坐标方位角和象限角的换算

直线方向	由坐标方位角 α 求象限角 R	由象限角 R 求坐标方位角 α
第Ⅰ象限（北东）	$R = \alpha$	$\alpha = R$
第Ⅱ象限（南东）	$R = 180° - \alpha$	$\alpha = 180° - R$
第Ⅲ象限（南西）	$R = \alpha - 180°$	$\alpha = 180° + R$
第Ⅳ象限（北西）	$R = 360° - \alpha$	$\alpha = 360° - R$

第四节   罗盘仪测量

罗盘仪是主要用来测量直线磁方位角的仪器，也可以粗略地测量水平角和竖直角，还可以进行视距测量。由于它构造简单、操作简便，在精度要求较低的测量中经常使用。

一、罗盘仪的构造

罗盘仪主要由望远镜、磁针、刻度盘和基座四部分组成，如图 2-15 所示。

1. 望远镜   主要有物镜、目镜和十字丝组成，用于照准目标。一般为外对光式。在望远镜旁还装有能够测量倾斜角的竖直度盘，以及用作控制望远镜转动的制动螺旋和微动螺旋。拧动目镜调焦螺旋可使十字丝清晰，拧动物镜调焦螺旋可使远处的像清晰。

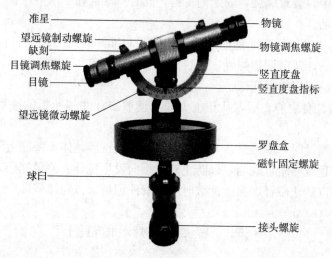

图 2-15　罗盘仪

2. 磁针　磁针用人造磁铁制成，磁针在刻度盘中心的顶针尖上可自由转动。为了避免磁针帽与顶针尖的磨损，在不用时，可用位于底部的固定螺旋升高杠杆，将磁针固定在玻璃盖上。为了抵消磁针两端所受地球磁极引力的不同，南端往往绕有几圈铜丝，以保持其静止时水平，这也是磁针南端的标志。如图 2-16 所示。

3. 刻度盘　刻度盘为金属圆盘，随望远镜一起转动，每隔 10° 有一注记，按逆时针方向从 0° 注记到 360°，最小分划为 1′ 或 30′。刻度盘内装有一个圆水准器或者两个相互垂直的管水准器，用手控制气泡居中，使罗盘仪水平。如图 2-16 所示。

4. 基座　采用球臼结构，松开球臼接头螺旋，可摆动刻度盘，使水准气泡居中，刻度盘处于水平位置，然后拧紧接头螺旋。

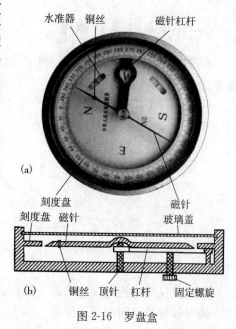

图 2-16　罗盘盒

二、罗盘仪测定磁方位角

先把三脚架调到适当高度，将罗盘仪安装在三脚架上，然后把它安置在测线的一端，并在测线另一端插上标杆。

测定磁方位角其操作步骤如下：

1. 对中　在三脚架头下方悬钩上挂上垂球，移动三脚架使垂球尖对准测站点中心，此时仪器中心与地面点处于同一条铅垂线上。对中的容许误差为 2cm。

2. 整平　松开仪器球臼接头螺旋，用手前后、左右俯仰刻度盘位置，使刻度盘上的两个水准气泡同时居中，旋紧螺旋，固定刻度盘，此时罗盘仪处于水平位置。松开磁针固定螺旋，让磁针自由转动。

3. 瞄准 转动罗盘仪使望远镜上的准星和照门对准测线另一端的目标，转动目镜调焦螺旋，使十字丝清晰；调节调焦螺旋，使目标成像清晰稳定。再微动望远镜，使十字丝精确对准立于待测点上的标杆的最底部。

4. 读数 待磁针自由静止后，从正上方向下读取磁针北端所指的读数，即为所测直线的磁方位角。

在进行罗盘仪测量时，应注意：凡是能吸引磁针的铁质物体不要靠近罗盘仪，同时要避免在高压线及钢铁建筑物附近观测，以防止磁针指向发生位移。测量完毕，应旋紧磁针固定螺旋，将磁针顶起以防止磁针磨损。读数时应顺着注记增大方向读取。

＊三、罗盘仪测绘平面图

罗盘仪导线测量用于测绘精度要求不高的园林区划线、林地轮廓线、园路和小区域平面图等。

（一）罗盘仪导线测量

在测区内选择一些控制点，顺序连接各点组成连续的折线称为导线，各转折点称为导线点。

如图2-17所示，导线布设形式有闭合导线、附合导线、支导线3种（详见第六章第二节）。

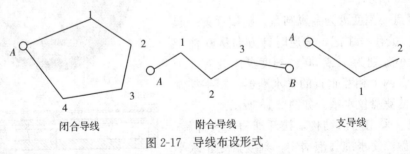

闭合导线　　　　　　附合导线　　　　　　支导线

图 2-17　导线布设形式

用罗盘仪测定各导线边的磁方位角或象限角，用钢尺或皮尺丈量出导线点间的距离，在图上确定各导线点间的相互位置，称为罗盘仪导线测量。其步骤如下：

1. 踏勘选点 踏勘测区落实导线布置形式；在预测线路上选择导线点，钉上木桩（当点位落在水泥地或石头上时，用红漆画十字）标定点位，予以编号；绘出导线略图，便于观测和展点时参考。

选点时应注意：所设点处要地势开阔控制面大；相邻点必须通视；点位要选在土质坚实处，便于安置仪器；各边长在 20～100m；尽量利用原有固定地物作点位，以便于长期保存使用。

2. 测距 用皮尺或钢尺往返丈量各边边长，当相对误差不超过 1/200 时，取其平均值作为测量结果。

3. 测磁方位角 为了防止错误和提高测量结果的精度，必须观测各导线边的正、反方位角。

如图 2-18（a）所示。在 1 点安置罗盘仪，对中整平后，分别瞄准 2 点和 5 点标杆的下部，测出 1-5 边的磁方位角和 1-2 边的磁方位角，并随时记入手簿中。然后安置仪器于 2 点，瞄准 1、3 点标杆的下部，测出 2-1 边和 2-3 边的磁方位角。依此方法，测出各边的正反方位角，直至终点。每条导线边的正反方位角应相差 180°，其容许不符值为 1°，若超出限差，应立即找出原因，返工重测。

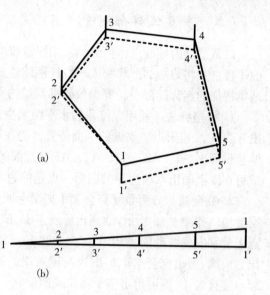

4. 绘导线图　在图纸上适当位置定出起点 1。以此作为绘图的起始点，并考虑使整个导线图形应绘在图纸的中部，并为四周欲测地物留有充分余地。以两侧图框作为磁北方向。过 1 点作一条平行于图框的磁子午线。

图 2-18　罗盘仪导线测量及闭合差调整

将量角器的圆心与图上的起点 1 重合，并使 0°直线与图上标准方向一致，按 1-2 边的方位角画出 1-2 方向线，用比例尺截取 1-2 边的水平距离得 2′点在图上的距离。通过 2′点再作一条平行于两侧图框的磁子午线，同法绘出 3′点的位置。如此继续，直至终点，得虚线图 1 -2′-3′-4′-5′-1′。若是闭合导线，终点 1′即为起点 1。

由于在实际测绘的各项作业中，如仪器对中、瞄准、读方位角、测距、画图等等，都不可避免地产生误差。这些误差的影响，会使终点 1′不闭合于起点 1 上，而产生绝对闭合差，用 f 表示，即图 2-18（a）中的 1′-1。罗盘仪导线测量的精度常以相对误差 K 来衡量，相对误差 K 等于绝对闭合差 f 与导线总长度 $\sum D$ 之比，通常表示成分子为 1 的形式。即：

$$K = \frac{f}{\sum D} = \frac{1}{N} \qquad (2\text{-}8)$$

罗盘仪导线测量一般规定 $K \leqslant 1/200$。如果误差超限，则重新绘图或进行导线测量复查。若查不出原因应返工重测。

5. 闭合差的调整　当罗盘仪导线测量的相对误差在容许范围内，可以进行闭合差的调整，平差的原则是绝对闭合差与导线累积边长成正比进行分配。

调整的方法一般采用图解法。如图 2-18（b）所示，具体方法是：以较小的比例尺画一条等于导线总长的直线 1-1′，在其上按比例逐次截取各边的长度，得 2′、3′、4′、5′、1′各点位置。再过 1′点作垂线 1′-1，使 1′-1 等于绝对闭合差原长，连接 1-1，并过 2′、3′、4′、5′各点作垂线，交于 1-1 斜线上得 2、3、4、5 各点，所得 2′-2、3′-3、4′-4、5′-5 即为各导线点的改正值。然后，在导线图上，过 2′、3′、4′、5′各点作 1′-1 方向的平行线，从各点沿平行线截取相应的改正值，得改正后的各点 2、3、4、5 的位置，连接改正后的相邻点得调整后的闭合导线图形 1-2-3-4-5-1。

罗盘仪导线测量简单方便易操作，但精度较低，只适用于小范围的导线测量。

（二）罗盘仪碎部测量

以调整后的导线点作为测站，用罗盘仪配合钢尺分别测定各导线点周围的各种地物的平面位置，并将地物的形状和大小按比例缩绘成图，这一过程称为罗盘仪碎部测量。反映各种地物特征的点称碎部点。罗盘仪碎部测量的方法有下列几种：

1. 极坐标法 利用方位角和水平距离决定点的平面位置的方法。如图 2-19 所示。欲测出导线点 A 点附近一水塘的平面位置。先在沿水塘边缘选出特征点 1、2、3、4、5，然后用罗盘仪测出 A1、A2、A3、A4、A5 各直线的磁方位角，同时测出各点至 A 点的水平距离，就可在图上画出水塘边界的图形。点选的愈多，勾绘出的图形就愈与实地形状相似。

2. 交会法 分为角度交会和距离交会两种。对量距困难或不易到达的地方，可采用角度交会法。如图 2-19 所示，欲测出导线点 D、E 两点右侧河流对岸的岸边线，可在 D、E 两导线点上分别安置罗盘仪，测出 D-a、D-b 和 E-a、E-b 的磁方位角，然后在图上按所测的磁方位角画出方向线，得出交会点 a、b，即为河流对岸的岸边点。同法可测得其他岸边点，若将若干个河岸点连接勾绘，便可得出整个河岸线的形状。应用交会法时要注意使交会角在 $30°\sim150°$。

对地物距相邻两导线点较近，且便于量距的地方，也可用距离交会。如图 2-19 所示，在导线点 B、C 两点，欲测出房屋的位置。可在 B、C 两点分别量出 $B6$、$B7$、$C6$、$C7$ 的距离，在图上以 B 点为圆心，按绘图比例尺缩小的 $B6$ 为半径画圆弧。再以 C 点为圆心，按绘图比例尺缩小的 $C6$ 为半径画圆弧。二圆弧相交之点，即是 6 点在图上的位置。同理可得 7 点的位置。连接 6、7，即得房屋的边线。再量出房屋其他各边长度，并依房屋转角 $90°$ 的特点，经缩绘后得房屋的平面图。

3. 环绕法 对不便进入轮廓内部、通视困难，且具有闭合轮廓的块状地物，可采用环绕法进行测绘。如图 2-19 所示，在导线点 C 点近旁有一块 c、d、e、f、g 的闭合轮廓林地。围绕该轮廓设一闭合导线，在各导线点上只单向观测各边的边长和磁方位角，最后再绘图并经简单目估平差，即可得到整个林地图形。但需注意该导线必须与已知导线点连接，如图中将 Cc 边磁方位角测出即可。

4. 支距法 适用于地形狭长、平坦、通视良好的在导线边两侧的地物测绘。如图 2-19 所示，欲测出一独立树 n 的位置，可应用直角坐标原理以 B 点为坐标原点，BA 方向为坐标轴。自 n 点向 BA 作垂线相交 BA 直线上 m 点，于实地量出 Bm、mn 的长度，按比例尺缩绘于图上，便可定出独立树的位置。若配用简易直角定角器测设垂线更为方便。

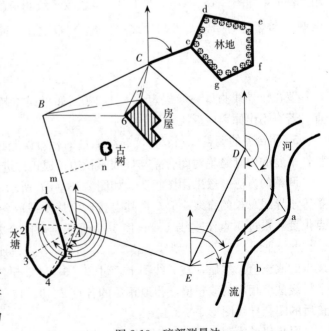

图 2-19 碎部测量法

资料库

一、光电测距的发展

1948年，瑞典AGA公司研制成功了世界上第一台电磁波测距仪，它采用白炽灯发射的光波作载波，仪器相当笨重且功耗大。为避开白天太阳光对测距信号的干扰，只能在夜间作业。测距操作和计算都比较复杂。

1967年AGA公司又推出了世界上第一台商品化的激光测距仪AGA-8。该仪器采用5mW的氦—氖激光器作发光元件，白天测程为40km，夜间测程达60km，测距精度为（5mm），主机质量为23kg。虽然电磁波测距仪又大又笨重，但与传统测距工具和方法相比，它具有高精度、高效率、测程长、作业快、工作强度低、几乎不受地形限制等优点。

随着半导体技术的发展，从20世纪60年代末70年代初起，采用砷化镓发光二极管作发光元件的红外测距仪逐渐在世界上流行起来。红外测距仪有体积小、质量轻、功耗小、测距快、自动化程度高等优点。由于红外光的发散角比激光大，所以红外测距仪的测程一般小于15km。现在的红外测距仪已经和电子经纬仪及计算机软硬件制造在一起，形成了全站仪，并向着自动化、智能化和利用蓝牙技术实现测量数据的无线传输方向飞速发展。

电磁波测距仪分为以微波段的无线电波作为载波的测距仪，以激光作为载波的激光测距仪和以红外光作载波的红外测距仪及其他光源作为载波的测距仪。

二、激光测距仪

激光是20世纪60年代发展起来的一项新技术。它是一种颜色很纯、能量高度集中、方向性很好的光。激光测距仪是利用激光对目标的距离进行准确测定的仪器。激光测距仪在工作时向目标射出一束很细的激光，由光电元件接收目标反射的激光束，计时器测定激光束从发射到接收的时间，从而计算出从观测点到目标的距离。

激光测距仪重量轻、体积小、操作简单速度快而准确。通常其误差仅为其他光学测距仪的1/5到数百分之一，因而被广泛用于地形测绘，勘察和其他领域。

激光测距仪分为：

▲手持激光测距仪　测量距离一般在200m内，精度在2mm左右。这是目前使用范围最广的激光测距仪。在功能上除能测量距离外，一般还能计算测量物体的体积。

▲望远镜式激光测距仪　测量距离一般在600～3 000m，这类测距仪测量距离比较远，但精度相对较低，精度一般在1m左右。主要应用范围为野外长距离测量。

按功能可分为：

▲一维激光测距仪　用于距离测量、定位，激光测距仪。

▲二维激光测距仪　用于轮廓测量，定位、区域监控等领域。

▲三维激光测距仪　用于三维轮廓测量，三维空间定位等领域。

三、指 南 针

指南针是用以判别方位的一种简单仪器。指南针的前身是中国古代四大发明之一的司南。主要组成部分是一根装在轴上可以自由转动的磁针。磁针在地磁场作用下能保持在磁子午线的切线方向上。

由于地球是个大磁体，其地磁南极在地理北极附近，地磁北极在地理南极附近。指南针在地球的磁场中受磁场力的作用，所以会一端指南一端指北。利用这一性能可以辨别方向。指南针是一个重要的导航工具，甚至在 GPS 中也会用到。常用于航海、大地测量、旅行及军事等方面。

四、电子指南针

也叫数字指南针，电子罗盘。是利用地磁场来定北极的一种方法。GPS 在导航、定位、测速、定向方面有着广泛的应用，但由于其信号常被地形、地物遮挡，导致精度大大降低，甚至不能使用。尤其在高楼林立城区和植被茂密的林区，GPS 信号的有效性仅为 60%。并且在静止的情况下，GPS 也无法给出航向信息。它可以对 GPS 信号进行有效补偿，保证导航定向信息 100% 有效，即使是在 GPS 信号失锁后也能正常工作。

现在有用磁阻传感器和磁通量闸门传感器加工而成的电子罗盘。其内部结构固定，没有移动部分，可以简单地和其他电子系统接口，因此可代替旧的磁指南针。并以精度高、稳定性好等特点得到了广泛运用。

【思 考 练 习】

一、名词解释

直线定线　真子午线　磁子午线　直线定向　方位角　象限角　罗盘仪导线测量
罗盘仪碎部测量

二、填空题

1. 在倾斜地丈量距离时可采用＿＿＿＿＿＿法和＿＿＿＿＿＿法。

2. 在测量工作中，常把直线前进方向的方位角称为＿＿＿＿＿＿，反之称为＿＿＿＿＿＿。同一直线的正方位角与反方位角相差＿＿＿＿＿＿。

3. AB 测线的正方位角为 265°，则其反方位角应为＿＿＿＿＿＿。

4. 罗盘仪由＿＿＿＿＿＿、＿＿＿＿＿＿和＿＿＿＿＿＿等三部分构造而成。

5. 直线定向中，基本方向有＿＿＿＿＿＿、＿＿＿＿＿＿和＿＿＿＿＿＿。

6. 丈量 AB、CD 两段距离，AB 段往测为 99.950m，返测为 100.050m，CD 段往测为 499.750m，返测为 500.250m，则 AB 段、CD 段丈量的相对误差分别为＿＿＿＿＿＿、＿＿＿＿＿＿。

7. 罗盘仪磁针_____端绕有铜线。

8. 罗盘仪导线的布设形式有_____、_____、_____。

9. 罗盘仪碎部测量的方法有_____、_____、_____、_____。

三、单项选择题

1. 在（　　）的范围内，可以用水平面代替水准面进行距离测量。

  A. 以 20km 为半径 B. 以 10km 为半径 C. 50km²   D. 10km²

2. 直线的象限角由标准方向的北端或南端起，顺时针或逆时针方向量算到直线的锐角，其角值为（　　）。

  A. 0°～180°   B. 90°～180°   C. 0°～90°   D. 45°～90°

3. 坐标方位角是以（　　）为标准方向，顺时针转到测线的夹角。

  A. 真子午线方向 B. 磁子午线方向 C. 坐标纵轴方向 D. 锐角

4. 距离丈量的结果是求得两点间的（　　）。

  A. 斜线距离   B. 水平距离   C. 折线距离   D. 直线距离

5. 为方便钢尺量距工作，有时要将直线分成几段进行丈量，这种把多根标杆标定在直线上的工作，称为直线（　　）。

  A. 定标   B. 定线   C. 定段   D. 定向

6. 在平坦地区，钢尺量距的相对误差一般不应大于（　　）。

  A. 1/1 000   B. 1/2 000

  C. 1/3 000   D. 1/4 000

7. 在第 II 象限时，象限角 R 与坐标方位角 α 的关系为（　　）。

  A. $R=180°-\alpha$ B. $R=180°+\alpha$

  C. $R=\alpha-180°$ D. $R=\alpha+180°$

四、简答题

1. 何谓直线定线？目估定线通常是如何进行的？

2. 用钢尺丈量倾斜地面的距离有哪些方法？各适用于什么情况？

3. 怎样衡量距离丈量的精度？

4. 为什么要进行直线定向？怎样确定直线的方向？

5. 何谓直线定向？在直线定向中有哪些基本方向线？它们之间存在什么关系？

6. 罗盘仪导线测量有哪几种形式？试述罗盘仪导线测量的步骤。

五、计算题

设丈量了 AB、CD 两段距离，AB 的往测长度为 246.68m，返测长度为 246.61m；CD 的往测长度为 435.888m，返测长度为 435.98m。问哪一段的量距精度较高？

六、绘图题

试将图 2-20 用图解法平差。

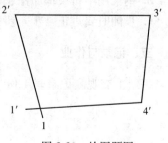

图 2-20　绘图题图

[实习1] 直线定线与距离丈量

一、目的要求

1. 掌握直线定线和钢尺量距的基本方法。
2. 每人求出平均步长。

二、仪器及工具

每组钢尺1把，标杆4根，测钎1套（共11根），垂球2个，木桩及小钉各2个，手锤1把，记录夹1个（附记录簿）。自备计算器、铅笔、橡皮等。

三、方法步骤

以小组为单位进行。

（一）直线定线

1. 在地面上任意选定相距约80m的A、B两点，打入木桩并钉上小钉，表示点位；若在水泥路面上可直接画"十"字作标记。在A、B两端各竖立一根标杆。

2. 利用目估法进行A、B两点间的直线定线。

（二）距离丈量

1. 根据实际情况往、返各丈量A、B两点间的距离一次。

2. 计算A、B两点间的距离：$D=nl+q$（整尺数乘尺长加余长为A、B距离）。

3. 检查相对误差K值是否超限。若$K \leqslant 1/2\,000$，取平均值作为最后结果；若误差超限，则应重新丈量。

4. 将丈量数据及计算结果记入表2-2。

（三）测步长

在A、B两点间往返各步测一次，求出平均步长。

四、注意事项

1. 直线定线要准确；测钎要插直、插准。
2. 丈量前要正确找出尺子的零点位置。
3. 丈量时尺子要拉平拉紧，用力要均匀适当。
4. 钢尺勿沿地面拖拉，严防扭卷、折绕。前尺手应握尺身拉尺。
5. 钢尺用毕将尺擦净涂上机油，妥善保管。
6. 步测时要迈正常步，步子要匀。

五、记录与作业

每组上交观测记录表1份（表2-2、表2-3）。

表 2-2　钢尺量距记录表

尺号：_____　尺长：_____　天气：_____　日期：_____年_____月_____日

线　段	往　测 $D_{往}$（m）	返　测 $D_{返}$（m）	往一返 ΔD（m）	平均距离 $\overline{D}$（m）	相对精度 K	备　注

班组：_____　丈量：_____　记录：_____

表 2-3　步长记录表

直线长度 （m）	步测方向	步　数	平均步数	平均步长 （m）	备　注
	往				
	返				

步测者：_____

［实习 2］罗盘仪测磁方位角

一、目的要求

1. 熟悉罗盘仪的构造和使用方法。

2. 学会用罗盘仪测定地面上直线的磁方位角。

二、仪器及工具

每组罗盘仪 1 台，标杆 3 根，测钎 1 套，木桩及小钉各 2 个，手锤 1 把，记录夹 1 个（附记录簿）。自备计算器、铅笔、橡皮等。

三、方法步骤

以小组为单位进行。

（一）罗盘仪的使用（测方位角）

1. 在地面上选一点 O 作为测站，并打一木桩钉上小钉，表示点位；若在水泥路面上可直接画"十"字作标记。在距 O 点 30～50m，任选 A、B、C 3 点，作为观测目标，在各点上插入测钎或竖立标杆。

2. 将罗盘仪安置于 O 点，对中并整平。松开磁针固定螺旋。

3. 松开水平、竖直制动螺旋，使望远镜上的准星和照门对准目标，转动目镜调焦螺旋，使十字丝清晰。

4. 用望远镜"十字丝"的交点依次瞄准 A、B、C 3 个测钎基部，待磁针静止后，在刻度盘上读取磁针北端 OA、OB、OC 3 条直线的磁方位角。

5．将测得数据记入表 2-4。

（二）罗盘仪测反方位角

1．接上一实习内容，置仪器于 A 点，经对中、整平，瞄准并观测 O 点，测得直线 OA 的反方位角。

2．当正反方位角之差在 180°±1°的容许范围内时，可取平均值作为最后结果，即 $\alpha_平 = 0.5 [\alpha_正 + (\alpha_反 \pm 180°)]$。如果超出误差的容许范围，则应返工重测。

3．将测得数据记入表 2-5。

四、注意事项

1．罗盘仪在搬动前及实习完毕后，均须将磁针固定螺旋旋紧，使磁针固定不动，以避免损坏。

2．读数时应读取磁针北端所指的读数。

3．瞄准目标时，应顺时针转动望远镜。

4．钢铁用具不可靠近罗盘仪。在铁矿区或离高压线、铁桥、铁轨等近的地方，不宜使用罗盘仪。

五、记录与作业

每组上交 1 份观测记录表（表 2-4、表 2-5）。

表 2-4　罗盘仪磁方位角测量记录

仪器：_____　　天气：_____　　日期：_____

测　站	测　点	磁方位角	磁象限角	夹　角	草　图
O	A				
	B				
	C				

班组：_____　　观测者：_____　　记录者：_____

表 2-5　罗盘仪正反磁方位角测量记录

仪器：_____　　天气：_____　　日期：_____

线　段	正方位角	反方位角	差　数	平均方位角	备　注
O-A					

班组：_____　　观测者：_____　　记录者：_____

［考核 1］罗盘仪测磁方位角

一、考核内容

该项考核的内容：在一个测站上，用罗盘仪测相邻两导线点磁方位角。

二、考核方法步骤

1. 在考核前，先选定地面上两点 A、B，分别插上标杆，另选地面上一点 O 作为测站点，钉上木桩（木桩顶打上小铁钉或划上"十"字）。

2. 在每个学生操作前，由监考老师将已安装于三脚架上的罗盘仪望远镜目镜螺旋及对光螺旋随意拨动几下。然后由学生在 O 点上完成一个测站的全部操作，当场填写"罗盘仪操作考核表"（表 2-6）。监考老师用秒表计时。

3. 操作详细步骤

（1）对中。

（2）整平。

（3）松制动螺旋和磁针。

（4）调清晰十字丝。

（5）用准星瞄准目标 A，制动。

（6）调望远镜对光螺旋。

（7）微动、精准照准目标 A，读方位角 α_{OA}。

（8）松制动螺旋，用准星瞄准目标 B，制动。

（9）调望远镜对光螺旋。

（10）微动，精确照准目标 B，读方位角 α_{OB}。

三、评分标准

1. 观测值准确性（40 分）　根据观测结果与标准值（由教师在学生操作考核结束时现场精确测定）的差异评定。方位角读值每偏差 0.1°，扣该项的 10%，扣完为止。若此项不得分，则须重考。

2. 操作方法步骤（30 分）　根据整个观测过程各项操作准确、规范程度与否评定（如：操作步骤是否准确？对中是否超过容许误差？整平是否符合要求？连接螺杆是否直立？十字丝是否调清晰？照准目标是否准确、清晰？读数是否正确等）。

3. 熟练程度（30 分）　据完成全部操作所需时间多少评定。3min 内完成计满分，以此为基准，每超过 30s 以内，扣该项的 10%，扣完为止。且以 10min 完成为限。超过 10min 则需重考。

表 2-6　罗盘仪操作考核表

操作者：_____　　仪器号：_____　　考核日期：____年____月__日

观测值		操作时间	附图
α_{OA}	α_{OB}		

评分标准	观测值准确性（40分）	操作方法步骤（30分）	熟练程度（30分）	合计
得分				

水 准 测 量

学习目标

1. 懂得水准测量的原理及其在园林建设中的作用。
2. 熟悉水准仪的基本构造，掌握 DS₃ 型水准仪的使用方法和水准路线的观测、记录及其成果校核等内容。
3. 了解水准误差的主要来源，掌握消除、减少误差的基本措施。
4. 了解 DS₃ 型水准仪的检验与校正，了解自动安平水准仪与电子水准仪。

教学方法

1. 理论课应用多媒体课件（PPT）讲授。
2. 水准仪的构造及使用内容采用边讲、边练的方法。
3. 实习实训采用任务驱动教学法。

第一节　水准测量原理

确定地面点的空间位置，除了测定它的平面位置外，还需测定它的高程。测定高程的方法，一般是通过测定两点之间的高差，并根据其中一点的已知高程推算另一点的高程。

高程测量按其使用的仪器和测量方法可分为水准测量、三角高程测量和气压高程测量 3 种。其中水准测量是精度最高、最常用的一种方法，广泛应用于国家高程控制测量、地形测量和园林工程测量中。

一、水准测量原理

水准测量的原理是：利用水准仪建立一条水平视线，并借助水准尺来测定地面上两点之间的高差，从而由已知点的高程推算出未知点的高程。

如图 3-1 所示，为了求出 A、B 两点的高差 h_{AB}，在 A、B 两个点上竖立水准尺，在 A、B 两点之间安置可提供水平视线的水准仪。当视线水平时，在 A、B 两个点的水准尺上分别读得读数 a 和 b，则 A、B 两点的高差等于两个水准尺读数之差。即：

$$h_{AB} = a - b \tag{3-1}$$

如果测定高差的工作是从已知高程点 A 向待测点 B 方向前进，则称 A 点为后视点，读数 a 称为"后视读数"；待求高程点 B（前视点）上的水准尺读数 b，称为"前视读数"。故

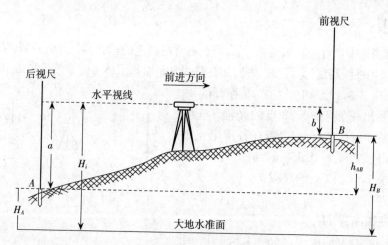

图 3-1　水准测量原理

公式（3-1）可以理解为：

$$高差＝后视读数－前视读数$$

二、计算高程的方法

1. 高差法　如果 A 为已知高程的点，B 为待求高程的点，则 B 点的高程为：

$$H_B = H_A + h_{AB} \tag{3-2}$$

将公式（3-1）代入公式（3-2）得：

$$H_B = H_A + a - b \tag{3-3}$$

2. 视线高法　如图 3-1 所示，H_i 称为仪器的视线高程，因 $H_i = H_A + a$，则有：

$$\cdot \quad H_B = H_i - b \tag{3-4}$$

$$H_B = H_A + a - b \tag{3-5}$$

高差必须是后视读数 a 减去前视读数 b。高差 h_{AB} 的值可能是正，也可能是负。如图 3-2（a）所示，$a > b$ 时为正值表示待求点 B 高于已知点 A；图 3-2（b）所示，$a < b$ 时为负值表示待求点 B 低于已知点 A。

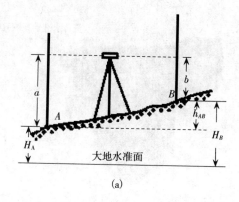

(a)

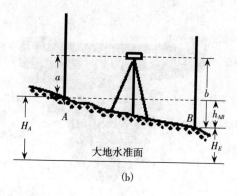

(b)

图 3-2　高差计算

在线路水准测量中常直接利用高差计算高程,通常用高差法;当安置一次仪器需要测出多个前视点的高程时,采用视线高法计算比较方便,如在路线纵断面和园林场地平整等测量中常用此法。

例 1:如图 3-3,已知 A 点高程 $H_A=$ 423.518m,要测出相邻 1、2、3 点的高程。先测得 A 点后视读数 $a=1.563$m,接着在各待定点上立尺,分别测得读数 $b_1=0.953$m,$b_2=1.152$m,$b_3=1.328$m。求 1,2,3 点的高程。

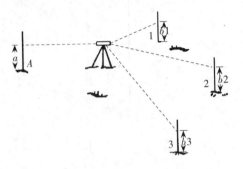

解:

先计算出视线高程 H_i

$H_i=H_A+a=423.518+1.563=425.081(\mathrm{m})$

各待定点高程分别为:

图 3-3 视线高法测量实例

$H_1=H_i-b_1=425.081-0.953=424.128(\mathrm{m})$

$H_2=H_i-b_2=425.081-1.152=423.929（\mathrm{m}）$

$H_3=H_i-b_3=425.081-1.328=423.753（\mathrm{m}）$

第二节 水准测量仪器及其使用

水准仪按其结构可分为微倾水准仪、自动安平水准仪、激光水准仪和电子水准仪等。按其精度可分为 $DS_{0.5}$、DS_1、DS_3 和 DS_{10} 等。“D”是大地测量仪器的代号,“S”是水准仪的代号,下标数字表示仪器的精度(即每千米往返测高差的中误差)。如 DS_3 表示每千米往返测高差的中误差能达到±3mm。园林测量中常用 DS_3 型微倾水准仪,其优点是望远镜的亮度好、仪器结构稳定、受光度和温度的变化影响小,精度适宜。

一、DS_3 型微倾水准仪的构造

如图 3-4 所示,水准仪构成主要有望远镜、水准器及基座 3 部分。水准仪通过基座与三

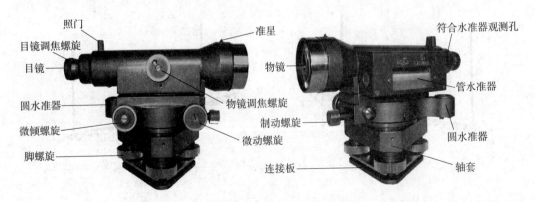

图 3-4 DS_3 型微倾水准仪

脚架连接，支撑在三脚架上。基座上装有一个圆水准器。下面有 3 个脚螺旋，用以粗略整平仪器。望远镜一侧装有管状水准器，其另一旁装有一个能使望远镜作微小上下仰俯的微倾螺旋，转动微倾螺旋，管水准器随望远镜上下仰俯，以调整望远镜中的视线呈精确水平位置。水准仪在水平方向的转动则是由一个水平制动螺旋和水平微动螺旋来控制的。

（一）望远镜

望远镜主要由物镜、目镜、调焦透镜、十字丝分划板和一些调节螺旋组成。

望远镜是用来照准远处竖立的水准尺并读取水准尺上的读数的，主要作用是使目标成像清晰、扩大视角，以精确照准目标。望远镜有外对光式望远镜和内对光式望远镜两种，除罗盘仪等少数仪器外，测量仪器上的望远镜都是内对光式的。图 3-5（a）是内对光式望远镜。其成像原理如图 3-6 所示：目标通过物镜及调焦凹透镜的作用，在十字丝面上形成一个倒立的小实像，再经过目镜的放大作用，使目标的像和十字丝同时放大成虚像。放大的虚像与用眼睛直接看到的目标大小的比值，称为望远镜的放大率，它等于望远镜物镜焦距与目镜焦距的比值。普通水准仪的放大率为 18～30 倍。

十字丝常见形式如图 3-5（b）所示。十字丝分划板是一块玻璃片，上面刻有两条相互垂直的长线，竖直的一条称为竖丝，横的一条称为中丝。在中丝的上下还对称地刻有两条与中丝平行的短（或长）横线，是用来测量距离的，称为视距丝。由视距丝测出的距离就称为视距。十字丝的交点与物镜光心的连线 C-C，称为视准轴。水准测量是在视准轴水平的时候，用十字丝的中丝截取水准尺上的读数。

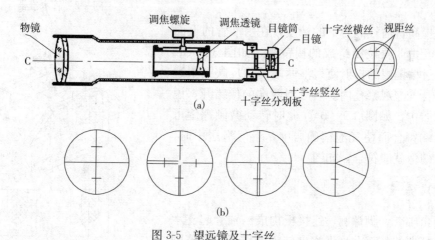

(a)

(b)

图 3-5　望远镜及十字丝

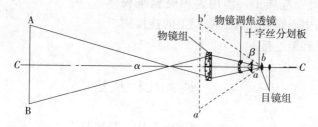

图 3-6　内对光望远镜成像原理

（二）水准器

水准器用于指示仪器或视线是否处于水平位置。是水准仪器上的重要部件。水准器分为圆水准器和管水准器两种：

1. 圆水准器 如图 3-7 所示，圆水准器是一个封闭的圆形玻璃容器，顶盖的内表面为一球面，容器内盛酒精、乙醚或两者混合的液体，留有一小圆气泡。容器顶盖中央刻有一小圈，小圈的中心是圆水准器的零点。通过零点的球面法线是圆水准器的轴 $L'L'$，当圆水准器的气泡与零点重合时，圆水准器的轴位于铅垂位置，表示气泡居中。用于粗略整平仪器。

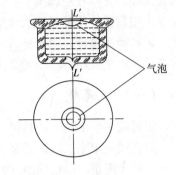

图 3-7　圆水准器

2. 管水准器 又称水准管，用于精确整平仪器。如图 3-8 所示，它是一个封闭的玻璃管，管的内壁在纵向磨成圆弧，管内盛酒精、乙醚或两者混合的液体，并留有一气泡。管面上刻有间隔为 2mm 的分划线，分划的中点称水准管的零点。过零点与管内壁在纵向相切的直线 LL 称水准管轴。当气泡的中心点与零点重合时，称气泡居中，气泡居中时水准管轴位于水平位置。

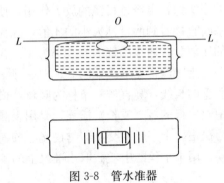

图 3-8　管水准器

为了提高目估气泡居中的精度，在水准管的上面安装有一套由 3 块棱镜组成的棱镜组，如图 3-9（a）所示。通过棱镜组的折射使气泡两端的像反映到望远镜旁的符合气泡观察孔内。若气泡两端的像错开，说明气泡未居中，如图 3-9（b）。此时转动微倾螺旋可使气泡两端符合而使气泡精确居中，当气泡居中时，两端气泡的像就能符合，如图 3-9（c）。

（三）基座

主要由轴套、脚螺旋、连接板构成。轴套起支承仪器并使仪器的上部在水平方向转动的作用。调节脚螺旋可使圆水准器的气泡居中，作用是粗略整平仪器。利用连接板上的中心螺旋孔和三脚架上的连接螺杆，可以使仪器与三脚架连接。

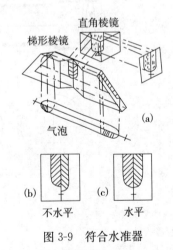

图 3-9　符合水准器

二、水准尺和尺垫

水准尺一般用优质木材、铝合金或玻璃钢制成，长度从 2～5m 不等。根据构造可以分为直尺、塔尺和折尺，其中直尺又分为单面分划和双面分划两种，如图 3-10 所示。双面水准尺一般长 3m，多用于三、四等水准测量或等外水准路线测量，以两把尺为一对使用。尺的两面均有分划，一面为黑白相间称黑面尺；另一面为红白相间称红面尺，两面的最小分划均为1cm，分米处有注记。"E"的最长分划线为分米的起始。读数时直接读取米、分米、厘米，估读毫米，单位为米或毫米。两把尺的黑面均由零开始分划和注记。红面的分划和注记，一把尺由4.687m开始分划和注记，另一把尺由4.787m开始分划和注记，利用双面尺可对读数进行检核。

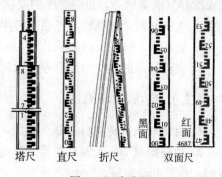

图3-10　水准尺

塔尺可以伸缩，由 2-4 段套接。全长有 3m、4m、5m多种，零点在尺的底端，分划为黑白相间，格值为 1cm 和 0.5cm，尺上每分米处注有数字。分米的准确位置，有的以字底为准，有的以字顶为准，应用时应分清。超过1m的注记加红点，1m段以上范围的分米注记加一个红点，2m段以上分米注记加两个红点，依次类推。如 2 表示1.2m。

图3-11　尺　垫

此外，有的尺子侧面还装有一管水准器，用于测量时掌握尺子处于竖直位置。

尺垫是用于转点上的一种工具，用钢板或铸铁制成如图3-11 所示。使用时把 3 个尖脚踩入土中，把水准尺立在突出的圆顶上。尺垫可使转点稳固防止下沉，也可作为转点的标志。

三、水准仪的使用

使用水准仪的操作步骤分为：安置仪器、粗略整平、照准水准尺、精平与读数。

（一）安置仪器

打开三脚架并使高度适中，目估使架头大致水平，检查三脚架腿是否安置稳固，脚架伸缩螺旋是否拧紧；然后打开仪器箱取出水准仪，置于三脚架头上用中心连接螺旋将仪器固连在三脚架头上。

（二）粗略整平

粗略整平是用脚螺旋使圆水准器的气泡居中。具体做法是：如图 3-12（a）所示，气泡未居中而位于 A 处，先用双手按箭头所指方向相对地转动脚螺旋1和2，使气泡移到两脚螺旋连线的中间垂线处，如图 3-12（b）所示的 B 位置，然后再单独转动脚螺旋3，使气泡居中。反复操作几次，直到视准轴在任何方向

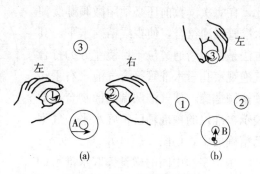

图 3-12　圆水准器的整平

圆水准器气泡都居中。粗略整平的要领：

1. 先旋转两个脚螺旋，然后旋转第三个脚螺旋。

2. 旋转两个脚螺旋时必须作相对的转动（即旋转方向应相反）。

3. 气泡移动的方向始终和左手大拇指移动的方向一致。

（三）照准水准尺

1. 目镜对光　转动目镜调焦螺旋，使十字丝成像清晰。

2. 粗略瞄准　松开制动螺旋，转动望远镜，利用望远镜上的准星、缺口与目标呈一直线时，拧紧制动螺旋。

3. 物镜对光　转动调焦螺旋，使水准尺成像清晰。

4. 精确瞄准　转动微动螺旋，使十字丝的竖丝精确地对准水准尺侧边或中央。

5. 消除视差　当眼睛在目镜端稍作上下移动观测时，尺像与十字丝有相对移动的现象称为视差。即读数有改变，其原因是尺像没有落在十字丝平面上，如图 3-13（a）、（b）。存在视差时不能得出准确的读数。消除视差的方法是：先把目镜调焦螺旋调好，使十字丝清晰；然后一面稍旋转调焦螺旋，一面用眼睛上下移动仔细观察，直到不再出现尺像和十字丝有相对移动为止，即尺像与十字丝在同一平面上，如图 3-13（c）。

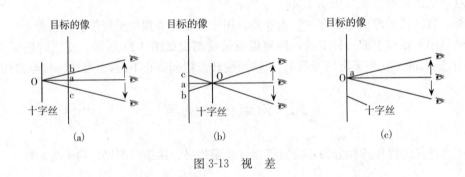

图 3-13　视　差

（四）精平与读数

　　由于圆水准器的灵敏度较低，所以圆水准器只能指示水准仪粗略整平。因此，在每次读数前还必须用微倾螺旋使水准管气泡符合，使视线精确水平。其方法是：眼睛通过位于目镜左方的符合气泡观察孔看水准管符合气泡，右手转动微倾螺旋，使气泡两端的像吻合，即表示水准仪的视准轴已精确水平，气泡已精确居中。如图 3-9（b）、（c）所示。

　　用十字丝中间的横丝读取水准尺的读数。从尺上可直接读出米、分米和厘

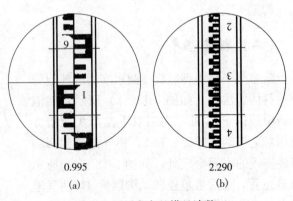

| 0.995 | 2.290 |
| (a) | (b) |

图 3-14　用十字丝横丝读数

米数，并估读出毫米数，所以每个读数必须有 4 位数。如果某一位数是零，也必须读出并记录。

如图 3-14（a）所示中的读数为 0.995m，图 3-14（b）中的读数为 2.290m。微倾望远镜视野一般都为倒像，所以从望远镜内读数时应由上向下读。由于自动安平水准仪望远镜视野多为正像，因此，为避免读错，任何仪器均应沿数字增大方向读取。读数前应先认清水准尺的分划特点，特别应注意与注字相对应的分米分划线的位置。为了保证得出正确的水平视线读数，在读数前和读数后都应检查气泡影像是否仍然符合，若发现有明显的移动，必须再次精平，重新读数。

第三节　水准测量的方法

为了科学研究、工程建设及测绘地形图的需要，我国已在全国范围内以国家高程基准为准建立了统一的高程控制点，逐级布设了精度不同的各等级水准网。

按照精度要求的不同，分为一、二、三、四共 4 个等级。其中一等水准测量精度最高，四等最低，低一级受高一级控制。由于这些高程控制点的高程都是用水准测量的方法测定的，所以高程控制点也称为水准点，一般缩写为"BM"，图示用"⊗"符号表示。

为进一步满足园林工程勘测设计与施工和直接满足小范围地形测量的需要，以国家三、四等水准点为起点，再布设的水准测量称为"普通水准测量"，也称为"等外水准测量"。普通水准测量的精度比等级测量的精度要低，水准路线的布设及水准点的密度有着较大的灵活性，但水准测量的原理是相同的。

一、一个测站的水准测量工作

（一）测站水准测量方法

在水准测量中，把安置水准仪的位置称为测站。在已知水准点到待定点之间的距离较近（<200m），高差较小（<水准尺长）时，可按一个测站的水准测量程序，测出待定点的高程。如图 3-1 所示，若 A 点高程已知，由 A 点求 B 点的高程测量程序如下：

1. 安置仪器　在 A、B 两地面点各竖立一把水准尺，约在 A、B 的连线等距处安置水准仪。

2. 粗略整平　调整脚螺旋使圆水准器的气泡居中。

3. 照准目标　转动目镜调焦螺旋使十字丝清晰。松开制动螺旋，转动望远镜，通过照门、准星粗略瞄准后视点 A 上的水准尺，然后拧紧制动螺旋；转动物镜调焦螺旋，使后视点 A 上的水准尺成像清晰；检查并消除视差，转动微倾螺旋，精确瞄准目标。

4. 精平与读数　转动微动螺旋，当管水准器的两个半边气泡影像吻合在一起时，立即用十字丝横丝读取后视读数 a，记入手簿。

松开制动螺旋，转动望远镜瞄准前视点 B 上的水准尺并消除视差，精平后读取前视读

数 b，记入手簿。

5. 计算高差与高程

知识运用

例2：如图 3-1 所示，已知点 A 高程为 $H_A=45.123\text{m}$，B 为待求点。后视读数 $a=1.732\text{m}$，前视读数 $b=1.243\text{m}$，请问 A、B 两点哪点高？并求 B 点高程 H_B。

解：(1) $h_{AB}=H_B-H_A=a-b=1.732-1.243=0.489>0$

由此可知，B 点高于 A 点。

(2) $H_B=H_A+h_{AB}=45.123+0.489=45.612\text{m}$

例3：在例2中：若 $a=1.243\text{m}$，$b=1.732\text{m}$，A、B 两点哪点高？并求 B 点高程 H_B。

解：(1) $h_{AB}=-0.489<0$

(2) 由此可知，B 点低于 A 点。

(3) $H_B=44.634\text{m}$

（二）测站校核的方法

为防止在一个测站上发生测量错误而导致整个水准路线测量结果的错误，可在每个测站内采用一定的观测方法，以检查测站观测的高差数据是否合乎要求，这种校核称为测站校核，方法如下：

1. 双面尺法 先照准后尺和前尺的黑面读数，再照准前尺和后尺的红面读数，分别各自测得两点间的两次高差。若同一水准尺红面与黑面（加常数 4 687 或 4 787 后）之差在 $\pm3\text{mm}$ 以内，且前后黑面尺高差与红面尺高差之差不超过 $\pm8\text{mm}$（等外水准测量），则取黑、红面高差平均值作为该站测得的高差值；否则应进行检查或重测。

2. 双仪高法 在每个测站上一次测得两点间的高差后，改变一下水准仪的安置高度 10cm 以上，再次测量两点间的高差。对于一般水准测量，当两次所得高差之差不超过 $\pm8\text{mm}$ 时可认为合格，取其平均值作为该测站所得高差，否则应进行检查或重测。

二、复合水准测量

在园林测量实际工作中，两点间有时相距较远或者两点高差较大，安置一次水准仪不能测量出两点之间的高差，需要多次安置仪器，分段连续施测若干测站，把各测站测得的高差累加取其代数和，最后得出两端点间的高差，这种水准测量称为复合水准测量。

如图 3-15 所示，若 A 点高程已知，欲测出 A、B 两点间的高差 h_{AB}，这时就需在 A、B 两点间增设一系列传递高程的立尺点，如 TP_1，$TP_2\cdots TP_{n-1}$，这些点我们称之为"转点"。并设置若干个测站，如第一站、第二站……第 n 站。根据一个测站的水准测量工作原理依次连续测定相邻两点间高差，求和即可求得 A、B 间的高差值 h_{AB}。

首先第一站在 A 点和转点 TP_1 连线大约中间处安置水准仪，分别在 A 点和 TP_1 点直立水准尺，用水平视线分别读取后视读数 a_1 和前视读数 b_1，即可求得 h_1；则转点 TP_1 对 A 点的高差为：

$$h_1=a_1-b_1$$

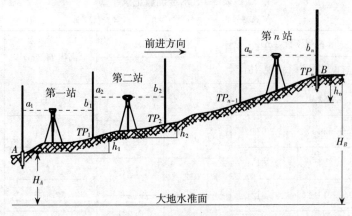

图 3-15　复合水准测量

然后把仪器搬至第二站，将 A 点的水准尺转移并竖立于 TP_2，同时把 TP_1 点上的水准尺面翻转过来面对仪器，同样测得后视读数 a_2 和前视读数 b_2，并可求得：

$$h_2 = a_2 - b_2$$

如此同法继续施测，直至末站第 n 站，就有：

$$h_n = a_n - b_n$$

把各站测得的高差相加，即可求得 A、B 两点间的高差为：

$$h_{AB} = h_1 + h_2 + \cdots + h_n = \sum h = \sum a - \sum b \tag{3-6}$$

若 A 点高程已知，那么可按公式（3-2）算出 B 点的高程为：

$$H_B = H_A + \sum h \tag{3-7}$$

由水准测量的方法可知，转点既有后视读数，又有前视读数，在水准测量中起传递高程的作用。转点的稳定性，直接影响到最后一点高程的准确性。因此，一个测站工作结束后，仪器搬到下一测站结束前，转点的位置丝毫不能移动，否则就不能正确传递高程。转点上应放尺垫，尺垫的三脚要用力踏入土中，使其稳定，防止尺垫下沉。

图 3-16 和表 3-1 是某一测段复合水准测量及其记录、计算实例。

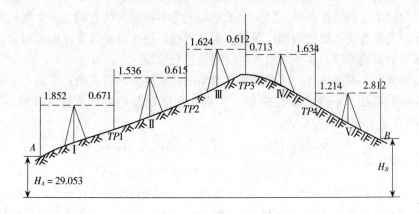

图 3-16　复合水准测量实例

表 3-1 水准测量记录手簿

线路名称：_____   仪器型号：_____   观测日期：_____年___月___日

点号	水准尺读数（m）		高差 h（m）		高程 H（m）	备 注
	后视（a）	前视（b）	+	-		
A	1.852		1.181		29.053	A 点高程已知
TP_1	1.536	0.671	0.921		30.234	
TP_2	1.624	0.615			31.155	$h_{AB}=\sum a-\sum b$
TP_3	0.713	0.612	1.012		32.167	$h_{AB}=\sum h$
TP_4	1.214	1.634		0.921	31.246	
B		2.812		1.598	29.648	$h_{AB}=H_B-H_A$
$\sum$	6.939	6.344	3.114	2.519	$H_终-H_始=0.595$	
检核计算	$\sum a-\sum b=0.595$		$\sum h=0.595$			计算无误

观测：_____   记录：_____   检核：_____

为了保证高差计算的正确性，应在每页测量手簿下方进行计算校核，即：

$$\sum a（后视读数总和）-\sum b（前视读数总和）$$

$$=\sum h（各站高差总和）$$

$$=H_终（终点高程）-H_始（始点高程）$$

若上述 3 项相等，说明计算正确无误；若不相等，说明计算有误，应重新计算。

三、水准测量校核及成果整理

测站校核只能校核一个测站上所测高差是否符合精度要求，对于一条水准路线来说，还不能证明它的总精度是否符合要求。在水准路线上受多种因素的影响，一个测站上的误差反映虽不明显，但随着测站数的增加，误差会得到累积，使水准路线整体误差超限。为了保证水准测量成果的正确可靠，必须对水准路线测量进行检核。

在测量规范中，不同等级的水准测量有着不同的精度要求。在研究误差产生的原因、规律及总结经验的基础上，测量规范中规定了水准测量误差的容许范围（即精度要求），以 $f_{h容}$ 表示。对普通水准测量规定为：

平原微丘区　　　　$f_{h容}=\pm40\sqrt{L}$（mm）　　　　　　（3-8）

山岭重丘区　　　　$f_{h容}=\pm12\sqrt{n}$（mm）　　　　　　（3-9）

式中，L 为水准路线的长度，以千米为单位，计算时只取数值；n 为测站数。

平原微丘区平均每千米测站数少于 15 站，用公式（3-8）；山岭重丘区平均每千米测站数多于 15 站，用公式（3-9）。

在测区内由于水准点的位置不同，一般将已知水准点和待测点布设成附合水准路线、闭合水准路线、支水准路线等 3 种，如图 3-17 所示。它们的校核方法也不同，其方法如下：

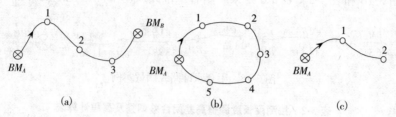

图 3-17　水准路线示意图

（一）附合水准路线

如图 3-17（a）所示，BM_A 为已知点，由它开始测定 1、2、3 等点的高程，最后由 3 点又测到另一已知水准点 BM_B 上，这种水准路线称为附合水准路线。

为使测量成果得到可靠的检核，最好把水准路线布设成附合水准路线。对于附合水准路线，理论上在两已知高程水准点间所测得各站高差之和应等于起讫两水准点间高程之差。即：

$$\sum h_{\text{理}} = H_{\text{终}} - H_{\text{始}} \tag{3-10}$$

如果它们不能相等，其差值称为高差闭合差，用 f_h 表示。所以附合水准路线的高差闭合差为：

$$f_h = \sum h_{\text{测}} - \sum h_{\text{理}} = \sum h_{\text{测}} - (H_{\text{终}} - H_{\text{始}}) \tag{3-11}$$

若高差闭合差在容许范围内，即 $|f_h| \leqslant |f_{h\text{容}}|$，便可以进行闭合差的调整，然后计算高程。

在同一水准路线上，可以认为观测条件是基本相同的，各站所产生的误差是相等的，因此在调整闭合差时，应将闭合差以相反的符号，按与测站数或距离成正比例分配到各测段的实测高差中。通常在平坦地区，应按路线的长度成正比例进行分配；而在山区应按测站数的多少成正比例分配。以 v_{hi} 表示各测段高差的改正数，则各测段高差的改正数为：

$$v_{hi} = -\frac{L_i}{\sum L} \cdot f_h \tag{3-12}$$

或

$$v_{hi} = -\frac{n_i}{\sum n} \cdot f_h \tag{3-13}$$

式中，L_i 和 n_i 分别为某一测段路线之长和测站数；$\sum L$ 和 $\sum n$ 分别为水准路线总长和测站总数。

知识运用

例 4：图 3-18 和表 3-2、表 3-3 是某一附合水准路线水准测量记录及计算实例。

$$\frac{BM_A}{36.345} \bigotimes \xrightarrow{\ +2.785m\ } \xrightarrow[12 \text{站}]{} BM_1 \xrightarrow{\ -4.369m\ } \xrightarrow[18 \text{站}]{} BM_2 \xrightarrow{\ +1.980m\ } \xrightarrow[13 \text{站}]{} BM_3 \xrightarrow{\ +2.345m\ } \xrightarrow[11 \text{站}]{} \bigotimes \frac{BM_B}{39.039}$$

图 3-18　附合水准路线测量实例

表 3-2　按测段长度调整高差闭合差调整及高程计算表

计算者：＿＿＿＿＿＿＿＿＿＿＿＿＿

测段编号	测点	测段长度（km）	实测高差（m）	改正数（m）	改正后的高差（m）	高程（m）
1	BM_A	2.1	+2.785	−0.011	+2.774	36.345
2	BM_1	2.8	−4.369	−0.014	−4.383	39.119
3	BM_2	2.3	+1.980	−0.012	+1.968	34.736
4	BM_3	1.9	+2.345	−0.010	+2.335	36.704
	BM_B					39.039
Σ		9.1	2.741	−0.047	+2.694	
备注	\multicolumn{6}{l}{$f_h = \sum h_测 - (H_终 - H_始) = 2.741 - 2.694 = +0.047$（m） $f_{h容} = \pm 40\sqrt{L}\,\text{mm} = \pm 40\sqrt{9.1}\,\text{mm} = \pm 0.121\,\text{m}$ 因 $\lvert f_h \rvert \leqslant \lvert f_{h容} \rvert$，故符合精度要求。}

表 3-3　按测站数调整高差闭合差及高程计算表

计算者：＿＿＿＿＿＿＿＿＿＿＿＿＿

测段编号	测点	测站数（个）	实测高差（m）	改正数（m）	改正后的高差(m)	高程（m）
1	BM_A	12	+2.785	−0.010	+2.775	36.345
2	BM_1	18	−4.369	−0.016	−4.385	39.120
3	BM_2	13	+1.980	−0.011	+1.969	34.736
4	BM_3	11	+2.345	−0.010	+2.335	36.704
	BM_B					39.039
Σ		54	2.741	−0.047	+2.694	
备注	\multicolumn{6}{l}{$f_h = \sum h_测 - (H_终 - H_始) = 2.741 - 2.694 = +0.047$（m） $f_{h容} = \pm 12\sqrt{n}\,\text{mm} = \pm 12\sqrt{54}\,\text{mm} = \pm 0.088\,\text{m}$ 因 $\lvert f_h \rvert \leqslant \lvert f_{h容} \rvert$，故符合精度要求。}

知识探究

（二）闭合水准路线

如图 3-17（b）所示，从一个已知水准点 BM_A 开始，沿待测高程 1、2、3…点进行水准测量，最后回到 BM_A 点，这种水准路线称为闭合水准路线。

对于闭合水准路线，因为它起讫于同一个点，所以理论上全线各站高差之和应等于零。即：

$$\sum h_{理} = 0 \tag{3-14}$$

由于测量存在误差，实测的高差之和 $\sum h_{测} \neq 0$，则其差值 $\sum h_{测}$ 即是闭合水准路线的高差闭合差。即：

$$f_h = \sum h_{测} - \sum h_{理} = \sum h_{测} \tag{3-15}$$

在闭合水准路线中，高差闭合差容许值的计算、闭合差的调整、待测点高程的推算和检核方法，均与附合水准路线相同。

知识运用

例 5：图 3-19 和表 3-4 是某一闭合水准路线水准测量记录及计算实例。

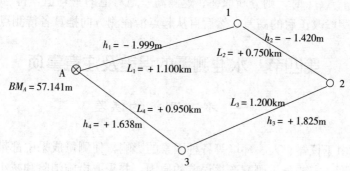

图 3-19　闭合水准路线测量实例

表 3-4　闭合水准路线高差闭合差调整及高程计算表

仪器型号：_____　　观测：_____　　记录：_____　　观测日期：____年___月___日

测段	测点	距离（km）	实测高差（m）	改正数（mm）	改正后高差（m）	高程（m）	备注
A-1	BM_A	1.100	-1.999	-0.012	-2.011	57.141	高程已知
1-2	1	0.750	-1.420	-0.008	-1.428	55.130	
2-3	2	1.200	+1.825	-0.013	+1.812	53.702	
3-A	3	0.950	+1.638	-0.011	+1.627	55.514	
$\sum$	BM_A	$\sum L$=4.000	f_h=+0.044	-0.044	0	57.141	计算无误

辅助计算 | f_h=+0.044　　$f_{h容}$=±40$\sqrt{L}$mm=±40$\sqrt{4}$mm=±0.080m
因 $|f_h| \leqslant |f_{h容}|$，故符合精度要求，可以进行调整。

观测：_____　　　　记录：_____　　　　检核：_____

（三）支水准路线

如图 3-17（c）所示，由一已知高程的水准点 BM_A 开始，沿路线测定 1、2…点后，既

不附合也不闭合到已知高程的水准点上，这种水准路线称为支水准路线。

这种形式的水准路线由于不能对测量成果自行检核，因此支水准路线必须在起、终点间用往返测进行检核。理论上往、返测所得高差的绝对值应相等，但符号相反，或者是往、返测高差的代数和应等于零。即

$$\sum h_{往} = -\sum h_{返} \qquad (3-16)$$

如果往返测高差的代数和不等于零，其值即为支水准路线的高差闭合差。即

$$f_h = \sum h_{往} + \sum h_{返} \qquad (3-17)$$

有时也可以用两组并测来代替一组的往返测以加快工作进度。两组所得高差应相等，若不等，其差值即为支水准路线的高差闭合差。即

$$f_h = \sum h_1 - \sum h_2 \qquad (3-18)$$

高差闭合差的容许值（$f_{h容}$）仍按公式（3-8）或公式（3-9）计算，但公式中 L 为支水准路线往返测总长度的千米数，n 为往返测总测站数。

当 $|f_h| \leqslant |f_{h容}|$ 时，则分断取往、返测高差绝对值的平均值，符号则以往测高差为准，以此作为该测段改正后的高差，然后再从起点沿往测方向推算各待测点高程。

第四节　水准测量的误差及注意事项

一、水准测量的误差

测量工作中由于仪器、人、环境等各种因素的影响，使测量成果中都带有误差。为了保证测量成果的精度，需要分析研究产生误差的原因，并采取措施消除和减小误差的影响。水准测量中误差的主要来源如下：

（一）仪器误差

1. 视准轴与水准管轴不平行引起的误差　仪器虽经过校正，但仍会有微小的残余误差，如视准轴和水准管轴之间仍会残留一个微小的夹角。当在测量时如能保持前视和后视的距离相等，这种误差就能消除。当因某种原因某一测站的前视（或后视）距离较大，那么，就在下一测站上使后视（或前视）距离较大，使误差得到补偿。

2. 调焦引起的误差　当调焦时，调焦透镜光心移动的轨迹和望远镜光轴不重合，则改变调焦就会引起视准轴的改变，从而改变了视准轴与水准管轴的关系。如果在测量中保持前视后视距离相等，就可在前视和后视读数过程中不改变调焦，避免因调焦而引起的误差。

3. 水准尺的误差　水准尺的误差包括分划误差和尺身构造上的误差，构造上的误差如零点误差和塔尺的接头误差。所以使用前应对水准尺进行检验。水准尺的主要误差是每米真长的误差，它具有积累性质，高差愈大误差也愈大。对于误差过大的应在成果中加入尺长改正。

（二）观测误差

1. 气泡居中误差　视线水平是以气泡居中或符合为根据的，但气泡的居中或符合都是

凭肉眼来判断,不能绝对准确。气泡居中的精度也就是水准管的灵敏度,它主要决定于水准管的分划值。若水准尺距仪器距离 75m,则整平误差在 ±0.5mm。为了减小气泡居中误差的影响,应对视线长加以限制,每次观测读数时都应使气泡精确地居中或符合可消除整平误差。

2. 估读水准尺分划的误差　水准尺上的毫米数都是估读的,估读的误差决定于视场中十字丝和厘米分划的宽度,所以估读误差与望远镜的放大率及视线的长度有关。通常在望远镜中十字丝的宽度为厘米分划宽度的 1/10 时,能准确估读出毫米数。所以在各种等级的水准测量中,对望远镜的放大率和视线长的限制都有一定的要求,在水准测量中应使用望远镜放大倍数在 20 倍以上的水准仪,且视距不得超过 100m。以保证估读数值精确。

3. 视差误差　存在视差时,眼睛与目镜的相对位置不同,读数也不同,从而产生读数误差,因此,在观测中应注意消除视差,避免在成像不清晰时进行观测。

4. 扶水准尺不直的误差　水准尺没有扶直,无论向哪一侧倾斜都使读数偏大。这种误差随尺的倾斜角和读数的增大而增大。如水准尺有 3° 的倾斜,读数处为 1.5m 时,可产生2mm 的误差。为使尺能扶直,水准尺上最好装有水准器。没有水准器时,可采用摇尺法,读数时把尺的上端在视线方向前后来回摆动,当视线水平时,观测到的最小读数就是尺扶直时的读数。这种误差在前后视读数中均可发生,所以在计算高差时可以抵消一部分。

(三) 外界环境的影响

1. 仪器下沉和水准尺下沉的误差

(1) 仪器下沉的误差。在读取后视读数和前视读数之间若仪器下沉了 △,由于前视读数减少了 △ 从而使高差增大了 △。在松软的土地上,每一测站都可能产生这种误差。当采用双面尺法或双仪高法测量时,第二次观测可先读前视点 B,然后读后视点 A,则可使所得高差偏小,两次高差的平均值可消除一部分仪器下沉的误差。用往测、返测时,亦因同样的原因可消除部分的误差。

(2) 水准尺下沉的误差。在仪器从一个测站迁到下一个测站的过程中,若转点下沉了△,则使下一测站的后视读数偏大,使高差也增大 △。在同样情况下返测,则使高差的绝对值减小。在水准测量时,若使用尺垫则应选择坚实的地面设置转点,或可采取一定的观测程序(后、前、前、后),或采用往返测的平均高差,可以减弱水准尺下沉的影响。

2. 地球曲率和大气折光的误差　大地水准面为一曲面,只有当水准仪的视线与之平行时,才能测出两点间的真正高差,而水准仪的视线却是水平的,因此,地球曲率对仪器的读数也有一定的影响。

另外,靠近地面的空气由于上、下层温度存在差异,空气密度也不同,当光线通过密度不同的介质时,会产生折射现象,使水准仪的视线向上或向下弯曲,且几乎不会与大地水准面平行,这也会对读数产生影响。

减少地球曲率和大气折光对高差影响的方法,一是观测时前、后视距离要相等,可使这种误差在高差计算时相抵消自行消除。二是由于接近地面的大气折光变化十分复杂,光线折射现象明显,因此,限制视线观测长度可以使这种误差大为减小;此外,使视线离地面尽可能高于 0.3m 以上,也可减弱折光变化的影响。

3. 气候的影响　气候的影响也给水准测量带来误差。如风吹、日晒、温度的变化和地面水分的蒸发等。所以观测时应注意气候带来的影响。为了防止日光暴晒,仪器应打伞保

护。无风的阴天是最理想的观测天气。

水准测量的误差及削弱方法见表3-5。

表 3-5 水准测量的误差及削弱方法

误差类型	误 差	来 源	削弱方法
仪器误差	i角误差	视准轴与管水准轴不平行在竖直面内投影所形成的夹角	前后视距相等
	水准尺刻划误差	刻划不准确、尺长变化及标尺弯曲	检验加改正
	水准尺零点差	水准尺零点偏差	偶数测站数
观测误差	管水准器气泡居中误差	气泡不居中带来的视准轴不水平所引起的误差	仔细使气泡居中
	调焦误差	同一测站调焦引起的视准轴变化带来的误差	一测站不进行二次调焦
	估读误差	毫米（mm）位的估读误差	多次读数、限制视距长度
	水准标尺倾斜误差	水准尺若竖立不直引起的误差	确保水准尺竖直（安装圆水准器）
外界条件误差	球气差	大气折光和地球曲率引起的误差	前后视距相等
	水准仪及水准尺升台误差	水准仪及水准尺升台造成水平视线变化引起的误差	采用后前前后的顺序观测
	天气引起的误差	风力、温度等引起的误差	选择合适的天气

二、水准测量中的注意事项

水准测量工作并不复杂，但其连续性很强，稍有疏忽就容易出错，并且只要有一个环节出现问题，就可能造成局部甚至全部返工。因此，无任是观测员、立尺员还是记录员，都必须仔细操作、规范严格、认真检核、密切协作，以保证观测质量。特别注意以下测量事项：

1. 仪器安置

（1）测量工作开始前，必须认真检验仪器的误差。

（2）测站到前后水准尺的距离要大致相等，视距不得超过100m，可用视距或脚步量测确定。

（3）转点要尽量选在土质坚实之处；尺垫踏入地面要平实、稳固，且仅用于转点。仪器搬站前，不能移动后视点的尺垫。

2. 整平

（1）一个测站上，圆水准器只能调平一次，保持前视尺与后视尺的读数都处于同一水平视线上。

（2）在读数前必须检查管水准器是否居中，然后再读数。如正在读数时，有风吹过、车辆驶过，产生微小振动时，应停止读数，马上检查管水准器是否还居中，然后再重读数，才是正确读数。

3. 扶尺与搬站

（1）扶尺时，水准尺必须保持竖直，水准尺上气泡要居中，水准尺不能前后左右倾斜。

（2）塔尺抽尺时衔接部位数字要准确，并保持稳直。

（3）未读转点前视读数，仪器不得迁站；搬动仪器时前视尺不得放倒，防止水准测量步骤脱节，造成返工。

（4）搬站时，前视尺的位置就是后视尺的位置，要轻轻地转动，不能提尺，不能移动尺的位置，防止位移。

4. 观测与记录

（1）读数时，必须看清横丝与竖丝相交点所对应尺面上的数字，不要看到视距丝上；读数要细心、准确。

（2）注意望远镜的正倒像，仔细对光，消除视差；读数时应沿数字增大方向读，记录员要大声回报确认。

（3）记录数据要当场填清楚，要保持数据记录原始性；不得涂改原始记录，有误或记错的数据应划去，再将正确数据写在上方，并在备注栏内注明原因，使记录簿干净、整齐。

（4）避免阳光直射水准器，观测时要撑伞保护，选择好的天气测量。

＊第五节　水准仪的检验与校正

一、水准仪应满足的几何条件

如图 3-20 所示，为了保证水准仪能准确提供水平视线，其构造应满足以下几何条件：

①水准管轴 LL 应平行于视准轴 CC。

②圆水准器轴 $L'L'$ 应平行于仪器的竖轴 VV。

③十字丝的横丝应垂直于仪器的竖轴 VV，即十字横丝应水平。

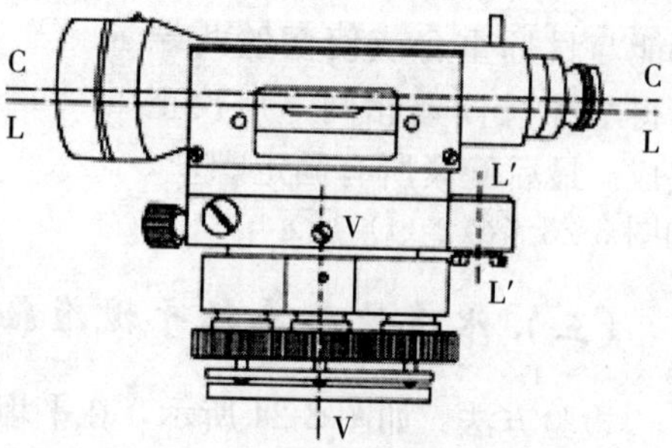

二、水准仪的检验与校正

（一）圆水准器的检验与校正

图 3-20　水准仪的主要轴线

检验方法：转脚螺旋使圆水准器气泡居中，如图 3-21（a）所示，然后将仪器上部在水平方向绕竖轴旋转 180°，若气泡仍居中，则表示圆水准器轴已平行于竖轴；若气泡偏离中央，如图 3-21（b）所示，则需进行校正。

校正方法：用脚螺旋使气泡向中央方向移动偏离量的一半，如图 3-21（c）粗线圆圈处，然后先松动圆水准器下的固定螺钉，再拨校正螺旋，如图 3-23 所示，使气泡居中。由于一次拨动不易使圆水准器校正得很完善，所以需重复上述的检验和校正，使仪器上部旋转到任何位置气泡都能居中为止，如图 3-21（d）。

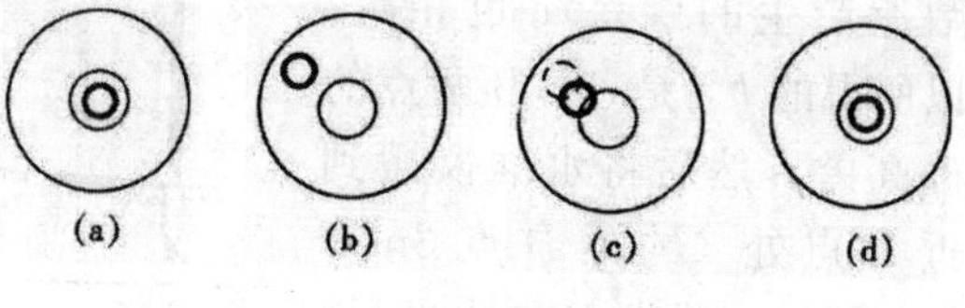

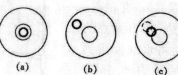

（a）　　（b）　　（c）　　（d）

图 3-21　圆水准器的检校

（二）望远镜十字丝的检验与校正

检验方法：先用横丝的一端照准一固定的目标或在水准尺上读一读数，然后用微动螺旋转动望远镜，用横丝的另一端观测同一目标或读数。如果目标仍在横丝上或水准尺上读数不变，说明横丝已与竖轴垂直，如图 3-23（a）、（b）所示。若目标偏离了横丝或水准尺读数有变化，则说明横丝与竖轴没有垂直，应予校正，如图 3-23（c）、（d）所示。

校正方法：打开十字丝分划板的护罩，可见到 3～4 个分划板的固定螺丝。松开这些固定螺丝，用手转动十字丝分划板座，反复试验使横丝的两端都能与目标重合或使横丝两端所得水准尺读数相同，则校正完成。最后旋紧所有固定螺丝，如图 3-23（e）、（f）所示。

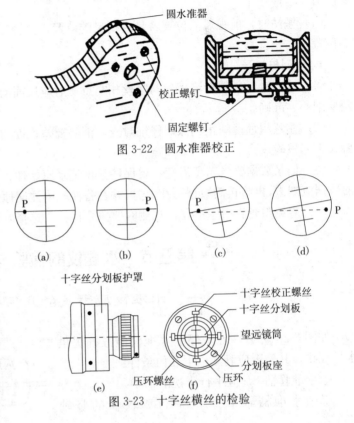

图 3-22　圆水准器校正

图 3-23　十字丝横丝的检验

（三）水准管轴平行于视准轴的检验与校正

检验方法：如图 3-24 所示，在平坦地区选择相距约 80m 的 A、B 两点（可打下木桩或安放尺垫），并在 A、B 两点中间选择一点 O，且使 $D_A = D_B$。将水准仪安置于 O 点处，分别在 A、B 两点上竖立水准尺，读数为 a_1 和 b_1，则 A、B 两点间高差：

$$h_{AB} = (a_1 - x) - (b_1 - x) = a_1 - b_1$$

若视准轴与水准管轴不平行而构成 i 角，由于仪器至 A、B 两点的距离相等，因此，由于视准轴倾斜，而在前、后视读数所产生的误差 x 也相等，所以所得的 h_{AB} 是 A、B 两点的正确高差。然后将水准仪搬到靠近 B 点处（约距 B 点 3m），整平仪器后，瞄准 B 点水准尺，读数为 b_2，再瞄准 A 点水准尺，

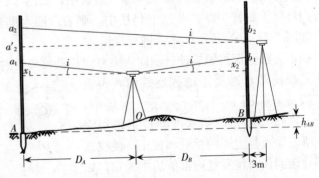

图 3-24　水准管轴平行于视准轴的检验

读数为 a_2，则 A、B 间高差 h_{AB}' 为：

$$h_{AB}'=a_2-b_2$$

若 $h_{AB}'=h_{AB}$，则表明水准管轴平行于视准轴，几何条件满足，若 $h_{AB}'\neq h_{AB}$ 且差值大于 $\pm 3mm$，则需要进行校正。

校正方法：水准仪不动，先计算视线水平时 A 尺（远尺）上应有的正确读数 a_2'：

$$a_2'=b_2+h_{AB}=b_2+（a_1-b_1）$$

当 $a_2<a_2'$，说明视线向上倾斜；反之向下倾斜。瞄准 A 尺，旋转微倾螺旋，使十字丝中丝对准 A 尺上的正确读数 a_2'，此时视准轴由倾斜位置改变到水平位置，但水准管也因随之变动而气泡不再符合。用校正针拨动位于目镜端的水准管

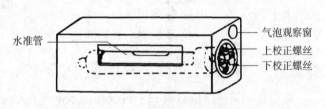

图 3-25　水准管轴的校正

上、下两个校正螺丝，如图 3-25 所示，使符合水准气泡严密居中。此时，水准管轴也处于水平位置，从而达到了水准管轴平行于视准轴的要求。

校正时应先松动左右两校正螺旋，然后拨上下两校正螺旋使气泡符合。拨动上下校正螺旋时，应先松一个、再紧另一个，逐渐改正，当最后校正完毕时，所有校正螺旋都应适度旋紧。

＊第六节　自动安平水准仪与电子水准仪简介

一、自动安平水准仪

自动安平水准仪与微倾式水准仪的区别在于：自动安平水准仪没有水准管和微倾螺旋，而只有一个圆水准器进行粗略整平；此外，在望远镜的光学系统中装置了补偿器。当圆水准气泡居中后，尽管仪器视线仍有微小的倾斜，但借助仪器内补偿器的作用，视准轴在数秒钟内自动成水平状态，从而读出视线水平时的水准尺读数值。

如图 3-26 左为 DS24 型自动安平水准仪，右为 DSZ2 型自动安平水准仪。

图 3-26　自动安平水准仪

（一）自动安平的原理

如图 3-27 所示，当圆水准器气泡居中后，视准轴仍存在一个微小倾角 α，在望远镜的光

路上安置一补偿器，使通过物镜
光心的水平光线经过补偿器后偏
转一个 β 角，仍能通过十字丝交
点，在补偿器的作用下很快静止，
从而使视准轴水平。这样十字丝
交点上读出的水准尺读数，即为
视线水平时应该读出的水准尺读

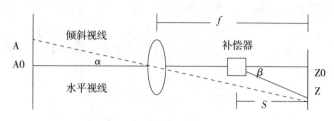

图 3-27　视线自动安平原理

数。实际上，α 角与 β 角都非常小，当满足 $f\alpha = s\beta$ 时，就可达到补偿的目的。

（二）自动安平水准仪的使用

　　使用自动安平水准仪时只要将仪器圆水准气泡居中（粗略整平），不越出圆水准器中央
小黑圆圈范围，补偿器就会产生自动安平的作用。此时即可瞄准水准尺进行读数。由于补偿
器相当于一个重力摆，不管是空气阻尼或者磁性阻尼，其重力摆静止稳定需 2～4s，故瞄准
水准尺约过几秒钟后再读数为好。

　　有的自动安平水准仪配有一个键或自动安平钮，每次读数前应按一下键或按一下钮，确认
补偿器开始正常工作，然后才能读数，否则补偿器不会起作用。使用时应仔细阅读仪器说明书。

　　由于无需精平，因此自动安平水准仪不仅能减少操作步骤，提高工作效率，而且对于施
工场地地面的微小震动、松软土地的仪器下沉以及大风吹刮等原因引起的视线微小倾斜，都
能迅速自动安平仪器，从而提高了水准测量的观测精度。

二、电子水准仪

（一）基本概述

　　电子水准仪是在电磁波测距技术、光电技术、计算机技术和精密机械技术发展的基础上
逐步发展而来的。

　　在水准测量中，由于水准仪和水准尺两者在空间上是分离的，这在技术上造成了读数自
动化和数字化的困难。为实现水准仪读数的数字化，人们进行了长期尝试，1990 年威特厂
首先研制出数字水准仪 NA2000，从此，大地测量仪器完成了从精密光机仪器向光机电测一
体化的高技术产品的过渡，攻克了大地测量仪器中水准仪数字化读数的这一难关。1994 年蔡
司厂又研制出了电子水准仪 DINI10/20，同年拓普康厂也研制出了电子水准仪 DL101/102，
这意味着电子水准仪行将普及。

　　电子水准仪具有测量速度快、读
数客观、能减轻作业劳动强度、精度
高、测量数据便于输入计算机和容易
实现水准测量内外业一体化的特点，
因此，它投放市场后很快受到用户青
睐。目前，国外的低精度高程测量盛
行使用各种类型的激光定线仪和激光
扫平仪。因此电子水准仪定位在中精

徕卡 DNA03

拓普康 DL－111C

天宝 DINI03

图 3-28　电子水准仪

度和高精度水准测量范围，分为两个精度等级。中等精度的标准差为：$1.0 \sim 1.5$mm/km，高精度的为：$0.3 \sim 0.4$mm/km。左为徕卡 DNA03 高精度电子水准仪、中为拓普康 DL－111C 电子水准仪、右为天宝 DINI03 数字水准仪（图 3-28）。

（二）电子水准仪的基本原理

电子水准仪又称数字水准仪。它是在自动安平水准仪的基础上，在望远镜光路中增加了分光镜和探测器（CCD），采用条码标尺和数字图像处理技术进行标尺自动读数的高精度水准测量仪器。但各厂家标尺编码的条码图案不相同，不能互换使用。当前电子水准仪主要采用了原理上相差较大的 3 种自动电子读数方法：

1. 相关法（如徕卡 NA3002/3003）

2. 几何法（如蔡司 DINI10/20）

3. 相位法（如拓普康 DL101C/102C）

但无论采用哪种方法，照准标尺和调焦仍需目视进行。人工完成照准和调焦之后，标尺条码一方面被成像在望远镜分化板上，供目视观测，另一方面通过望远镜的分光镜，标尺条码又被成像在光电传感器（又称探测器）上，即线阵 CCD 器件上，供电子读数。

由此可知，测量时也可使用传统水准标尺，电子水准仪就可以和普通自动安平水准仪一样使用，不过此时测量精度将低于电子测量。

（三）电子水准仪的特点

电子水准仪可被认为是自动安平水准仪、CCD 相机、微处理器和条形码尺组合成的一个几何水准自动测量系统。它是当代最先进的水准测量仪器，与传统水准仪相比有以下显著特点：

1. 测量读数真实 不存在误差、误记问题，没有人为的读数误差。

2. 测量精度高 视线高和视距读数都是采用大量条码分划图像经处理后取平均得出来的，因此削弱了标尺分划误差的影响。多数仪器都有进行多次读数取平均的功能，可以削弱外界条件影响。不熟练的作业人员也能进行高精度测量。

3. 测量速度快 测量中无需读数、报数、听记以及现场计算，同时避免了人为出错的重测数量，因而加快了作业速度，减轻了劳动强度。

4. 测量效率高 只需调焦和按键就可以自动读数，减轻了劳动强度。视距还能自动记录，检核，处理并能输入电子计算机进行后处理，可实现内、外业一体化。

5. 测量操作简便 只要将望远镜瞄准标尺并调焦后，按测量键数秒钟后即显示中丝读数；再按测距键，即可显示视距；按存储键可把数据存入内存存储器，仪器自动进行检核和高差计算。观测时，不需要精确夹准标尺分划，也不用在测微器上读数，可直接由电子手簿记录。

资 料 库

1. 水准仪的种类 水准仪是在 $17 \sim 18$ 世纪发明了望远镜和水准器后出现的。20 世纪初，在制造出内调焦望远镜和符合水准器的基础上生产出微倾水准仪。50 年代初出现了自动安平水准仪（微倾水准仪与自动安平水准仪课文中已介绍）。60 年代研制出激光水准仪。

90 年代研制出了数字水准仪。

(1) 激光水准仪。用激光束代替人工读数的一种水准仪。将激光器发出的激光束导入望远镜筒内，使其沿视准轴方向射出水平激光束。利用激光的单色性和相干性，可在望远镜物镜前装配一块具有一定遮光图案的玻璃片或金属片，即波带板，使之所生衍射干涉。经过望远镜调焦，在波带板的调焦范围内，获得一明亮而精细的十字形或圆形的激光光斑，从而更精确地照准目标。如在前、后水准标尺上配备能自动跟踪的光电接收靶，即可进行水准测量。

(2) 数字水准仪。是在仪器望远镜光路中增加了分光镜和光电探测器等部件，采用条形码分划水准尺和图像处理电子系统构成光、机、电及信息存储与处理的一体化水准测量系统。

其基本原理是水准尺上的条形码影像进入水准仪后，水准仪将光信号转换为数字信号，并与机器内已存储的条形码信息进行比较，自动获取水准尺上的水平视线读数和视距读数。这种仪器能够自动记录、检核和存储测量结果，大大提高了水准测量的速度和效率，而且数字水准仪测量结果的精度高，不会存在人为读错误差甚至记错的问题。

水准仪的应用分类：我国水准仪是按仪器所能达到的每千米往返测高差中数的偶然中误差这一精度指标划分的，共分为 4 个等级。

水准仪型号都以 DS 开头，分别为"大地"和"水准仪"的汉语拼音第一个字母，其后"05"，"1"，"3"，"10"等数字表示该仪器的精度。DS_{05} 级和 DS_1 级水准仪称为精密水准仪，用于国家等级水准测量。DS_3 级和 DS_{10} 级水准仪又称为普通水准仪，用于普通水准测量。DS_{05}，DS_1，DS_3，DS_{10} 型水准仪每千米往返高差中数偶然中误差分别为 ≤0.5mm、≤1mm、≤3mm、≤10mm。

2. 高程测量的方法　测量高程的方法除课文所学的水准测量外，主要还有三角高程测量和气压高程测量。

(1) 三角高程测量。通过观测两点间的水平距离和天顶距（或高度角）求定两点间高差的方法。三角高程测量一般应采用对向观测的方法，即由 a 点观测 b 点，再由 b 点观测 a 点，取其高差绝对值的平均数作为 a～b 的高差，同时对观测成果进行检核。通过观测各边端点的天顶距，利用已知点高程和已知边长确定各点高程的测量技术和方法。

一百多年以前，三角高程测量是测定高差的主要方法。自精度更高的水准测量方法出现以后，它已经退居次要地位。但因其作业简单，不受地形条件限制，传递高程迅速，在山区和丘陵地区仍得到广泛应用。仍是测定大地控制点高程的基本方法。

(2) 气压高程测量。根据大气压力随高程而变化的规律，用气压计进行高程测量的一种方法。在气压高程测量中，大气压力常以水银柱高度（毫米）表示。温度为 0℃时，在纬度 45°处的平均海面上大气平均压力约为 760mm Hg（1mmHg≈133.322Pa），每升高约 11m 大气压力减少 1mm Hg。一般气压计读数精度可达 0.1mm Hg，约相当 1m 的高差。由于大气压力受气象变化的影响较大，因此气压高程测量比水准测量和三角高程测量的精度都低，主要用于丘陵地和山区的勘测工作及低精度的高程测量。但它的优点是在观测时点与点之间不需要通视，使用方便、经济和迅速。最常用的仪器为空盒气压计和水银气压计。前者便于携带，一般用于野外作业；后者常用于固定测站或用以检验前者。

此外，利用 GPS 也可以测出高程，不过精度较低。

3. 国家水准网 在全国领土范围内，由一系列按国家统一规范布设和测定高程的水准点所构成的网，称国家高程控制网。为国家经济建设、国防建设和科学研究提供地面点高程，也为天文大地网、地形图测制提供高程控制。

国家水准网采用由高级到低级，分几个等级布设，逐级控制、加密。各等级的水准路线构成闭合环线。一、二等水准路线是高程控制网的基础，沿地质构造稳定、坡度平缓的交通路线布设，用精密水准测量施测。一、二等水准路线定期重复测量，用以研究地壳垂直运动。为了计算观测高差的有关改正，沿一、二等水准路线还要实施重力测量。三、四等水准路线加密一、二等水准网，直接为地形图测制提供高程控制。

中国国家水准网中的水准点的高程是由一、二、三、四等水准测量测定的。一等水准路线全长约93 000km，包括 100 个闭合环，闭合环周长1 000~1 500km。在一等闭合环内由二等水准路线将其划分为周长 500~750km 的小环。三、四等水准测量直接提供地形测量和各项工程建设所必需的高程控制点。先用三等水准测量路线将二等环分为若干个更小的环，再用四等水准测量路线进一步加密。

4. 水准点的设置 水准点应按照水准测量等级，根据地区气候条件与工程需要，每隔一定距离埋设不同类型的永久性或临时性水准标志或标石。水准点标志或标石可埋设于土质坚实、稳固的地面或地表冰冻线以下合适处，必须便于长期保存又利于观测与寻找。

国家等级永久性水准点埋设形式如图 3-29（a）所示，一般用钢筋混凝土或石料制成，标石顶部嵌有不锈钢或其他不易锈蚀的材料制成的半球形标志，标志最高处（球顶）作为高程起算基准。有时永久性水准点的金属标志（一般宜铜制）也可以直接镶嵌在坚固稳定的永久性建筑物的墙脚上，称为墙上水准点，如图 3-29（b）所示。

各类工程中常用的永久性水准点一般用混凝土或钢筋混凝土制成，如图 3-29 所示，顶部设置半球形金属标志。临时性水准点可用大木桩打入地下，桩顶面钉一个半圆球状铁钉，也可直接把大铁钉（钢筋头）打入沥青等路面或在桥台、房基石、坚硬岩石上刻上记号（用红油漆示明）。

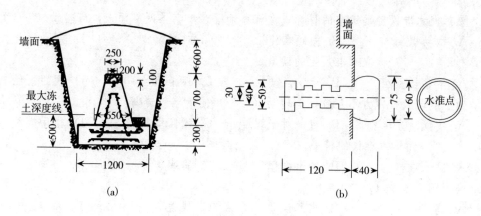

图 3-29 水准点设置（单位：mm）

埋设水准点后，为便于以后寻找，水准点应进行编号（编号前一般冠以"BM"字样，

以表示水准点），并绘出水准点与附近固定建筑物或其他明显地物关系的点位草图（在图上应写明水准点的编号和高程，称为点之记），作为水准测量的成果一并保存。

【思 考 练 习】

一、填空题

1. 水准测量的基本原理是利用_____提供的一条_____，借助水准尺上的读数，测定地面两点间的_____，从而由已知点的高程推算出未知点的高程。

2. 望远镜在水平方向的旋转，是用_____螺旋和_____螺旋控制的，只有在拧紧_____螺旋的条件下_____螺旋才起作用。

3. 调整_____螺旋使圆水准器气泡居中，转动_____螺旋使管水准器气泡居中。

4. 水准点缩写为_____，图示用符号_____表示。

5. 水准仪的使用步骤包括_____、_____、_____和_____。瞄准前，先进行目镜对光是为了_____，再进行物镜对光是为了_____。

6. 使水准仪前、后视距大致_____，可消除地球曲率的影响及多种误差。

7. 复合水准测量中，增设的临时立尺点称_____，记为_____，起着_____的作用。安置仪器处，称为_____。

8. 水准测量的路线有_____、_____及_____等形式。

9. 在每一测站的水准测量中，为了能及时发现观测中的错误，通常采用_____法和_____法进行观测检核。

10. 水准测量误差的来源有_____、_____和_____ 3个方面。

二、单项选择题

1. 要想使水准仪望远镜中的目标成像清晰地落在十字丝网平面上，应转动（   ）。
   A. 微动螺旋　　　　B. 微倾螺旋　　　　C. 对光螺旋　　　　D. 制动螺旋

2. 利用（   ）读取水准尺上的读数。
   A. 十字丝竖丝　　　B. 十字丝横丝　　　C. 视距上丝　　　　D. 视距下丝

3. 由于观测人员视力不一致，需转动（   ）使十字丝清晰。
   A. 物镜对光螺旋　　B. 目镜对光螺旋　　C. 微倾螺旋　　　　D. 微动螺旋

4. （   ）用于水准仪的精平。
   A. 圆水准器　　　　B. 管水准器　　　　C. 脚螺旋　　　　　D. 三脚架

5. 高差闭合差是（   ）。
   A. 高差　　　　　　B. 累积误差　　　　C. 错误　　　　　　D. 系统误差

6. 在水准测量中，为提高观测精度，应尽可能将水准仪安置在两立尺点的（   ）。
   A. 中间　　　　　　B. 靠后视点处　　　C. 靠前视点处　　　D. 直线上

7. 安置水准仪时，应力求使前后距离相等，主要消除（　　）所产生的误差。

    A. 偶然误差　　　　　B. 高差闭合差　　　　C. 系统误差　　　　　D. 累计误差

三、简答题

1. 望远镜由哪些主要部件组成？各有什么作用？

2. 水准测量中转点应如何选择？

3. 水准测量时为什么要注意前、后视距相等？它可消除哪几项误差？

4. 简述微倾水准仪使用的步骤。

5. 水准测量测站检核的作用是什么？有哪几种方法？

6. 什么叫视差？产生视差的原因是什么？怎么消除视差？

7. 水准仪上的圆水准器和管水准器作用有何不同？

8. 何谓水准测量的高差闭合差？如何计算水准测量的容许高差闭合差？

四、计算题

1. 设 A 为后视点，B 为前视点，A 的高程是 20.016m。当后视读数为 1.124m、前视读数为 1.425m 时，问 A、B 两点高差是多少，B 点比 A 点高还是低，B 点的高程是多少？并绘图说明。

2. 调整下表中附合水准路线等外水准测量观测成果，并求出各点高程。

测段	测点	测得数	实测高差 （m）	改正数 （mm）	改正后 高差（m）	高程 （m）	备注
A-1	BM_A	7	+4.363			57.967	
1-2	1	3	+2.413				
2-3	2	4	−3.121				
3-4	3	5	+1.263				
4-5	4	6	+2.716				
5-B	5	8	−3.715				
Σ	BM_B					61.819	
辅助计算							

3. 将下图中的数据填入表中，并计算出各点的高差及 B 点的高程。

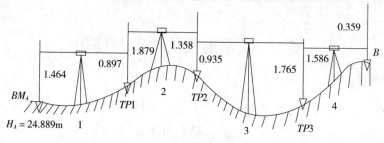

图 3-30　计算题 3 图（单位：m）

测站	测点	水准尺读数		高差（m）		高程（m）	备注
		后视（a）	前视（b）	＋	－		
1	BM_A						
	TP_1						
2	TP_1						
	TP_2						
3	TP_2						
	TP_3						
4	TP_3						
	BM_B						
计算校核							

4. 将下图所示的闭合水准路线观测数据填入表内，并求出各点的高程。

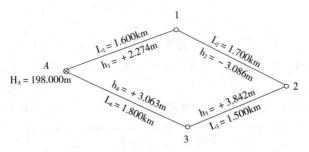

图 3-31　计算题 4 图

测段	测点	距离（km）	观测高差（m）	改正数（mm）	改正后高差(m)	高程（m）
A-1	A					
1-2	1					
2-3	2					
3-A	3					
	A					
∑						
辅助计算	$f_h = \sum h_测 =$					
	$f_{h容} = \pm 40\sqrt{L}$ (mm) $=$					

［实习 3］ 水准仪的构造与使用

一、目的要求

1. 熟悉 DS_3 型水准仪的基本构造，认清其主要部件的名称、性能和作用。

2. 掌握正确安置水准仪、粗平、瞄准、精平和读数。

3. 掌握测量地面上两点间高差的方法。

二、仪器及工具

每组 DS$_3$ 型水准仪 1 台，水准尺 2 把，尺垫 2 块，记录夹 1 个（附记录簿）。自备计算器、铅笔、橡皮等。

三、方法步骤

以小组为单位进行。

（一）水准仪的认识

1. 仪器安置　先将仪器的三脚架张开，使其高度适中，架头大致水平，并将脚架踏实；再开箱取出仪器，将其连接在三脚架上。

2. 认识仪器　指出仪器各部件的名称和部位，熟悉其作用及使用方法；同时熟悉水准尺的分划注记。

3. 仪器使用

（1）粗平。双食指和拇指各拧一只脚螺旋，对向（或反向）转动，使圆水准器气泡向中间移动；再拧另一只脚螺旋，使气泡移至圆水准器居中位置。若一次不能居中，可反复进行（练习并体会脚螺旋转动方向与圆水准器气泡移动方向的关系）。

（2）瞄准。转动目镜调焦螺旋使十字丝清晰；松开制动螺旋，转动仪器，用照门和准星瞄准水准尺，拧紧制动螺旋；转动物镜的对光螺旋，转动微动螺旋，使水准尺位于视线中央；转动物镜对光螺旋，消除视差使目标清晰（体会视差现象，练习消除视差的方法）。

（3）精平与读数。转动微倾螺旋，使符合水准管气泡两端的半影像吻合（成圆弧状），即符合气泡严格居中（体会螺旋转动方向与气泡移动方向的关系）。立即从望远镜中观察十字丝横丝在水准尺上的分划位置，读取 4 位数字，即直接读出米、分米、厘米的数值，估读毫米的数值。

（二）地面上两点高差的测量

1. 仪器安置　将仪器安置在有一定高差的相距 40～80m 的 A、B 两点之间。

2. 观测练习　在 A、B 两点各竖立一把水准尺（可用三脚架支撑或将水准尺捆在电线杆、灯柱上），分别进行观测（瞄准、精平、读数）、记录并计算高差。

四、注意事项

1. 水准仪与三脚架之间的中心连接螺旋必须旋紧，防止仪器摔落。

2. 仪器操作时不应用力过猛，脚螺旋、水平微动螺旋等均有一定的调节范围，使用时不宜旋到顶端。

3. 水准尺必须扶直，尺面要正对仪器。

4. 在已知点和未知点上不得放尺垫，在转点用尺垫时，水准尺应放在顶点。

5. 读数时要注意管水准器气泡是否精确居中、视差是否消除；不要误读上、下丝。

五、记录与作业

每人上交实习报告与记录表（表 3-6）各 1 份。

水准仪的构造及使用实习报告

仪器：_____ 天气：_____ 日期：_____年____月___日

①简述水准仪的准星和照门、目镜调焦螺旋、对光螺旋、圆水准器、管水准器、制动和微动螺旋、微倾螺旋的作用及使用方法。

②绘图表示如何转动水准仪的 3 个脚螺旋，使圆水准器气泡居中。

③对光、消除视差的步骤是：转动_____ 使_____ 清晰，再转动_____ 螺旋使_____ 清晰。如发现_____ 现象，说明存在_____，则必须再转动_____，直至_____ 面和_____ 面重合。

④用微倾水准仪进行水准测量时，除了使_____ 气泡居中外，读数前还必须转动_____ 螺旋，使_____ 居中，才能读数。

班组：_____ 观测者：_____ 记录者：_____

表 3-6　水准测量记录表

测站	点号	后视读数（m）	前视读数（m）	高　差（m）		备　注
				＋	－	

［实习 4］水准路线测量及成果整理

一、目的要求

掌握水准路线测量的观测、记录方法和水准路线成果整理的方法。

二、仪器及工具

每组 DS₃ 型水准仪 1 台，双面水准尺 2 把，尺垫 2 块，记录夹 1 个（附记录簿）。自备计算器、铅笔、橡皮等。

三、方法步骤

以小组为单位进行。

（一）布设闭合水准路线

在欲测场地选一点 A，做上标记或打下木桩作为临时水准点，并假设其桩顶高程。再踏查选定 3～5 个水准点组成一条闭合水准路线。

（二）水准路线测量

1. 在起点（A 点）和转点 TP_1 的约等距离处安置水准仪，瞄准后视点（A 点）上的水准尺，消除视差，精平后读取后视的黑面读数；转动望远镜瞄准前视点 TP_1 上的水准尺，同法读取前视黑面读数；转动前视点 TP_1 上的水准尺，读取前视红面读数。再转动望远镜瞄准后视点 A 上的水准尺，同法读取后视红面读数。计算高差；检查互差是否超限。当黑、红两面高差之差小于 8mm 时可认为合格，取其平均值作为该测站所得高差，否则应进行检查或重测。

2. 将水准仪搬至转点 TP_1 与转点 TP_2 的约等距离处进行安置，同法在转点 TP_1 上读取后视读数、在转点 TP_2 上读取前视读数，分别记录并计算其高差。

3. 同法依次进行施测，经过所有的待测点后回到起点。

（三）检核计算

1. 计算高差总和（即高差闭合差） 后视读数总和减去前视读数总和，应等于高差的总和。若不相等，说明计算过程中有错误，应重新计算。即：$\sum a$（后视读数总和）$-$ $\sum b$（前视读数总和）$= \sum h_测$（各站高差总和）

2. 计算高差闭合差容许值，进行路线校核

$$f_h = \sum h_测$$

$$f_{h容} = \pm 40\sqrt{L}\ (\text{mm})$$

$$f_{h容} = \pm 12\sqrt{n}\ (\text{mm})$$

3. 调整闭合差推算高程 若高差闭合差在容许误差范围内，即可计算高差的改正数和改正后的高差，最后推算各待测点的高程。

四、注意事项

1. 本实习测站校核采用双面尺法。读尺顺序应为：a 黑→b 黑→b 红→a 红。

2. 仪器应尽量安置在前、后视距离大致相等处。

3. 读数前要精平和消除视差，读数时水准尺要竖直。

4. 读完后视读数，仪器不能移动和整平；读完前视读数，不能移动前视点尺垫。迁站时应防止摔碰仪器或丢失工具。

五、记录与作业

每人完成计算并上交水准测量记录表（表 3-7）及水准路线成果计算表（表 3-8）各 1 份。

表 3-7　水准测量记录表

仪器：_____　　　　天气：_____　　　　日期：_____年___月___日

测站	点号	后视读数 a（m）		前视读数 b（m）		高差 h（m）			备注
		黑	红	黑	红	黑	红	平均	
校核		$\sum a=$		$\sum b=$		$\sum h=$			

班组：_____　　　　观测者：_____　　　　记录者：_____

表 3-8　水准路线成果计算表

点号	距离 L（km）	测站数 n（个）	实测高差 h（m）	改正数 v_i（m）	改正后的高差 h（m）	高程（m）
辅助计算	$f_h = \sum h_{测} =$ $f_{h容} = \pm 12\sqrt{n}$（mm）$=$ $f_{h容} = \pm 40\sqrt{L}$（mm）$=$					

班组：_____　　　　计算：_____　　　　日期：_____年___月___日

［考核2］水准仪测两点的高差

一、考核内容

用 DS₃ 型水准仪熟练测定两点间的高差。

二、考核方法步骤

1. 在考核前，先选定地面上两点 A（后视点）、B（前视点），放好尺垫，在尺垫上分别竖立水准尺（为避免人为误差，可用三脚架支撑或将水准尺捆在电线杆、灯柱上）。

2. 将水准仪置于距 A、B 两点大致等远处。

3. 在每个学生操作之前，由监考老师将已安置在三脚架上的 DS₃ 型水准仪的望远镜目镜螺旋及对光螺旋随意拨动几下。然后由学生独立完成水准仪测定两点间高差的操作全过程，填写"水准仪考核记录表"，并计算出高差。监考老师用秒表计时。考核表格式如表 3-8。

4. 操作详细步骤

(1) 安置仪器于距离 A、B 大致等远处；　　(2) 粗略整平；

(3) 松制动螺旋，调清晰十字丝；　　(4) 用准星瞄准目标 A，制动；

(5) 调望远镜对光螺旋，使目标图像清晰；　　(6) 调微动螺旋，精确照准水准尺；

(7) 精平，读后视读数 a；　　(8) 松制动螺旋,用准星瞄准目标 B,制动；

(9) 调微动螺旋，精确照准水准尺；　　(10) 精平，读后视读数 b；

(11) 高差计算 $h_{AB} = a - b$。

三、评分标准

1. 观测值准确性（40 分）　　根据观测结果与标准值（由教师在学生操作考核结束时现场精确测定）的差异评定。高差每偏差 1mm，扣该项的 10%，扣完为止。若此项不得分，则需重考。

2. 操作方法步骤（30 分）　　根据整个观测过程的各项操作准确、规范程度与否评定（如：操作步骤是否准确？脚架上表面是否基本水平？十字丝是否调清晰？水准尺画面是否清晰？是否有视差存在？读数时水准管是否处于精平状态？读数是否正确等）。

3. 熟练程度（30 分）　　根据完成全部操作所需时间多少评定。3min 内完成计满分,以此为基准,每超过30s,扣该项的10%,扣完为止。且以10min 完成为限。超过10min 则需重考。

表 3-9　水准仪操作考核表

操作者：_____　　仪器号：_____　　考核日期：____年___月___日

观测值			操作时间	备　注
后视（a）	前视（b）	高差（h）		
				A 为后视点 B 为前视点
评分标准	观测值准确性 （40%）	操作方法步骤 （30%）	熟练程度 （30%）	合　计
得　分				

经纬仪测量

学习目标

1. 理解水平角、竖直角的观测原理。
2. 熟悉光学经纬仪的外部构件及其使用功能，掌握经纬仪的使用方法。
3. 掌握水平角、竖直角的观测、记录和计算方法。
4. 了解角度测量误差及应注意的事项。
5. 了解视距测量原理和测量方法。

教学方法

1. 理论课应用多媒体课件（PPT）讲授。
2. "光学经纬仪的构造及使用"内容采用边讲边练现场教学。
3. 实习实训采用任务驱动教学法。

第一节　角度测量原理

一、水平角测量原理

1. 水平角的概念　测站点到两个观测目标方向线垂直投影到同一水平面上所成的夹角，称为水平角，通常用 β 表示。

如图 4-1 所示，A、O、B 点为地面上不同高程的 3 个点，OA、OB 是测站点 O 分别与观测目标 A、B 的方向线，OA 和 OB 相交于 O 点。将 A、O、B 三点分别投影到同一水平面 P 上，分别得到 A_1、O_1、B_1 点，则 O_1A_1 与 O_1B_1 所成的夹角 β 就是 OA 和 OB 两个方向线之间的水平角。

从图 4-1 中也可看出，水平角 β 实际上也是通过 OA、OB 方向线所作的两个竖直面之间的夹角。因此，也可以说，水平角就是实地角度的水平投影。

2. 水平角的角值范围　$0°\sim360°$。

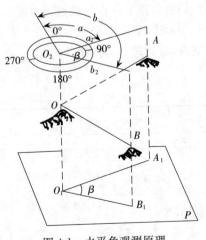

图 4-1　水平角观测原理

3. 水平角测量原理　如图 4-1 所示，设想在 O 点铅垂线上的任一点 O_2 处水平安置一个带有顺时针方向且刻划均匀的水平度盘，通过左方向 OA 和右方向 OB 的竖直面与水平度盘相交，在度盘上分别读取相应的读数 a 和 b，则水平角 β 为右方向读数 b 与左方向读数 a 之差，即

$$\beta = b - a \tag{4-1}$$

二、竖直角测量原理

1. 竖直角概念　在同一竖直面内，观测目标的方向线与水平线之间的夹角，称作竖直角，通常用 θ 表示。如图 4-2 所示，视线方向在水平线之上的竖直角为正（＋），这时竖直角称作仰角，用"$+\theta$"表示；反之，视线方向在水平线之下的竖直角为负（－），这时竖直角称作俯角，用"$-\theta$"表示。

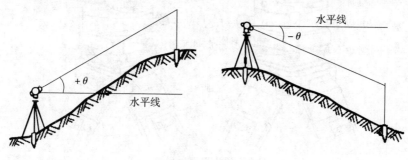

图 4-2　竖直角

2. 竖直角的角值范围　$-90°\sim+90°$。

3. 竖直角观测原理　如图 4-2 所示，假设在过 O 点的竖直面内，安置一个具有刻度分划的垂直圆盘（即竖直度盘），使其中心过 O 点，那么，倾斜视线与水平视线的度盘读数之差就是竖直角值。

经纬仪就是根据水平角和竖直角测量原理设计和生产出来的一种用于精密测量角度的仪器。

第二节　光学经纬仪的构造及使用

测量中，常用的经纬仪可分为两类：一类采用光学玻璃度盘，用光学测微器进行读数，称为光学经纬仪；另一类采用电子技术测角，其读数直接以数字形式显示在液晶显示屏上，称为电子经纬仪。

其中，前一类仪器操作简便，读数精度较高，且价格适中，能满足一般园林施工测量的精度要求，在工作中比较常用。主要有：DJ$_6$ 级普通光学经纬仪、精度更高的 DJ$_2$ 级光学经纬仪和 DJ$_1$ 级精密光学经纬仪。

因生产厂家的不同，经纬仪的零部件、结构和读数方法有所差异，但仪器的基本构造和主要部分大致相同。因此，本章主要介绍园林施工最常用的 DJ$_6$ 级光学经纬仪的构造和使用，对 DJ$_2$ 级光学经纬仪只介绍其特点和读数方法。

一、DJ₆级光学经纬仪的构造

图4-3是DJ₆级光学经纬仪，D、J分别是"大地测量"和"经纬仪"第一个汉字汉语拼音第一个字母，6为该仪器能达到的精度指标（主要技术参数见本章资料库）。它主要由照准部、水平度盘和基座3个部分组成（图4-3、图4-4）。各主要部件名称和作用如下：

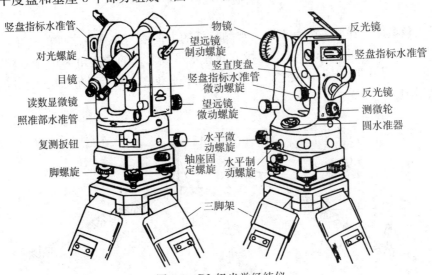

图 4-3　DJ₆级光学经纬仪

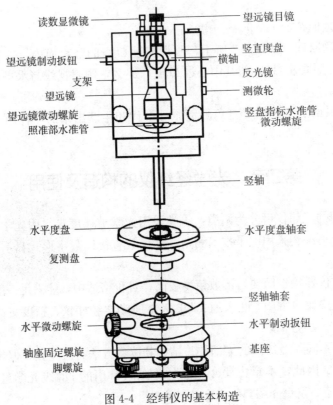

图 4-4　经纬仪的基本构造

（一）照准部

照准部的主要作用是照准目标并进行读数，主要由望远镜、竖直度盘、水准器、读数装置、支架、竖轴和光学对中器等组成。

1. 望远镜 用于瞄准目标，其构造与水准仪望远镜大致相同。为便于瞄准目标，经纬仪的十字丝分划板与水准仪略有不同，即经纬仪有一半竖丝制作成平行线（图 4-6）。望远镜的旋转轴称为横轴。望远镜通过横轴安装在支架上，通过调节望远镜制动螺旋和望远镜微动螺旋，可以控制望远镜在竖直面内的转动。

2. 竖盘及控制装置 竖盘为竖直度盘的简称，用于观测竖直角。竖盘固定在横轴的一端，随望远镜一起转动，与竖盘配套的有竖盘指标水准管和竖盘指标水准管微动螺旋。

3. 水准器 圆水准器用于粗略整平仪器。管水准器用于精确整平仪器。

4. 读数装置 包括读数显微镜、光路系统和测微器等，用于读取水平度盘和竖直度盘的读数。

5. 支架 用来支承望远镜的旋转轴。

6. 竖轴 又称仪器旋转轴，装在照准部下方。竖轴安装入轴套内可使照准部绕竖轴在水平方向上左右转动。

7. 光学对中器 在需使仪器精确对中时使用，可使仪器水平度盘中心精确位于测站点的铅垂线上。但有些经纬仪未配备此装置。

（二）水平度盘

水平度盘用于观测水平角，它是由光学玻璃制成的圆环，圆环上刻有 $0°\sim360°$ 的分划线，并按顺时针方向注记，相邻两条分划线之间的格值是 $1°$ 或 $30'$。

水平度盘安装在仪器竖轴上，观测水平角时与照准部分离。转动照准部时，水平度盘不会随之转动。若需改变水平度盘的位置，可通过照准部上的水平度盘变换手轮（或复测扳手），将度盘变换到所需的位置。

（三）基座

基座用于支撑整个仪器，并通过中心螺旋将经纬仪固定在三脚架上。基座上有轴套，仪器竖轴插入基座轴套后，拧紧轴座固定螺旋，可使仪器固定在基座上。使用仪器时不得随意松动固定螺旋（通常仪器基座上的固定螺旋处于拧紧状态，若松动务必应拧紧）。基座上有 3 个脚螺旋，用于整平仪器。

二、经纬仪操作及注意的事项

（一）经纬仪的操作步骤

经纬仪的使用包括对中、整平、瞄准和读数 4 个操作步骤。

1. 对中 对中的目的是使仪器中心与测站点标志中心处于同一铅垂线上。经纬仪可用两种方法进行对中：

(1) 垂球对中。用垂球对中的误差一般可控制在 3mm 以内。园林施工测量通常采用垂球对中。其操作步骤如下:

①打开三脚架,调节脚架腿,使其高度适中,安在测站点上。通过目估使架头大致水平,并使架头的中心大致对准测站点标志中心。

②踩紧三脚架,装上仪器,旋紧中心连接螺旋。挂上垂球,调节垂球线使垂球贴近地面。

③如果垂球尖离标志中心较远,则将三脚架平移,或者固定一架脚移动另外两架脚,使垂球尖大致对准测站点标志,然后将脚架尖踩入土中。

④旋松中心螺旋,在架头上移动仪器,使垂球尖精确对准标志中心,最后紧中心螺旋。

(2) 光学对中器对中。用光学对中器对中的误差可控制在 1mm 以内。用于精度要求较高的控制测量中。其操作步骤如下:

①使架头大致水平,用垂球初步对中。

②转动脚螺旋,使圆水准器气泡居中。

③调节对中器目镜螺旋,使测站标志影像清晰。

④轻微旋松中心螺旋,在架头上移动仪器,使对中器十字丝精确对准测站点标志中心。最后紧中心螺旋。

⑤再转动脚螺旋,使照准部水准管气泡精确居中。

2. 整平 整平的目的是使仪器的竖轴竖直,水平度盘处于水平位置。包括粗略整平和精确整平两步。其操作步骤如下:

(1) 粗平。方法与水准仪的粗略整平相同。

(2) 精平。

①使照准部水准管大致平行于任意一对脚螺旋连线方向,如图 4-5 (a) 所示。

②两手反向、同时转动这对脚螺旋,使水准管气泡居中(水准管气泡移动方向与左手大拇指转动方向一致)。

③将照准部转动 90°,如图 4-5 (b) 所示,此时转动第三个脚螺旋,使水准管气泡居中。

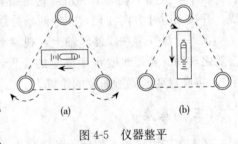

图 4-5 仪器整平

按上述步骤重复进行几次,直至水准管在任何位置气泡偏离零点不超过一格为止。

3. 瞄准目标 观测水平角时,要用望远镜十字丝分划板的纵丝瞄准观测标志。具体操作程序如下:

(1) 目镜对光。松开望远镜和照准部制动螺旋,将望远镜朝向明亮处,调节目镜对光螺旋,使十字丝清晰。

(2) 粗瞄目标。利用望远镜瞄准器(或照门和准星),粗略对准目标,旋紧制动螺旋。

(3) 消除视差。通过调节物镜对光螺旋,使目标影像清晰,注意消除视差。

(4) 精瞄目标。转动望远镜和照准部微动螺旋,使十字丝分划板的竖丝精确地瞄准目标,如图 4-6 所示。观测水平角时,应注意尽量瞄准目标的基部。当目标宽于十字丝双丝距时,宜用单丝平分,如图 4-6 (a) 所示;目标窄于双丝距时,宜用双丝夹住,如图 4-6 (b)

所示；观测竖直角时，用十字丝横丝中心部位切准目标指定高度位置，如图4-6（c）。

4. 读数

（1）打开反光镜，调节镜面位置，使读数窗内进光明亮均匀。

（2）调节读数显微镜目镜对光螺旋，使读数窗内分划线清晰。

（3）读数。光学经纬仪水平度盘和竖直度盘分划线通过一系列棱镜和透镜，成像于望远镜一侧的读数显微镜内，观测者可通过读数显微镜读取水平度盘和竖直度盘读数。各种光学经纬仪因读数装置的不同，读数方法有异。对于DJ$_6$级光学经纬仪，常用的读数装置主要有两种。

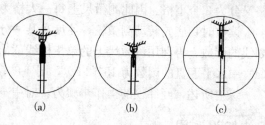

图4-6　瞄准目标

①分微尺测微器及其读数方法。如图4-7所示，在读数显微镜中可以看到两个读数窗：注有"水平"（或"H"、"—"）的是水平度盘读数窗；注有"竖直"（或"V"、"⊥"）的是竖直度盘读数窗。每个读数窗上刻有分成60小格的分微尺，分微尺长度等

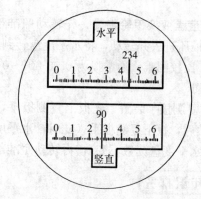

图4-7　带分微尺测微器的读数窗

于度盘间隔1′的两分划线之间的影像宽度，因此分微尺上1小格的分划值为1′，可估读到0.1′即6″。读数时，先调节读数显微镜目镜对光螺旋，至清晰地看到读数窗内度盘的影像。然后读出位于分微尺内的度盘分划线的注记度数，再以度盘分划线为指标，在分微尺上读取不足1°的分数，并估读秒数（秒数只能是6的倍数），得到相应的读数。

图4-7水平度盘的读数是234°44′12″，竖直度盘的读数是90°27′48″。

②测微轮测微器（单平板玻璃测微器）及读数方法。图4-8为测微轮测微器（单平板玻璃测微器）读数窗的影像。下面为水平度盘读数窗，中间为竖直度盘读数窗，上面为两个度盘合用的测微尺读数窗。水平度盘与竖直度盘的分划值为30′，对应的测微尺为30大格，每大

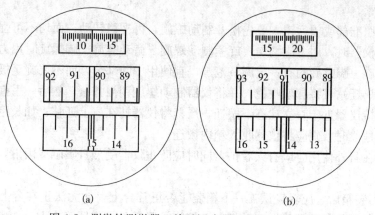

图4-8　测微轮测微器（单平板玻璃测微器）的读数窗

格又分为 3 个小格。因此测微尺上每一大格为 1′，每一小格为 20″，估读至 0.1 小格即为 2″。

读数时，应先转动测微轮，使度盘某一分划线精确地夹在双指标线中央。然后读出该分划线的读数，再利用测微尺上的单指标线读出分数和秒数，二者相加得到度盘读数。图 4-8 (a) 中水平度盘的读数为 $15°12′00″$，图 4-8 (b) 中竖直度盘的读数为 $91°18′06″$。

综上所述，经纬仪的操作步骤为：对中→整平→瞄准→读数。

知识运用

若要使经纬仪瞄准某一目标时，水平度盘的读数为 $0°00′00″$，不同装置的具体操作方法如下：

1. 度盘变换手轮装置　先转动照准部瞄准目标，再打开度盘变换手轮下的保险手柄，将手轮推压进去并转动，将水平度盘转到 $0°00′00″$ 的读数位置上（在实际操作中，正好拨为 $0°00′00″$ 比较困难，通常拨为 $0°00′00″\sim 0°03′00″$ 的数），然后将手轮轻轻退出，把保险手柄关上即可。

2. 复测扳手装置　先扳上复测扳手，转动照准部，使水平度盘读数为 $0°00′00″$（或稍大），然后，扳下复测扳手（此时，水平度盘与照准部结合在一起，两者一起转动，转动照准部，水平度盘读数不变），再转动照准部，瞄准目标后扳上复测扳手即可。

知识探究

(二) 经纬仪使用应注意的事项

经纬仪属于精密仪器，为避免仪器损坏，须注意以下几点：

(1) 使用前应认真阅读经纬仪使用须知，明确经纬仪使用方法。

(2) 领取仪器时，应检查仪器箱提手、背带是否牢固；脚架能否正常收缩，固定螺旋是否紧固等。

(3) 架设脚架时跨度要适中，固定螺旋要拧紧。

(4) 经纬仪从箱子里取出并安放到三脚架上时，必须是一只手握住经纬仪的一个支架，另一只手托住基座底部，并立即旋紧中心连接螺旋，严防仪器从脚架上掉下摔坏。

(5) 在三脚架架头上移动经纬仪完成对中后，要立即旋紧中心连接螺旋。同时应注意螺旋不要拧得太紧。

(6) 转动照准部或望远镜，要先松开制动螺旋，再平稳转动，而切不可强行转动仪器。

(7) 操作仪器时，用力应均匀。旋紧制动螺旋、微动螺旋、脚螺旋时用力要适度，不宜过大。微动螺旋、脚螺旋均有一定调节范围，宜使用中间部分，而不要旋至极端。

(8) 短距离迁站可将脚架收拢，并将仪器制动螺旋稍微拧紧，然后一手抱脚架，另一手扶住仪器，保持仪器近于直立状态下搬迁，严禁将仪器扛在肩上迁移；如长距离迁站或通过行走不方便的地段时，则应将仪器收入箱内搬迁。

(9) 仪器在野外使用时应有人看护，同时应防止仪器受烈日曝晒或雨淋，仪器箱上严禁坐人。

(10) 仪器装箱后，应轻轻试盖一下箱盖能否正常合上，如无法正常合上时切不可强压箱盖，而应重新调整仪器的放置，并把制动螺旋拧紧后再将仪器箱合上、扣紧、锁好。

第三节　角度测量方法

知识探究

一、水平角观测

水平角观测方法，一般根据目标多少和精度要求而定。常用的水平角观测方法有测回法和方向观测法。前者是观测水平角的基本方法，用于观测两个目标方向之间的水平角；后者又称全圆测回法，用于观测 3 个及以上目标方向的水平角。由于在园林工程测量中多采用测回法，所以在此全圆测回法不作介绍。

如图 4-9 所示，O 为测站点，A、B 为观测目标，须观测 OA 与 OB 两个方向之间的水平角 β，测回法观测的操作步骤如下：

（1）在测站点 O 安置经纬仪，对中、整平，在 A、B 两点设置目标标志（一般可竖立测钎或花杆）。

（2）将仪器处于盘左位置（竖盘在望远镜左侧，也称"正镜"），先瞄准左侧目标 A（观测目标 A 标志底部，下同），设置起始读数，读取水平度盘读数 $a_{左}$（本例中 $a_{左}=0°03'06''$），将其记入水平角观测记录表（表 4-1）相应栏内。

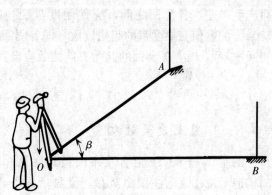

图 4-9　测回法观测水平角

（3）松开照准部制动螺旋，顺时针转动照准部，瞄准右侧目标 B，读取水平度盘读数 $b_{左}$（$b_{左}=65°36'00''$），将其记入表 4-1 相应栏内。

以上称为上半测回。上半测回角值 $\beta_{左}$ 为

$$\beta_{左}=b_{左}-a_{左}=65°36'00''-0°03'06''=65°32'54''$$

（4）倒转望远镜，盘右位置（竖盘在望远镜右侧，也称"倒镜"）。松开照准部制动螺旋，先瞄准右侧目标 B，读取水平度盘读数 $b_{右}$（$b_{右}=245°36'24''$），将其记入表内。

（5）松开照准部制动螺旋，逆时针转动照准部，瞄准左侧目标 A，读取水平度盘读数 $a_{右}$（$a_{右}=180°02'54''$），将其记入表内。

以上称为下半测回。下半测回角值 $\beta_{右}$ 为

$$\beta_{右}=b_{右}-a_{右}=245°36'24''-180°02'54''=65°33'30''$$

上半测回和下半测回构成一个测回。

（6）对于 DJ$_6$ 级光学经纬仪而言，若上、下两半测回角值之差 $\beta_{左}-\beta_{右}≤±40''$，符合精度要求，观测合格。此时可以将上、下两个半测回角值的平均值作为该测回的平均角值 $\beta_{平}$，即：

$$\beta_{平}=\frac{1}{2}（\beta_{左}+\beta_{右}）=1/2（65°32'54''+65°33'30''）=65°33'12''$$

在实际观测中可直接在表中计算，无需列算式。

表 4-1 水平角观测记录表（测回法）

竖盘位置	观测目标	水平度盘读数	半测回值	一测回值	备注
盘左	A	0°03′06″	65°32′54″		
	B	65°36′00″		65°33′12″	
盘右	B	245°36′24″	65°33′30″		
	A	180°02′54″			

在记录和计算中应注意，由于水平度盘是顺时针刻画和注记的，故计算水平角时，总是用右侧目标读数减去左侧目标读数。若不够减时，则应在右侧目标读数上加上 360°，再减去左侧目标读数，但不可以倒过来减。

当测角精度要求较高时，需要对一个角度进行多个测回观测。为了减少度盘分划不均匀而产生误差，各测回之间，应使用度盘变换手轮或复测扳手，根据观测的测回数 n，以 $180°/n$ 的差值变换度盘的起始读数（即各测回度盘的起始位置设置在不同的位置）。如：当测回数 $n=3$ 时，各测回的起始方向读数应设置等于或稍大于 0°、60°、120°。

二、竖直角观测

(一) 竖直度盘的构造

图 4-10 是 DJ$_6$ 级光学经纬仪竖直度盘的构造示意图。它主要由竖盘、竖盘指标、竖盘指标水准管和竖盘指标水准管微动螺旋组成。竖盘固定在望远镜旋转轴的一端，可随望远镜一起转动，而用来读取竖盘读数的指标并不随望远镜转动。调节竖盘指标水准管微动螺旋，可使竖盘指标水准管气泡居中，此时读数指标处于正确位置。竖盘也是一个玻璃圆环，上面有 0°～360° 的分划，注记形式有顺时针和逆时针两种类型（图 4-11）。当视线水平、竖盘指标水准管气泡居中时，盘左位置竖盘读数为 90°，盘右位置的竖盘读数为 270°。

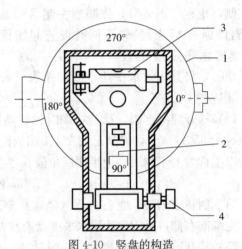

图 4-10 竖盘的构造
1. 竖盘 2. 竖盘指标 3. 竖盘指标水准管
4. 竖盘指标水准管微动螺旋

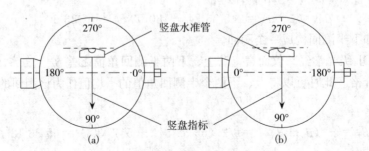

图 4-11 竖盘刻度注记（盘左位置）

（二）竖直角计算公式

1. 竖直角的计算公式　竖直角的计算因竖盘的注记形式不同而有差异。假设观测某一目标时，盘左竖盘读数为 L，盘右竖盘读数为 R。

（1）若竖盘为顺时针方向注记如图 4-11（a）所示，竖直角的计算公式为：

$$\theta_左 = 90° - L$$

$$\theta_右 = R - 270° \tag{4-2}$$

（2）若竖盘为逆时针方向注记如图 4-11（b）所示，竖直角的计算公式为：

$$\theta_左 = L - 90°$$

$$\theta_右 = 270° - R \tag{4-3}$$

2. 判断竖盘注记形式的方法　使望远镜位于盘左位置，然后将望远镜视线抬高，使视线处于明显的仰角位置。如果此时：

（1）竖盘读数小于 90°，则该竖盘为顺时针分划注记形式。

（2）竖盘读数大于 90°，则该竖盘为逆时针分划注记形式。

3. 一测回的竖直角

顺时针注记时

$$\theta = \frac{1}{2}(\theta_左 + \theta_右) = \frac{1}{2}(R - L) - 90° \tag{4-4}$$

逆时针注记时

$$\theta = \frac{1}{2}(\theta_左 + \theta_右) = \frac{1}{2}(L - R) + 90° \tag{4-5}$$

*（三）竖盘指标差

竖直角的计算公式是依照竖盘的构造特点推导出来的，即望远镜视线水平、竖盘指标水准管气泡居中时，竖盘读数应为 90° 或 270°。但实际上这个条件往往无法满足，即视线水平、竖盘指标水准管气泡居中时，竖盘指标不是刚好指在 90° 或 270° 上，而是与其相差 x 值。该差值称为"竖盘指标差"，简称"指标差"。指标差的计算公式如下：

顺时针注记时：

$$x = \frac{1}{2}(\theta_左 - \theta_右) = 180° - \frac{1}{2}(L + R) \tag{4-6}$$

逆时针注记时

$$x = \frac{1}{2}(\theta_左 - \theta_右) = \frac{1}{2}(L + R) - 180° \tag{4-7}$$

虽然竖盘读数中包含有指标差，但取盘左、盘右角值的平均值，即可消除竖盘指标差的影响，正确地观测竖直角。

知识运用

竖直角的观测与计算

1. 观测

（1）安置于测站点 O 上，进行对中、整平。

（2）盘左，瞄准目标 A（注意要用十字丝横丝切目标顶部或水准尺某一分划），转动竖盘指标水准管微动螺旋使竖盘指标水准管气泡居中，读取竖盘读数 L（$L = 81°09'36''$），记入表 4-2 中。

（3）盘右，再次瞄准目标 A，使竖盘指标水准管气泡居中，读取竖盘读数 R（$R = 278°50'42''$），记入表 4-2 中。

2. 计算 假设该仪器竖盘为顺时针注记，按公式（4-2）、（4-4）、（4-6）计算。

盘左竖直角：

$$\theta_左 = 90° - L = 90° - 81°09'36'' = +8°50'24''$$

盘右竖直角：

$$\theta_右 = R - 270° = 278°50'42'' - 270° = +8°50'42''$$

一测回竖直角：

$$\theta_平 = \frac{1}{2}(\theta_左 + \theta_右) = \frac{1}{2}(8°50'24'' + 8°50'42'') = +8°50'33''$$

竖盘指标差：

$$x = \frac{1}{2}(\theta_左 - \theta_右) = 1/2(8°50'24'' - 8°50'42'') = -9''$$

同法可测得目标 B 的观测数据（表 4-2）。

表 4-2　竖直角观测记录表

测站	目标	盘位	竖盘读数	半测回值	指标差	一测回值	备注
O	A	左	$81°09'36''$	$+8°50'24''$	$-9''$	$+8°50'33''$	竖盘为顺时针注记
		右	$278°50'42''$	$+8°50'42''$			
	B	左	$124°03'30''$	$-34°03'30''$	$-9''$	$-34°03'21''$	
		右	$235°56'48''$	$-34°03'12''$			

*（四）竖盘指标自动归零补偿器

在观测竖直角时，为了使竖盘指标处于正确位置，每次读数前均需转动竖盘指标水准管微动螺旋使其气泡居中，这样操作很不方便。为了克服该缺点，有些光学经纬仪采用竖盘指标自动归零补偿装置代替竖盘指标水准管。当仪器在一定范围内稍有倾斜时，由于自动补偿装置的作用，可使读数指标自动居于正确位置。在进行竖直角观测时，瞄准目标后即可读取竖盘读数，从而提高了竖直角观测的速度和精度。

经纬仪竖盘指标自动归零补偿装置常见的结构有悬吊透镜、液体盒两种。如图 4-12 所示为悬吊透镜补偿器结构示意图。读数棱镜系统是悬挂在一个弹性摆上，依靠摆的重力和空气阻尼盒的

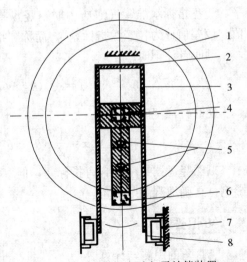

图 4-12　竖盘指标自动归零补偿装置
1. 竖直度盘　2. 弹簧片　3. 垂直吊架　4. 转像棱镜
5. 透镜组　6. 竖直度盘棱镜　7. 阻尼盒　8. 阻尼器

共同作用，使弹性摆迅速处于静止状态。这种补偿器结构简单，未增加任何光学零件，只是将原有的成像透镜进行悬吊，当仪器在一定范围内稍倾斜时，达到自动补偿的目的。

第四节 角度测量的误差和注意事项

一、角度测量的误差

角度测量的误差主要来源于仪器误差、人为操作误差以及外界条件的影响等几个方面。认真分析这些误差的来源，找出消除或减小误差的方法，即可提高观测的精度。

由于竖直角主要用于三角高程测量和视距测量。在观测竖直角时，只要严格按照操作规程作业，采用测回法消除竖盘指标差对竖直角的影响，观测的竖直角值即能满足对高程和水平距离的求算。因此，下面仅分析水平角的观测误差。

(一) 仪器误差

1. 仪器制造加工不完善所引起的误差 如照准部偏心误差、度盘分划误差等。经纬仪照准部旋转中心应与水平度盘中心重合，否则即存在照准部偏心差。在水平角观测中，此项误差的影响可通过盘左、盘右观测取平均值的方法加以消除。水平度盘分划误差的影响一般较小，当测量精度要求较高时，可采用多个测回观测、变换水平度盘起始位置的方法进行观测，也可降低此项误差的影响。

2. 仪器校正不完善所引起的误差 如望远镜视准轴不严格垂直于横轴、横轴不严格垂直于竖轴所引起的误差，可以采用盘左、盘右观测取平均的方法来消除，而竖轴不垂直于水准管轴所引起的误差则不能通过盘左、盘右观测取平均或其他观测方法来消除，因此，必须认真做好此项的检验、校正。

(二) 观测误差

1. 对中误差 仪器对中不准确，使仪器中心偏离测站中心的位移叫偏心距。偏心距将使所观测的水平角值与实际偏离（偏大或偏小）。对中引起的水平角观测误差与偏心距成正比，而与测站至观测点的距离成反比。因此，在观测水平角时，仪器的对中误差不应超出规定范围，特别是观测短边角度时，应严格注意，做到精确对中。

2. 整平误差 若仪器未能精确整平或在观测过程中气泡不再居中，竖轴就会偏离铅直位置。整平误差不能用观测方法来消除，此项误差的影响与观测目标时视线竖直角的大小有关，当观测目标与仪器视线大致同高时，影响较小；而观测目标视线的竖直角较大时，则整平误差的影响明显增大，此时，应特别注意认真整平仪器。当发现水准管气泡偏离零点超过1格以上时，应返工，即重新整平仪器、重新观测。

3. 目标偏心误差 由于目标点上的标杆倾斜可使照准目标偏离目标点中心所产生的偏心差称为目标偏心误差。目标偏心是由于目标点的标志倾斜（不在同一铅垂线上）引起的。观测目标时，一般都是竖立标杆，当标杆倾斜而又瞄准其顶部时，标杆越长，瞄准点就越高，而产生的方向值误差就越大；边长短时误差的影响更大。为了减少目标偏心对水平角观测的影响，观测时，要求将标杆准确而竖直地立在目标点上，且尽量瞄准

标杆基部。

4. 瞄准误差 引起瞄准误差的因素很多，如望远镜孔径的大小、分辨率、放大率、十字丝粗细、清晰度，人眼的分辨能力，目标的形状、大小、颜色、亮度和背景，以及周围的环境，空气透明度，大气的湍流、温度等等，其中与望远镜放大率的关系最大。经计算，DJ$_6$级经纬仪的瞄准误差为 $\pm 2''\sim\pm 2.4''$，观测时应注意调清十字丝，并消除视差。

5. 读数误差 读数误差与读数设备、照明情况和观测者的经验有关。一般来说，主要取决于读数设备。对于 $6''$ 级光学经纬仪，估读误差不超过分划值的 1/10，即不超过 $\pm 6''$。如果照明情况不佳，读数显微镜存在视差，以及读数不熟练，估读的误差还将增大。

（三）外界条件的影响

影响角度观测的外界因素很多，如大风、松土会影响仪器的稳定；地面辐射热会影响大气稳定而引起物像的跳动；空气透明度会影响照准的精度；温度变化会影响仪器的正常状态等，这些因素都会在不同程度上影响测角的精度。要想完全避免这些因素的影响是不可能的，观测者只能采取措施，如选择有利的观测条件和时间，把这些外界因素的影响降低到最低程度，从而保证测角的精度。

 **知识探究**

二、角度测量的注意事项

用经纬仪测角时，往往由于粗心大意而产生错误。如测角时仪器没有对中和整平，望远镜瞄准目标不正确，度盘读数差错，记错或拧错制动螺旋等。因此，角度测量时必须注意以下事项：

1. 仪器安置的高度要适合（脚架架头一般平观测者胸高），三脚架要踩牢，仪器与脚架连接要牢固；观测时不要手扶或碰动三脚架，转动照准部和使用各种螺旋时，用力要轻。

2. 对中、整平要准确，测角精度要求越高或边长越短的，越要严格对中；如观测的目标之间高低相差较大时，更应注意仪器整平。

3. 在水平角观测过程中，如同一测回内发现照准部水准管气泡偏离居中位置时，不允许重新调整水准管使气泡居中后继续观测；若气泡偏离中央超过一格时，则需返工（重新整平仪器，重新观测）。

4. 观测竖直角时，每次读数之前，必须使竖盘指标水准管气泡居中或自动归零开关设置在"ON"位置上。

5. 标杆要立直于目标点上，尽可能用十字丝中心瞄准标杆或测钎基部；竖直角观测时，宜用十字丝横丝（中丝）切于目标指定部位。

6. 不要混淆水平度盘和竖直度盘的读数；记录要清楚，并当场计算、校核；若误差超限应查明原因并返工重测。

7. 观测水平角时，同一个测回里不能转动度盘变换手轮或按复测扳手。

第五节　视距测量

一、视距测量的原理

视距测量是利用望远镜中的视距丝（上、下丝）装置，根据几何及光学原理同时测定水平距离和高差的一种方法。虽然用普通视距尺测距精度仅 1/200～1/300，但由于其操作简便，不受地形起伏限制，而被广泛地应用于对测距精度要求不高的地形测量之中。

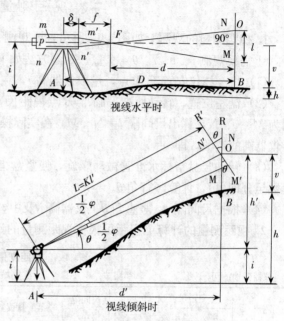

视线水平时

由于望远镜上、下视距丝之间的间距是固定的，因此通过上、下视距丝的视线在竖直面内的夹角也是固定的，这样视距尺距离仪器越远，两条视距丝在视距尺上的读数之差（尺间隔）也就越大；反之，尺间隔就越小。这样就可以根据视距尺上的视距丝读数之差，计算出仪器到视距尺间的视线距离，推算出水平距离及高差。

视线倾斜时

视距测量能同时观测水平距离和高差，所以视距测量的计算公式分为水平距离计算公式和高差计算公式：

图 4-13　视距测量示意图

1. 水平距离计算公式

$$D=kl\cos^2\theta \qquad (4-8)$$

式中，k 为视距乘常数，其数值一般为 100；l 为尺间隔，上丝读数与下丝读数之差；θ 为竖直角。

2. 高差计算公式

$$h=\frac{1}{2}kl\sin2\theta+i-v \quad (4-9)$$

式中，i 为仪器高，是桩顶到仪器水平轴的高度；v 为十字丝横丝在视距尺（或水准尺）上的读数。

以上公式，当视线水平时可简化为下式：

如图 4-14 所示，A、B 两点间的水平距离 D 与高差 h 分别为：

$$D=kl \qquad (4-10)$$

$$h=i-v \qquad (4-11)$$

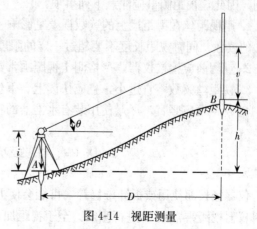

图 4-14　视距测量

水准仪视线水平是根据水准管气泡居中来确定，而经纬仪视线水平可依据竖盘水准管气泡居中时，竖盘读数为90°或270°来确定。

知识探究

二、视距测量的方法

1. 视距测量的观测　如图 4-14 所示，要观测 A、B 两点之间的水平距离和高差，在测站 A 上需要观测 i、v、l、θ 4 个量。观测方法如下：

(1) 将经纬仪安置于 A 点，量取仪器高 i，在 B 点上竖立视距尺（水准尺）。

(2) 盘左位置，转动照准部瞄准 B 点视距尺，分别读取上、中、下丝在尺上的读数分别为 M、v、N，算出尺间隔 $l=N-M$。在实际操作中，为方便高差计算，可使中丝对准尺上仪器高的读数，即 $v=i$。

(3) 转动竖盘指标水准管微动螺旋，使竖盘指标水准管气泡居中，读取竖盘读数（通常读数至分即可），计算竖直角 θ。

(4) 根据尺间隔 l、竖直角 θ、仪器高 i 及中丝读数 v，计算出水平距离 D 和高差 h。

2. 视距测量的计算　视距可根据视距测量的计算公式，辅以计算器进行计算。

表 4-3　视距测量记录表

仪器型号：DJ$_6$-1 级　　　　测站：A　　　　测站高程：19.680m　　　　仪器高：1.420m

测点	测距尺读数（m）			尺间隔 (m)	竖盘度盘读数	竖直角	水平距离 (m)	高差 (m)	高程 (m)	备注
	上丝	中丝	下丝							
1	1.162	1.450	1.739	0.577	81°24′	8°36′				
2	0.932	1.350	1.770	0.838	95°39′	−5°39′				
3	0.771	1.530	2.291	1.520	86°15′	3°45′				

三、视距测量的误差和注意事项

视距测量误差的主要来源有：大气竖直折光的影响、视距丝的读数误差和视距尺倾斜的影响。因此，视距测量应注意下列事项：

1. 用视距丝在视距尺上的读数误差是影响视距测量的主要因素，因此，应尽量读准上、下丝的读数，同时视距长度不要超过一定的限度。

2. 观测前应检校仪器，严格测定视距乘常数；同时校正竖盘指标差至不超过±1′。

3. 视距丝读数不宜过小，且应快读上、下丝读数，减小大气折光的影响。

4. 视距尺应竖直，尽量使用装有水准器的视距尺。

*四、视距常数的测定

仪器经长期使用或拆卸维修等，可能会使 K 值产生变化。为保证视距测量的精度要求，应对仪器视距乘常数 K 进行测定。至于视距加常数 C，因经纬仪望远镜是内对光望远镜，C

＝0，故在此不作检测。视距乘常数 K 的测定方法如下：

1. 在平坦地面上选择一段直线，如图 4-15 所示。在 A 点打一木桩，从该点起，沿直线方向用钢尺依次量取 30m、60m、90m、120m 等距离，分别得 B_1、B_2、B_3、B_4 等点，并作标志。

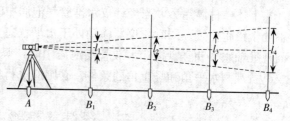

图 4-15 视距乘常数的测定

2. 安置仪器于 A 点，调节竖盘读数为 90°或 270°，使望远镜视线水平，并依次照准 B_1、B_2、B_3、B_4 各点上的视距尺，消除视差后读取各点的上、下丝读数，分别计算尺间隔为 l_1、l_2、l_3、l_4。

3. 根据观测的尺间隔和已知的距离，分别计算各点的 K 值，即：

$$K_1=\frac{30}{l_1}, \quad K_2=\frac{60}{l_2}, \quad K_3=\frac{90}{l_3}, \quad K_4=\frac{120}{l_4}$$

取视距乘常数 K 的平均值：

$$K=\frac{1}{4}(K_1+K_2+K_3+K_4)$$

计算 K 值的精度：

$$精度=\frac{K-100}{100}=\frac{1}{N}$$

若精度值小于等于1/1 000，表明精度符合要求，则 K 值仍按 100 来计算水平距离和高差；否则，应用实测的 K 值进行水平距离和高差的计算。

＊第六节 经纬仪的检验与校正

经纬仪经长期使用后，其轴线关系被破坏，如不进行检验与校正，就会产生测量误差。因此，按测量规范要求，在进行角度观测前，应进行经纬仪的检验、校正，使之满足测量要求。进行经纬仪检验和校正时，首先要进行认真检视。检视的主要事项有：度盘和照准部旋转是否灵活，各螺旋是否灵活有效；望远镜视场是否清晰，有无灰尘、斑点或水珠；度盘有无损伤，分划线、分微尺是否清晰；仪器及各附件是否齐全等。以上项目的检视非常重要，只有在检视符合要求之后才可进行检验与校正。

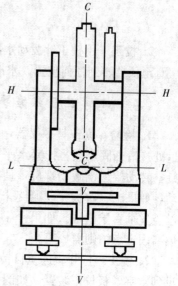

一、经纬仪应满足的轴线关系

如图 4-16 所示，经纬仪的主要轴线有：竖轴 VV，横轴 HH，水准管轴 LL，视准轴 CC。它们之间的关系应满足如下条件：

水准管轴垂直于竖轴（$LL\perp VV$），望远镜十字丝纵丝垂直于横轴 HH，横轴垂直于视准轴（$HH\perp CC$），竖轴垂直

图 4-16 经纬仪主要轴线关系

于横轴（$VV \perp HH$），竖直度盘指标差应等于零，横轴垂直于竖盘并过其中心。

上述条件满足后，当经纬仪水准管气泡居中时，水准管轴和水平度盘处于水平状态，竖轴处于铅垂位置；同时，仪器横轴处于水平状态，望远镜视准轴上下转动形成一个竖直面；当视准轴水平和竖盘指标水准管气泡居中时，竖盘读数为 $90°$ 或 $90°$ 的整倍数。此时，经纬仪具备观测水平角和竖直角的条件。否则应进行检验和校正。

二、经纬仪检验与校正的方法

现介绍 DJ_6 级光学经纬仪的检验项目与检校方法。

（一）水准管轴应垂直于竖轴

1. 检验　仪器大致整平后，松开水平制动螺旋，转动经纬仪，使水准管 $a\text{-}b$ 与任一对脚螺旋连线 1-2 平行，如图 4-17（a）中 $a\text{-}b // 1\text{-}2$，调节 1、2 脚螺旋，使水准管气泡居中；再转动仪器，使水准管 $a\text{-}b // 1\text{-}3$（此时 a 端与脚螺旋 1 同侧），旋转脚螺旋 3，使水准管气泡居中，如图 4-17（b）所示，这时 2 和 3 两个脚螺旋等高；此时再转动仪器，使水准管 $a\text{-}b // 3\text{-}2$，如图 4-17（c）所示，若水准管气泡仍居中，则表明水准管轴垂直于竖轴的条件满足。若偏离中央 1 格以上，则要进行校正。

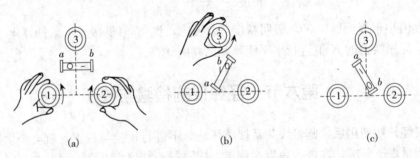

| (a) | (b) | (c) |

图 4-17　水准管的检验与校正

2. 校正　用校正针拨动水准管校正螺丝，使其气泡精确居中即可。此项工作应反复几次直至仪器转到任何位置，水准管气泡偏离零点位置不超过 0.5 格为止。

（二）十字丝竖丝应垂直于横轴

1. 检验　大致整平仪器，以十字丝板竖丝精确瞄准远处一清晰固定点。拧紧水平制动螺旋和望远镜制动螺旋，转动望远镜微动螺旋，使望远镜向上或向下缓慢移动，如果十字丝板竖丝始终未偏离固定点，则说明十字丝竖丝垂直于横轴。如果十字丝板纵丝移动的轨迹明显偏离固定点，则需校正。

2. 校正　打开望远镜目镜十字丝分划板护盖，便可见到十字丝板校正装置，如图 4-18 所示。松开 4 个压环固定螺钉，慢慢转动十字丝环，直至望远镜上下转动时十

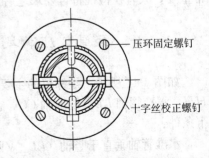

压环固定螺钉

十字丝校正螺钉

图 4-18　十字丝板校正装置

字丝板竖丝始终在固定点移动为止。最后拧紧压环固定螺钉并旋上十字丝分划板护盖。

（三）视准轴应垂直于横轴

1. 检验　仪器整平后，分别用盘左、盘右瞄准远处与仪器大致等高的同一明显目标点P，分别读取水平度盘读数 $m_左$、$m_右$，如果 $m_左$ 与 $m_右$ 相差 $180°$，则表明视准轴垂直于横轴。否则，应进行校正，其差值为两倍视准轴误差，用 $2C$ 表示。

例如：观测与仪器大致等高的远处目标后，盘左、盘右的水平度盘读数分别为：$m_左＝43°18'30''$，$m_右＝223°23'42''$，则

$$2C＝m_左－（m_右±180°）＝43°18'30''－（223°23'42''－180°）＝-5'12''$$
$$C＝-2'36''$$

当 $2C$ 绝对值大于 $2'$ 时，应进行校正。例题中：

$$C＝-2'36''$$

此时，盘左、盘右正确读数分别为：

$$M_左＝m_左－C＝43°18'30''－（-2'36''）＝43°21'06''$$
$$M_右＝m_右＋C＝223°23'42''＋（-2'36''）＝223°21'06''$$

计算的盘左和盘右正确读数差值应等于 $180°$，即可作为计算结果是否正确的校验条件。

2. 校正　盘右位置，转动水平微动螺旋使水平度盘读数为正确读数 $M_右$（$223°21'06''$），此时，望远镜十字丝中心必然偏离目标。旋下十字丝分划板护盖，稍松开十字丝环上、下两个校正螺钉（图 4-18），再用校正针拨动十字丝环左、右两个校正螺钉，松一个，紧一个，推动十字丝环左右移动，使十字丝板中心精确瞄准目标。如此反复检校几次，直至符合要求后，拧紧上、下两螺钉，旋上十字丝分划板护盖。

（四）横轴应垂直于竖轴

1. 检验　在距离洁净的高墙约20m处安置仪器，以盘左瞄准墙面高处一固定点 P（视线尽量正对墙面，仰角大于30°），固定水平制动螺旋，然后大致放平望远镜，由十字丝中心在墙面上定出 A 点，如图4-19（a）所示；同样再以盘右瞄准 P 点，放平望远镜，在墙面上定出 B 点，如

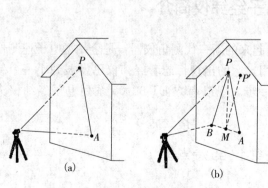

图 4-19　横轴垂直于竖轴的检验与校正

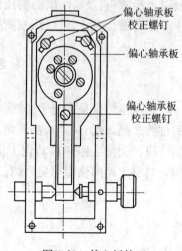

图 4-20　偏心板校正

图4-19(b)所示。如果 A、B 两点重合,表明横轴垂直于竖轴,否则需进行校正。

2. 校正 在墙面上作 AB 两点的中点 M,以盘左或盘右位置瞄准 M,固定水平制动螺旋后,抬高望远镜使十字丝中心与 P 点等高,此时十字丝交点偏离 P 点而落到了 P' 上。校正时,打开仪器右端支架护盖,放松 3 个偏心轴承板校正螺钉,转动支架上的偏心轴承板,如图 4-20 所示,使横轴右端升高或降低,直至十字丝交点对准 P 点为止。

由于光学经纬仪的横轴密封在支架内,一般能够满足横轴与竖轴垂直的条件,测量人员只要进行此项检验即可。确需校正,应交由专业检校人员操作为宜。

(五) 竖盘指标差的检验与校正

1. 检验 安置仪器,分别用盘左、盘右位置瞄准高处同一固定目标,在竖盘指标水准管气泡居中后,分别读取竖盘读数 L 和 R。根据公式 (4-6) 或 (4-7) 计算竖盘指标差 x 值。若 $x>\pm1'$ 时,则需校正。

2. 校正 保持盘右位置,照准固定目标点不动。先转动竖盘指标水准管微动螺旋,使盘右竖盘读数对准正确的读数 $R-x$,此时竖盘指标水准管气泡将偏离居中位置;然后,用校正针拨动竖盘指标水准管校正螺钉,使气泡居中。如此反复几次,直至竖直指标差 $x<\pm1'$ 为止。

(六) 光学对中器的检验和校正

1. 检验 如图 4-21 所示,整平仪器,在仪器的正下方水平放置一个十字标志,转动 3 个脚螺旋,使对中器分划板中心与地面十字标志重合,将仪器转动 180°,观察对中器分划板中心与地面十字标志是否重合。若重合,则无须校正;否则,应进行校正。

2. 校正 将仪器安置在三脚架上并固定好,在仪器正下方放置一个十字标志,转动3个脚螺旋,使对中器分划板中心与地面十字标志重合,将仪器转动180°,拧下对中器目镜护盖,用校正针调整4个调整螺钉,使地面十字标志在分划板上的像向分划板中心移动一半。重复以上步骤,直全转动仪器到任何位置,地面上的十字标志与分划板中心始终重合为止。若目标偏离过大时,应交由专业检校人员校正。

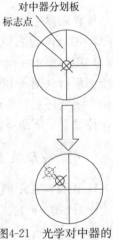

图4-21 光学对中器的
检验和校正

* 第七节 电子经纬仪简介

电子经纬仪是在光学经纬仪的基础上发展起来的新一代测角仪器,是全站型电子速测仪的过渡产品,近 20 年来在测角工作中广为使用。它的出现标志着经纬仪已发展到了一个新的阶段,测角工作向自动化方向迈出了新的一步。现以南方 ET-02/05 系列电子经纬仪为例,对电子经纬仪做简要介绍。

一、电子经纬仪的特点

电子经纬仪结构合理,外观美观,功能齐全,性能稳定,操作简便,易学易用,容易实

现仪器的所有功能。还具备如下特点：

1. 采用电子测角系统和 6 个功能键可实现各种测量功能，自动显示测量结果，减轻外业工作强度，提高测量工作效率。

2. 配合适当的接口，可将测量数据输入电脑，实现数据处理和绘图的自动化。

3. 可与测距仪联机，组合成全站型电子速测仪，连机和使用极为简便。

4. 望远镜十字丝和显示屏一般有照明光源，便于在黑暗环境中进行测量和操作。

二、电子经纬仪的构造

电子经纬仪与光学经纬仪相比，存在不同之处，主要在于以下方面：电子经纬仪多了一个机载电池盒、一个测距仪数据接口和一个电子手簿接口；增加了电子显示屏和操作键盘；去掉了读数显微镜。

图 4-22 所示，是南方 ET-02/05 系列电子经纬仪的外部构造和部件名称。

图 4-22 ET-02/05 电子经纬仪

（一）电池

该仪器使用的是 NB-10A 和 NiMH 高能可充电电池，用 NB-10A 专用充电器充电。

充电时先将充电器接上 220V 电源，从仪器上取下电池盒，将充电器插头插入电池盒的充电插座，充电器上的指示灯为橙色表示正在充电，充电 6h 或指示灯转为绿色时表示充电结束，拔出插头。

电池电充足后可供仪器使用 8～10h。显示屏右下角的符号“BAT”显示电池消耗信息，“BAT”及“BAT”表示电量充足，可操作使用；“BAT”表示尚有少量电量，应准备随时更换电池或充电后再使用；“BAT”闪烁表示从闪烁到缺电关机大约可持续几分钟，应立即结束操作更换电池并充电。

使用电池时应注意：取下电池盒前，应先关闭仪器电源，否则容易损坏仪器；充电结束后应及时将插头从插座中拔出，过度充电将缩短电池寿命；电池不要存放在高温、高热或潮湿的地方，切勿让电池短路；电池不用时，也要将电池每月充电一次。

（二）数据传输接口

1. 数据输入接口 即测距仪数据接口，通过 CE-202 系列相应的电缆与测距仪连接，可将测距仪测得的距离值自动显示在电子经纬仪的显示屏上。

2. 数据输出接口 即电子手簿接口，用 CE-201 电缆与电子手簿连接，可将仪器观测的数据输入电子手簿进行记录。

通过以上两项连接后，电子经纬仪与测距仪和电子手簿就组成了能自动采集数据的多功能全站仪。

（三）显示屏与操作键盘

1. 显示屏 该仪器采用线条式液晶显示屏，当常用符号全部显示时，其具体位置如图 4-23 所示。中间两行各 8 个数位显示角度或距离等观测结果数据或提示字符串，左右两侧所显示的符号或字母表示数据的内容或采用的单位名称（表 4-4）。

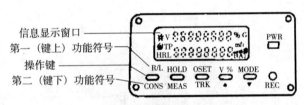

图 4-23 显示屏与操作键盘

表 4-4　电子经纬仪显示屏功能表

V	竖直角	%	斜率百分比
H	水平角	G	角度单位：格（gon）（角度单位采用度，密位时该位置无符号显示）
HR	右旋（顺时针）水平角		
HL	左旋（逆时针）水平角	m	距离单位：米
ft	距离单位：英尺	◢◢◢◢	分别表示斜距、平距、高差
BAT	电池电量		其余符号在本仪器中未采用

2. 操作键盘 该仪器共有 6 个操作键和一个电源开关键，每个键具有一键双功能。一般情况下，仪器执行键上方所标示的第一（测角）功能，当按下 MODE 键后再按其余各键则执行按键下方所标示的第二（测距）功能。现说明如下（表 4-5）：

表 4-5　电子经纬仪操作键盘功能表

R/L 键 CONS	R/L：显示右旋/左旋水平角选择键。连续按此键，两种角值交替显示。
	CONS：专项特种功能模式键。
HOLD 键 MEAS （◀）	HOLD：水平角锁定键。按此键两次，水平角锁定；再按一次则解除。
	MEAS：测距键。按此键连续精确测距（电子经纬仪无效）。
	（◀）：在特种功能模式中按此键，显示屏中的光标左移。

（续）

O SET / TRK （▶）键	OSET：水平角置零键。按此键两次，水平角置零。
	TRK：跟踪测距键，按此键每秒跟踪测距一次，精度 0.01m（电子经纬仪无效）。
	（▶）：在特种功能模式中按此键，显示屏中的光标右移。
V % ▲键	V%：竖直角和斜率百分比显示转换键。连续按键交替显示。在测距模式状态时，连续按此键则交替显示斜距（◢）、平距（◣）、高差（◣）。
	▲：增量键。在特种功能模式中按此键，显示屏中的光标可以上下移动或数字向上增加。
MODE ▼键	MODE：测角、测距模式转换键。连续按键，仪器交替进入一种模式，分别执行键上或键下标示的功能。
	▼：减量键。在特种功能模式中按此键，显示屏中的光标可向下、向上移动或数字向下减少。
☼键 / ● REC	☼：望远镜十字丝和显示屏照明键。按键一次开灯照明，再按则关（不按，10s 后自动熄灭）。
	REC：记录键。命令电子手簿执行记录。
PWR 键	PWR：电源开关键。按键开机，按键时间大于 2s 则关机。

三、电子经纬仪的使用方法

（一）仪器的安置

电子经纬仪的安置包括对中和整平，其方法与光学经纬仪相同。在此不再重述。

（二）仪器的初始设置

该仪器具有多种功能项目可供选择，以适应不同的作业性质对成果的需要。因此，在测量作业前，均应对仪器采用的功能项目进行初始设置。

1. 设置项目

（1）角度测量单位。360°，400gon，6 400mil（出厂时设为 360°）。

（2）竖直角零方向的位置。水平为 0°或天顶为 0°（仪器出厂设天顶为 0°）。

（3）自动断电关机时间为。30min（分钟）或 10min（分钟）（出厂设为 30min）。

（4）角度最小显示单位。1″或 5″（出厂设为 1″）。

（5）竖盘指标零点补偿选择：自动补偿或不补偿（出厂设为自动补偿，无自动补偿的仪器此项无效）。

（6）水平角读数经过 0°、90°、180°、270°象限时蜂鸣或不蜂鸣（出厂设为蜂鸣）。

（7）选择不同类型的测距仪连接（出厂设置为与南方 ND3000 连接）。

2. 设置方法

（1）按住［CONS］键打开电源开关，至三声蜂鸣后松开［CONS］键。仪器进入初始设置模式状态。此时，显示屏的下行会显示闪烁着的 8 个数位，它们分别表示初始设置的内容。8 个数位代表的设置内容详见表 4-6。

表 4-6　初始设置内容

数位	数位代码	显示器上行显示的表示设置内容的字符代码	设置内容
第 1~2 数位	11	359°59′59″	角度单位：360°
	01	399.99.99	角度单位：400gon
	10	359°59′59″	角度单位：360°
第 3 数位	1	HO$_T$=0	竖直角水平：0°
	0	HO$_T$=90	竖直角天顶：0°
第 4 数位	1	30 OFF	自动关机时间：30min
	0	10 OFF	自动关机时间：10min
第 5 位数	1	STEP 1	角度最小显示单位：1″
	0	STEP 5	角度最小显示单位：5″
第 6 数位	1	TLT ON	竖盘自动补偿器：打开
	0	TLT OFF	竖盘自动补偿器：关闭
第 7 数位	1	90°BEEP	象限蜂鸣
	0	DIS. BEEP	象限不蜂鸣
第 8 数位		可与之连接的测距仪型号	
	0	S. 2L2A	索佳 RED2L（A）系列
	1	ND3000	南方 ND3000 系列
	2	P. 20	宾得 MD20 系列
	3	DI1600	徕卡系列
	4	S. 2	索佳 MIN12 系列
	5	D3030	常州大地 D3030 系列
	6	TP. A5	拓普康 DM 系列

（2）按［MEAS］或［TRK］键使闪烁的光标向左或向右移动到要改变的数字位。

（3）按▲或▼键改变数字，该数字所代表的设置内容在显示器上行以字符代码的形式予以提示。

（4）重复（2）和（3）操作进行其他项目的初始设置直至全部完成。

（5）设置完成后按［CONS］键予以确认，仪器返回测量模式。

（三）水平角观测

设 O 为角度顶点，左侧、右侧目标分别为 A、B。观测水平角 AOB 的方法如下：

1. 在 O 点安置仪器，转动照准部，以盘左位置用十字丝瞄准左侧目标 A，先按 R/L 键，设置水平角为右旋（HR）测量方法，再按两次 0 SET 键，使目标 A 的水平度盘读数设置为 0°00′00″；顺时针转动照准部，同法瞄准右侧目标 B，读取水平度盘读数即是水平角 AOB 的角度值。如显示屏显示 $\begin{array}{l} V\ \ 93°20′30″ \\ HR\ 10°50′40″ \end{array}$，则水平角 AOB 角值为 10°50′40″。

2. 倒镜，以盘右位置瞄准右侧目标 B，先按 R/L 键，设置水平角为左旋（HL）测量方法，再按两次 0 SET 键，使目标 B 的水平度盘读数设置为 0°00′00″；逆时针转动照准部，瞄准左侧目标 A，读取水平度盘读数即是盘右时水平角 AOB 的角度值。

3. 若盘左、盘右的角值之差在误差容许值范围之内，取平均值作为水平角 AOB 的角度值。

（四）竖直角观测

竖直角观测时应先进行初始设置，一般设置天顶方向为 0°，则显示屏显示的读数为天顶距，可根据竖直角的计算方法改算成竖直角。初始设置之后，用电子经纬仪观测竖直角的方法同光学经纬仪。

开启电源后，若显示屏显示"b"，则提示仪器竖轴不垂直，此时将仪器进行精确整平，则"b"自动消失；仪器整平后开启电源，若显示"V 0 SET"，则提示应将竖盘指标进行归零，方法为：将望远镜在盘左水平方向上下转动 1～2 次，当望远镜通过水平视线时，仪器自动将指示竖直度盘指标归零，并显示出竖直角值。此时，仪器可进行水平角和竖直角的观测。

资料库

1. 测角仪器的种类　用于工程建设规划设计、施工及管理阶段测角的仪器主要种类如下：

（1）经纬仪。测量水平角和竖直角的常用仪器。由望远镜、水平度盘、垂直度盘和基座等部件组成。按读数设备分为游标经纬仪、光学经纬仪和电子（自动显示）经纬仪。经纬仪广泛用于控制测量、地形和施工放样等测量。中国经纬仪系列有：DJ_{07}、DJ_1、DJ_2、DJ_6、DJ_{15}、DJ_{60} 6 个型号（"DJ"表示"大地测量经纬仪"，"07、1、2……"分别为该类仪器以秒为单位表示的一测回水平方向的中误差）。在经纬仪上附有专用配件时，可组成：激光经纬仪、坡面经纬仪等。此外，还有专用的陀螺经纬仪、矿山经纬仪、摄影经纬仪等。

（2）摄影经纬仪。由摄影机和经纬仪组装而成的供地面摄影测量野外作业用的主要仪器。摄影机上有物镜、暗箱、承片框、检影器。在承片框上装有精密的框标。经纬仪用来测定摄影站点和检查点的坐标，并确定主光轴方向。主要用于地形和非地形摄影测量。

（3）陀螺经纬仪。将陀螺仪和经纬仪组合在一起，用以测定真方位角的仪器。在地球上南、北纬度 75° 范围内均可使用。陀螺高速旋转时，由于受地球自转影响，其轴向子午面两侧往复摆动。通过观测，可定出真北方向。陀螺经纬仪主要用于矿山和隧道地下导线测量的定向工作。有的陀螺经纬仪用微处理机进行控制，自动显示测量成果，具有较高的测量精度。激光陀螺经纬仪则具有精度较高、稳定和成本低的特点。

（4）全站仪。其全称为"全站型电子速测仪"。它集电子经纬仪和光电测距仪为一体，实现测角、测距一体化，并将野外测量结果自动记录在"电子手簿"上，也可进行自动显示，通过接口设备把数据直接传到计算机，利用"人机交互"的方式进行测量数据的自动处理，还可以由微机控制的跟踪设备加到全站型仪器上，对一系列目标自动测量。

全站型仪器的应用，实现了野外数据的自动采集，为测图向数字化、自动化方向发展开辟了一条新的道路。

2. 测角仪器的发展　最早出现的经纬仪实际与航海有着非常密切的关系。早在 15～16 世纪的时候，英、法等国由于航海和战争的需要，需要绘制各种地图、海图。最早绘制地图使用的是三角测量法，就是根据两个已知点上的观测结果，求出远处第三点的位置，但由于没有合适的仪器，导致角度测量手段有限，精度不高，由此绘制出的地形图精度也不高。而经纬仪的发明，提高了角度的观测精度，同时简化了测量和计算的过程，也为绘制地图提供了更精确的数据。后来经纬仪被广泛地使用于各项工程建设的测量上。

测角仪器的历史发展一般可分为以下几个阶段：20世纪50年代以前，主要是纯光学机械测绘仪器；60年代起主要是对仪器的自动安平和成套附件进行改革；70年代后主要应用电子技术、激光技术、微机技术实现外业数据自动采集，测量的自动归算、显示和储存，以及内业数据自动处理、存储、管理和应用；80年代以后产生并发展了全球卫星导航定位系统GPS。

从20世纪80年代起10年时间内，我国传统测量仪器的研制和生产取得长足进展，并进入稳步发展阶段，其发展特点可概括为以下几个方面：

（1）生产标准和国际接轨。传统仪器技术水平达到20世纪70年代末和80年代中工业发达国家水平。其重要标志为引进先进结构装置：快慢速调焦；复消色差正像望远镜，最短视距达0.5m；自动归零装置和自动安平装置；强制对中三角基座；正像光学对中器；同轴制微动机构；换盘和复测机构；读数系统视场数字化和不同颜色；安平警告装置等。测量仪器逐步实现通用化、标准化和自动化。测量仪器附件达16类、30种，初步形成配套。

（2）逐步完善品种系列。我国光学经纬仪系列已有6个精度等级，都已试制或形成规模生产，品种约20种，其中最为主要的是精度为2″和6″级的工程经纬仪。除主导系列品种外，还根据我国的实际需要开发了垂准经纬仪、激光经纬仪、天文经纬仪、工具经纬仪、陀螺经纬仪、坡面经纬仪、无磁和地磁经纬仪、自准直经纬仪、径向差测量经纬仪、轻便经纬仪等变形产品，满足工程测量的不同需求。

（3）生产能力逐步增强。随着市场竞争的日趋激烈，使测量仪器生产厂逐步减少，附件生产厂逐步增多，其布局日趋合理。据不完全统计，我国生产测量仪器厂家目前为20个。附件厂家26个，基本满足市场需求。

3. 经纬仪的技术参数 如表4-7。

表4-7 经纬仪的技术参数

项目及单位		等 级			
		DJ$_{07}$	DJ$_1$	DJ$_2$	DJ$_6$
		参 数			
水平方向测量—测回方向中误差不超过（″）		±0.7	±1	±2	±6
望远镜放大率（倍）		30，45，55	24，37，45	28，30	20，25
物镜有效孔径（mm）		65	60	40	35，40
望远镜最短视距（m）		3	3	2	2
水准器分划值	照准部	4	6	20	30
	竖直度盘	10	10	20	30
	圆水准器	8	8	8	8

（续）

项目及单位		等　级			
		DJ$_{07}$	DJ$_1$	DJ$_2$	DJ$_6$
		参　数			
竖直度盘指标自动补偿器	工作范围	—	—	±2	±2
	安平中误差	—	—	±0.3	±1
水平度盘最小格值		0.2	0.2	1	1
主要用途		国家一等三角和天文观测	二等三角测量及精密工程测量	三、四等三角测量，等级导线及一般工程测量	一般工程测量，图根及地形测量，矿井导线

【思　考　练　习】

一、名词解释

水平角　　竖直角　　横轴　　竖盘指标差　　对中

二、填空题

1. DJ$_6$ 级光学经纬仪由_____、_____和基座三大部分组成。

2. DJ$_6$ 级光学经纬仪照准部由_____、_____、_____、_____、_____和_____等组成。

3. 水平度盘用于观测_____角，竖直度盘用于观测_____角；_____度盘装在横轴一端，可随望远镜一起转动。

4. 经纬仪的使用包括_____、_____、_____、_____等操作步骤。

5. 经纬仪安置通常包括_____和_____。

6. 经纬仪整平时，水准管气泡移动方向与_____方向一致，与_____方向相反。

7. 测回法观测水平角时，应采用盘_____半测回与盘_____半测回观测取平均值的做法。上下半测回值之差要求要≤±_____"。

8. 若进行 4 个测回观测，各测回度盘起始读数应分别设置为_____°，_____°，_____°和_____°。

9. 当望远镜视线水平、竖直度盘指标水准管气泡居中时，盘左位置竖盘读数为_____°，盘右位置的竖盘读数为_____°。

10. 经纬仪十字丝板上的上丝和下丝主要是在测量_____时使用。

11. 用测回法进行水平角观测时，某一方向上盘左读数和盘右读数应相差_____°。

12. 用经纬仪测水平角时应尽量照准目标_____。

三、单项选择题

1. 经纬仪测量水平角时，正、倒镜（或盘左、右）瞄准同一方向所读的水平方向值理论上相差（　　）。

    A. 180°   B. 0°   C. 90°   D. 270°

2. 当视线水平、竖盘指标水准管气泡居中时，盘左、盘右位置竖盘读数应分别为（　　）。

    A. 0°，180°   B. 90°，180°   C. 90°，270°   D. 90°，180°

3. 以下不属于基本测量工作范畴的是（　　）。

    A. 高差测量   B. 距离测量   C. 导线测量   D. 角度测量

4. 用经纬仪观测水平角和竖直角，一般采用正、倒镜方法消除或减少误差。下面仪器误差（　　）不能用正倒镜法消除。

    A. 视准轴不垂直于横轴   B. 竖盘指标差

    C. 横轴不水平   D. 竖轴不竖直

5. 经纬仪不能直接用于测量（　　）。

    A. 点的坐标   B. 水平角   C. 垂直角   D. 视距

6. 经纬仪在必要辅助工具支持下不能直接用来测量（　　）。

    A. 水平角   B. 垂直角   C. 方位角   D. 视距

7. 经纬仪测竖直角，盘左、盘右读数分别为81°12′18″、278°45′54″。则该仪器竖盘指标差为（　　）。

    A. 54″   B. −54″   C. 6″   D. −6″

8. 在竖直角观测中，盘左、盘右取平均值是否能够消除竖盘指标差的影响（　　）。

    A. 不能   B. 能消除部分影响

    C. 可以消除   D. 二者没有任何关系

9. 以下测量中不需要进行对中操作的是（　　）。

    A. 水平角测量   B. 水准测量   C. 垂直角测量   D. 三角高程测量

四、简答题

1. 使用分微尺测微器读数装置的经纬仪如何进行读数？

2. 使用测微轮测微器（单平板玻璃测微器）读数装置经纬仪如何进行读数？

3. 简述经纬仪设置水平度盘读数为0°00′00″的方法步骤。

4. 简述测回法测水平角的具体操作步骤和相应的角度计算方法。

5. 说明经纬仪测量时一测站上进行对中和整平的主要步骤和方法。

6. 经纬仪使用中，如何防止经纬仪损坏？

7. 竖直角观测时应采用什么方法来消除竖盘指标差？

［实习5］ 经纬仪的构造及读数

一、目的要求

（1）了解 DJ_6 级经纬仪的基本构造、主要部件名称及作用。

（2）练习经纬仪的对中、整平、瞄准和读数，掌握基本操作要领。

（3）要求对中误差小于3mm，整平误差少于1格。

二、仪器用具

每组 DJ$_6$ 级经纬仪 1 台，标杆（或测钎）2 根，记录夹 1 个（附记录表）。自备铅笔、橡皮等。

三、方法步骤

1. 熟悉经纬仪 构造和各螺旋的功能。

2. 经纬仪的安置

（1）对中。张开三脚架，在架头连接螺旋的中心钩上挂上垂球，平移三脚架，使垂球尖大致对准测站点，并保持架头大致水平，踩紧三脚架腿使之稳固。取出经纬仪，双手安放到架头上，一手握仪器支架，一手旋上连接螺旋（稍松）。在架头上平移仪器，使垂球尖精确对准地面点标志中心，再旋紧连接螺旋。

（2）整平。转动照准部，使水准管与一对脚螺旋平行；转动这对脚螺旋，使水准管气泡居中；将照准部转动 90°，旋转第三个脚螺旋使水准管气泡居中。如此步骤反复进行数次，最终使照准部转到任何位置时水准管气泡偏离均不超过 1 格。

3. 瞄准目标

（1）目镜对光。松开望远镜和照准部制动螺旋，将望远镜转向亮处，调节目镜对光螺旋，使十字丝清晰。

（2）粗瞄目标。转动照准部，用准星和照门瞄准目标，旋紧望远镜制动螺旋和照准部制动螺旋。

（3）精瞄目标。转动物镜对光螺旋，使目标影像清晰，再转动望远镜微动螺旋，使目标影像高低适中，最后转动照准部微动螺旋，使目标影像被十字丝纵丝平分或被双竖丝夹在中央，做到精确瞄准。

（4）消除视差。眼睛在望远镜目镜处，微微上、下移动，检查有无视差；如存在视差，再转动物镜对光螺旋予以消除。

4. 读数 打开反光镜，使读数窗内亮度适当；旋转读数显微镜目镜对光螺旋，使度盘和分微尺影像清晰，读取水平度盘读数。

5. 其他练习

（1）盘左、盘右观测的练习。松开望远镜制动螺旋，倒转望远镜从盘左转为盘右（或相反），进行目标瞄准和读数练习。

（2）改变水平度盘位置的练习。先转动照准部瞄准某一目标，再按下度盘变换手轮（或扳上复测扳手并转动照准部），将水平度盘调整到 0°00′00″ 的读数位置上，然后，将手松开，手轮退出（或复测扳手扳下）。对使用复测扳手的经纬仪应切记，起始方向读数后，转向第二目标前应扳上复测扳手。

四、注意事项

（1）经纬仪对中时，应使三脚架架头大致水平，否则会导致仪器整平的困难。

（2）经纬仪整平时，应检查各方向照准部水准管气泡是否居中，其偏差应控制在 1 格范围以内。

（3）用望远镜瞄准目标时，也必须消除视差。

（4）用测微尺进行度盘读数时，应估读至 0.1′即 6″，估读必须准确。

五、实习成果

水平度盘的读数和记录练习（表 4-8）。

表 4-8　水平度盘读数练习记录表

仪器号：_____　　　天气：_____　　　观测日期_____年_____月_____日

测站	目标	竖盘位置	水平度盘读数（° ′ ″）	备注

班组：_____　　　观测：_____　　　记录：_____

［实习 6］水平角观测（测回法）

一、目的要求

1. 掌握测回法观测水平角、记录及计算的方法。

2. 每人对同一角度观测一测回，上、下两半测回角值之差在±40″之内。

二、仪器用具

每组 DJ_6 级经纬仪 1 台，标杆（或测钎）2 根，测伞 1 把，记录夹 1 个（附记录表）。自备计算器、铅笔、橡皮等。

三、方法步骤

（1）布设场地。选定一地面点 O 作为测站点，再选定 A、B 两地面点作为观测目标。

（2）在测站点 O 安置仪器（对中、整平）。

（3）盘左位置，瞄准左侧目标 A，读取水平度盘读数 a_1，记入观测记录表相应栏内；然后，松开照准部制动螺旋，顺时针方向转动照准部，瞄准右侧目标 B，读取水平度盘读数 b_1，并记录；计算上半测回水平角值 $\beta_左$。

$$\beta_左 = b_1 - a_1$$

（4）盘右位置，瞄准右侧目标 B，读取水平度盘读数 b_2 并记录；然后，松开照准部制动螺旋，逆时针方向转动照准部，瞄准左侧目标 A，读取水平度盘读数 a_2 并记录；计算下半测回水平角值 $\beta_右$。

$$\beta_右 = b_2 - a_2$$

（5）如上、下两半测回水平角值之差不大于±40″，取平均值作为一测回水平角值 $\beta_平$。

$$\beta_平 = 1/2\ (\beta_左 + \beta_右)$$

四、注意事项

（1）经纬仪对中误差不超过 3mm。

（2）仪器整平后，在测角过程中，水准管气泡偏离不应超过 1 格。

（3）目标不能瞄错，并尽量瞄准目标基部。

（4）$\beta_左$ 和 $\beta_右$ 的差值不大于 $\pm 40''$ 时，才能取平均值作为观测角值，否则应返工重测。

五、实习成果

测回法观测水平角的记录（表4-9）。

表4-9　水平角观测记录表

仪器号：_____　　　天气：_____　　　观测日期_____年_____月_____日

测站	竖盘位置	目标	水平度盘读数 （° ′ ″）	半测回水平角值 （° ′ ″）	一测回水平角值 （° ′ ″）	各测回平均角值 （° ′ ″）

班组：_____　　　观测：_____　　　记录：_____

［实习7］竖直角观测

一、目的要求

掌握竖直角观测、记录及计算方法。

二、仪器用具

每组 DJ$_6$ 级经纬仪 1 台，测伞 1 把，记录夹 1 个（附记录表）。自备铅笔、橡皮等。

三、方法步骤

（1）在测站点 O 上安置经纬仪，对中、整平后，选定某一明显标志作为目标点 A。

（2）旋转望远镜，从读数镜中观察竖盘读数的变化，以确定竖盘的注记形式，并在记录表中写出竖直角及竖盘指标差的计算公式。

（3）盘左，瞄准目标 A（用十字丝横丝切于目标顶端），转动竖盘指标水准管微动螺旋，使竖盘指标水准管气泡居中，读取竖盘读数 L，记入观测记录表中，并计算盘左竖直角值 $\theta_左$。

（4）盘右，同法观测目标 A，读取竖盘读数 R，记录并计算盘右竖直角值 $\theta_右$。

（5）计算竖盘指标差及一测回竖直角 θ

$$x = 1/2\ (\theta_左 - \theta_右)$$
$$\theta = 1/2\ (\theta_左 + \theta_右)$$

四、注意事项

（1）对于具有竖盘指标水准管的经纬仪，每次竖盘读数前，均须调节竖盘指标水准管使其气泡居中。

（2）竖直角观测时，应以十字丝横丝切准目标。

（3）计算竖直角和竖盘指标差时，应注意正、负号。

五、实习成果

竖直角观测记录（表4-10）。

表 4-10 竖直角观测记录表

仪器号：_____ 天气：_____ 观测日期_____年_____月_____日

测站	目标	竖盘位置	竖盘读数 （° ′ ″）	半测回竖直值 （° ′ ″）	指标差（″）	一测回竖直角值 （° ′ ″）	计算公式

班组：_____ 观测：_____ 记录：_____

［实习 8］视距测量

一、目的要求

掌握用普通视距测量法观测水平距离、高差的作业程序和计算方法。

二、仪器用具

每组 DJ_6 级经纬仪 1 台，视距尺 1 把，2m 钢卷尺 1 把，记录夹 1 个（附记录表）。自备计算器、铅笔、橡皮等。

三、方法步骤

1. 在现场选定有一定坡度且距离为 50～80m 的 A 和 B 两地面点。

2. 将经纬仪安置于 A 点，进行对中、整平后，量取仪器高 i，精确到 0.01m。

3. 用盘左位置瞄准 B 点上竖立的视距尺，使十字丝上丝对准视距尺上仪器高 i 附近某一整分米数，读出上、下丝读数；转动望远镜微动螺旋使中丝读数对准仪器高 i，调竖盘指标水准管微动螺旋使指标水准管气泡居中（或将竖盘归零装置开关转到"ON"位置），读取竖盘读数 L。

4. 根据视距测量公式，计算出 A 至 B 两点之间的水平距离和高差。

5. 将仪器搬至 B 点安置，瞄准 A 点上的视距尺，同法观测、计算出 B 至 A 两点之间的水平距离和高差。

6. 若 A、B 往、返测量的水平距离的相对误差 $K \leqslant 1/300$，取平均值作为最后的结果。否则，应重测。

四、注意事项

1. 竖盘读数前，必须调节竖盘指标水准管气泡居中或将竖盘归零装置开关转到"ON"位置。

2. 读取上、中、下丝读数时，应注意消除视差，此时视距尺应正立、竖直并保持稳定。

五、实习成果

视距测量记录表（表 4-11）。

表 4-11 视距测量记录表

仪器号：_____ 天气：_____ 观测日期_____年_____月_____日

测站仪高	目标	视距尺读数（m）			尺间隔（m）	竖盘读数（° ′ ″）	竖直角（° ′ ″）	水平距离（m）	高差（m）
		上	中	下					

班组：_____ 观测：_____ 记录：_____

［考核 3］测回法观测水平角

一、考核内容

在一个测站上用 DJ_6 级光学经纬仪（测回法）测定相邻两导线点的水平角。

二、考核方法步骤

1. 选定地面上 A、B 两点，分别插上测钎及标杆；另选地面上一点 O，作为测站点，钉上木桩（木桩顶打上小铁钉或划上"十"字）。

2. 在每个学生操作前，由监考老师将已连接于三脚架上的经纬仪望远镜目镜螺旋、对光螺旋及读数显微镜目镜螺旋随意拨动几下。由学生在 O 点上完成一个测站的全部操作，当场填写"经纬仪操作考核表"（表 4-12），并计算出水平角。同时，监考老师用秒表计时。

3. 操作详细步骤如下：

（1）对中。

（2）整平（含粗平、精平）。

（3）松开制动螺旋，调清晰望远镜十字丝。

（4）盘左位置用准星（或瞄准器）瞄准目标 A，制动。

（5）调对光螺旋，使图像清晰。

（6）调微动螺旋，精确照准目标 A 标杆基部。

（7）打开反光镜，调目镜螺旋使读数显微镜达最清晰状态。

（8）调度盘变换手轮，使水平度盘读数比 0°稍大，读数。

（9）松开制动螺旋，转动望远镜，用准星（或瞄准器）瞄准目标 B，制动。

（10）调望远镜对光螺旋，使图像清晰。

（11）调微动螺旋，精确照准目标 B 基部，读数。

（12）松开制动螺旋，倒转望远镜成盘右位置，用准星（或瞄准器）瞄准目标 B，制动。

（13）调微动螺旋，精确照准目标 B 基部，读数。

（14）松制动螺旋，转动望远镜，用准星瞄准目标 A，制动。

（15）调对光螺旋，使图像清晰。

（16）调微动螺旋，精确照准目标 A 基部，读数。

（17）计算半测回角值及一测回角值。

表 4-12　经纬仪操作考核表

操作者：_____　　仪器号：_____　　考核日期：_____年_____月_____日

测站	竖盘位置	目标	水平度盘读数 （° ′ ″）	半测回角值 （° ′ ″）	一测回角值 （° ′ ″）	附图
	左	A				A 　　　　　 B
		B				
	右	A				O
		B				
评分项目	观测值准确性 （40%）	操作方法步骤 （30%）	熟练程度 （30%）		合计	操作时间
得分						

三、评分标准

1. **观测值准确性（40 分）**　根据观测结果与标准值的差异评定。水平角一测回角值每偏差 6″（即 0.1′），扣该项的 10%，扣完为止。若此项不得分，则须重考。

2. **操作方法步骤（30 分）**　根据整个观测过程各项操作准确、规范程度评定（如：操作步骤是否正确？对中是否超过容许误差？整平是否符合要求？连接螺杆是否直立？十字丝是否调节清晰？照准目标是否准确、清晰？读数画面是否清晰？盘左起始目标 A 点是否拨0°？读数及计算是否正确等）。

3. **熟练程度（30 分）**　根据完成全部操作所需时间评定。8min 内完成计满分，以此为基准，每超过 1min，扣该项的 10%，扣完为止。且以 20min 完成为限。超过 20min 则须重考。

第五章

测量误差基本知识

学习目标

1. 了解测量误差的概念，熟悉测量误差的来源、分类及特点。
2. 能够区分系统误差和偶然误差，并能合理地评定观测结果的精度。
3. 掌握中误差、相对误差和容许误差概念，掌握其在衡量观测值精度等方面的异同点及其计算方法。

教学方法

应用多媒体课件（PPT）讲授。

第一节　测量误差概述

一、观测误差及其来源

（一）观测误差的概念

在测量过程中，当对某一未知量，如某一角度、边长、高差等，进行多次重复测量时，无论所使用的仪器多么精密，无论测得多么仔细，测出结果总存在差异，这种差异实质上表现为各次测量所得的数值 L（称观测值）与未知量的真实值 X（简称真值）之间存在的差值，这种差值称为观测误差，也称为"真误差"，用 $\triangle$ 表示。计算公式为：

$$观测误差（\triangle）=观测值（L）-真值（X）$$

（二）观测误差的来源

引起误差的原因有很多，归结起来主要有以下 3 个方面：

1. 仪器误差　由于测量仪器、工具精度上的限制和构造上的不完善，而使观测结果不可避免地带有误差。

例如，一把名义长度为 30m 的钢尺，比实际长度长了 3mm，若用此钢尺丈量，每量一尺段就产生 3mm 的误差；用 J_6 级经纬仪测角度，测微尺只能直接读到分，而秒值则必须估读；用只有厘米刻划的水准尺进行水准测量，毫米就要估读，而估读就必然产生误差。这便是仪器精度上的限制。

再如，水准仪的水准轴不平行于视准轴，不论校正工作做得如何仔细，总会残存 i 角误差，而由 i 角引起的读数误差便是由于仪器构造的不完善而造成的。

2. 人为误差 测量成果是由人操作仪器观测取得的，而观测者感觉器官的鉴别能力是有限的，所以在观测过程中的对中、整平、照准、读数等每一步都会产生误差。

例如，一般人眼对最小长度的分辨能力是 0.1mm，再小就分辨不出来。此外，观测者的反应速度、固有习惯和操作熟练程度等都会对观测成果造成不同程度的影响。

3. 外界环境的影响 观测工作一般都是在野外进行，观测时的外界条件如光照强度、温度、湿度、风力、烟雾以及大气折光等诸多因素都在不断地变化，并且都会对观测成果造成影响。

例如热胀冷缩会对刻度尺长度造成影响；风吹和暴晒使仪器性能不稳定；烟雾使成像不清晰；大气折光使照准产生偏差等。

上述产生误差的 3 个方面，通常称为观测条件。观测条件相同的各次观测，称为"同精度观测"；观测条件不相同的各次观测称为"不同精度观测"。本章所述内容针对同精度观测。

由于诸多原因的存在，观测误差是不可避免的，是无处不在的。但是，不要把观测错误和观测误差混为一谈。观测错误是可以避免的。例如读错、记错、测错、操作仪器错等等，只要仔细、认真，严格遵守操作规程，都可以克服与改正。

二、观测误差的种类

观测误差按其性质可分为系统误差和偶然误差两大类。

(一) 系统误差

在相同的观测条件下，对某一固定量进行一系列观测，如果观测误差出现的符号相同，数值大小保持常数或按照一定的规律发生变化，这种误差称之为"系统误差"。

产生系统误差的主要原因是测量仪器、工具本身不完善及外界条件的影响等。

系统误差具有积累性，对观测结果影响很大。但是系统误差总表现出一定的规律，可以根据它的规律，采取相应的措施，把它的影响尽量地减弱直至消除。

例如：一把名义长度 30m 的钢尺实际长度为 29.99m。如果用这把钢尺测距离，每尺段中包含 +0.01m 的误差。这种误差的数值和符号都是固定的，丈量尺段越多，误差的积累也越大。解决的方法是：对尺长进行检定，求出尺长改正数，对丈量的结果进行校正。

水准测量中所用的水准仪的水准管轴不严格平行视准轴，会使尺上读数总是偏大或者偏小，水准仪和水准尺之间的距离越大，误差也就越大，可以用前视尺和后视尺等距的方法加以消除。

水平角测量中经纬仪的视准轴与横轴、横轴与竖轴不严格垂直的误差可以用盘左、盘右两个位置观测水平角取平均值加以消除。

在三角高程测量中，地球曲率和大气折光对高程的影响可以采用正觇、反觇加以消除。

大部分系统误差是可以加以改正或者采用适当的观测方法加以消除的，但也有一些系统误差无法消除，那就要通过细心操作使其减少到最低限度。

(二) 偶然误差

在相同的观测条件下，对某一固定量作一系列的观测，如果观测结果的差异在数值大小和符号都没有表现出一致的倾向，即从表面看，每一个误差不论其符号还是数值大小都没有任何规律性，但就大量误差的总体而言，却呈现出一定的统计规律性，而且误差的个数越多，这种规律性就越明显，这种误差称为"偶然误差"。

产生偶然误差的原因很多，有仪器精度的限制、外界环境的影响、人的感觉器官的局限等等。例如用十字丝照准目标，可能偏左，也可能偏右，而且每次偏离中心线的大小也不一致；水准尺上估读毫米时，可能偏大，也可能偏小，其偏离的大小也不相同，因此照准误差、读数误差都属于偶然误差。

偶然误差是客观存在的，是不可避免的，也是不能被消除的，但是可以采取一些措施来减弱它的影响。如多次测量求平均值就是为了减少偶然误差。

偶然误差就其逐个误差的大小和符号而言是没有规律的，纯属一种偶然性。但是，如果统计大量的偶然误差，将会发现在偶然的表象里存在着必然性规律，而且统计的量越大，这种规律就越明显。下面通过测三角形内角和实例来分析偶然误差的规律。

在某测区，相同条件下独立地观测了 358 个三角形的全部内角，由于偶然误差的存在，三角形的内角和不等于理论值 180°。设三角形内角和的真值为 X，三角形的内角和的观测值为 L_i，则观测值与真值 X 之差（真误差）Δ_i 为

$$\Delta_i = L_i - X \tag{6-1}$$

由（6-1）式计算出 358 个三角形内角和的真误差，将 358 个真误差按每 3″ 为一个区间，并按绝对值大小进行排列，分别统计出现在各区间的正负误差个数 n，并将 n 值除以总个数 N，求得各区间的相对个数 n/N，n/N 称为误差出现的频率，以百分数的形式表示，计算结果列于表 5-1。

表 5-1　三角形内角和真误差统计表

误差区间	负误差		正误差		合计	
	个数（n）	频率（%）	个数（n）	频率（%）	个数（n）	频率（%）
0″～3″	45	12.6	46	12.8	91	25.4
3″～6″	40	11.2	41	11.5	81	22.7
6″～9″	33	9.2	33	9.2	66	18.4
9″～12″	23	6.4	21	5.9	44	12.3
12″～15″	17	4.7	16	4.5	33	9.2
15″～18″	13	3.6	13	3.6	26	7.2
18″～21″	6	1.7	5	1.4	11	3.1
21″～24″	4	1.1	2	0.6	6	1.7
24″以上	0	0	0	0	0	0
Σ	181	50.5	177	49.5	358	1.000

由表 5-1 中可以看出，该组误差分布表现如下规律：小误差比大误差出现的机会多，绝对值相等的正、负误差出现的个数基本相同，最大误差不超过 24″。大量的统计结果表明，偶然误差具有如下特性：

（1）在一定观测条件下的有限次观测值中，偶然误差的绝对值不超过一定的限值（有限性）。

（2）绝对值较小的误差出现的概率大，绝对值较大的误差出现的概率小（大小性）。

（3）绝对值相等的正、负误差出现的概率大致相等（抵偿性）。

（4）当观测次数无限增大时，偶然误差的算术平均值趋近于零，即 $\lim\limits_{n \to \infty} \dfrac{[\Delta]}{n} = 0$。

第二节　衡量精度的指标

由于观测结果中存在偶然误差，同一个量的多次观测结果会有所不同，为了说明测量结果的精确程度，评定其精度是否符合要求，必须建立统一的衡量精度的指标。常用的衡量精度指标有下列几种：

 知识探究

一、中　误　差

在相同的观测条件下，对某一量进行 n 次观测，各观测值真误差 Δ_i 的平方和的平均数的平方根，称为中误差，以 m 表示，即：

$$m = \pm\sqrt{\frac{\Delta_1^2 + \Delta_2^2 + \cdots + \Delta_n^2}{n}} = \pm\sqrt{\frac{[\Delta\Delta]}{n}} \qquad (6\text{-}2)$$

用中误差作为衡量精度的标准，可以更充分地反映出大误差的影响。

知识运用

例1：甲乙两个测量小组，对同一个三角形各内角均作了 8 次同精度观测，两组根据每次观测值求得三角形内角和的真误差分别为：

甲组：$-3''$，$-3''$，$+4''$，$-1''$，$+2''$，$+1''$，$-4''$，$+3''$；

乙组：$+1''$，$-5''$，$-1''$，$+6''$，$4''$，$0''$，$+3''$，$-1''$。

试计算出甲乙两组真误差的平均值和中误差，并判断哪一组观测精度更高？

解：甲乙两组的平均误差分别为

$$\Delta_甲 = \pm\frac{3+3+4+1+2+1+4+3}{8} = \pm 2.6('')$$

$$\Delta_乙 = \pm\frac{1+5+1+6+4+0+3+1}{8} = \pm 2.6('')$$

甲乙两组的中误差为

$$m_甲 = \pm\sqrt{\frac{3^2 + 3^2 + 4^2 + 1^2 + 2^2 + 1^2 + 4^2 + 3^2}{8}} = \pm 2.8('')$$

$$m_乙 = \pm\sqrt{\frac{1^2 + 5^2 + 1^2 + 6^2 + 4^2 + 0^2 + 3^2 + 1^2}{8}} = \pm 3.3('')$$

从计算结果来看，甲乙两组平均误差相同，单独从平均误差值的大小上无法判断出两组观测的精度。而中误差甲组小、乙组大，因此可以判定甲组观测值比乙组观测值的精度高。

出此可以得出一个结论，观测次数有限时，用中误差衡量观测值精度更为可靠。

在此应该指出，观测值中误差 m 不是个别观测值的真误差，它与真误差的大小相关，其描述的是这一组真误差的离散程度，突出了较大误差和较小误差之间差异，使较大误差对观测结果的影响表现出来，因此它是衡量观测值精度的常用指标。

 **知识探究**

二、相对误差

真误差和中误差描述的都是观测值本身的误差特性，而没有观测值本身的大小，一般称为绝对误差。在测量中，有时不能用绝对误差的大小来说明测量精度的高低。例如，分别丈量了100m和200m的两段距离，中误差都是±0.01m，单纯论中误差大小难以判断精度的高低，所以必须引用另外一种指标来衡量，这就是相对误差。相对误差等于绝对误差 m 与观测值 L 的比值，用分子为1的形式来表示。即

$$K = \frac{|m|}{L} = \frac{1}{L/|m|} \tag{6-3}$$

知识运用

例2：在经纬仪导线测量中，丈量了甲乙两段导线边，其长度分别为 90.03m 和 150.72m，甲导线的中误差为±0.04m，乙导线的中误差为±0.05m，试计算甲乙两导线的相对误差，并判断哪条导线测量精度更高。

解：甲乙两导线的相对误差分别为

$$K_甲 = \frac{0.04}{90.03} = \frac{1}{90.03/0.04} = \frac{1}{2\,251}$$

$$K_乙 = \frac{0.05}{150.72} = \frac{1}{150.72/0.05} = \frac{1}{3\,014}$$

乙导线边的相对误差小，由此可以判定乙导线边的测量精度更高一些。

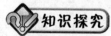 **知识探究**

三、容许误差

在实际观测中，由于各种因素的影响，偶然误差的存在是不可避免的。但是，根据其特性可以知道，在一定的观测条件下，偶然误差的绝对值不会超过一定的限度。

根据误差理论和大量的实验统计已经证明，绝对值超过1倍中误差的偶然误差的概率为32%，大于2倍中误差的概率为4.5%，大于3倍中误差的概率为0.3%。因此有限次观测中，大于3倍中误差（$3m$）的偶然误差基本不会出现。

在实际工作中，一般就以3倍中误差（$3m$）作为容许误差，也称为极限误差（或最大误差）。当要求严格或者观测次数不多时，就采用2倍中误差作为容许误差。

各种测量的容许误差在测量规范中有规定。

资料库

1. 如何消除或降低外界条件造成的测量误差 以水准测量为例，来讲述如何运用误差

知识来消除外界条件的影响。

(1) 地球曲率影响。工作时水准仪的视准轴是水平直线，而大地水准面是曲面。由此，在读数中就有误差，对高程的计算就有影响。

对策：如果前视水准尺和后视水准尺到测站的距离相等，则在前视读数和后视读数中含有相同的误差。这样在高差计算中就消除这种误差的影响了。因此，设置测站时要尽可能使前后视距离相等。

(2) 大气折光的影响。接近地面的空气温度不均匀，所以空气的密度也不均匀。光线在密度不匀的介质中沿曲线传布，这种现象称为"大气折光"。

总体上说，白天近地面的空气温度高，密度低，弯曲的光线凹面向上；晚上近地面的空气温度低密度高，弯曲的光线凹面向下。接近地面的温度梯度大，大气折光的曲率大。由于空气的温度在不同时刻不同地点一直处于变动之中，所以很难描述折光的规律。

对策：避免用接近地面的视线工作，尽量抬高视线；用前后视等距的方法进行水准测量。

(3) 大气抖动的影响。除了规律性的大气折光以外，还有不规律的部分：白天近地面的空气受热膨胀而上升，较冷的空气下降补充。因此，这里的空气处于频繁的运动之中，形成不规则的湍流。湍流会使视线抖动，从而增加读数误差。

对策：夏天中午一般不做水准测量；在沙地、水泥地……湍流强的地区，一般只在上午10时之前作水准测量。高精度的水准测量也只在上午10时之前进行。

(4) 温度对仪器的影响。温度会引起仪器的部件涨缩，从而可能引起视准轴的构件（物镜、十字丝和调焦镜）相对位置的变化，或者引起视准轴相对于水准管轴位置的变化。由于光学测量仪器是精密仪器，不大的位移量可能使轴线产生几秒偏差，从而使测量结果的误差增大。

不均匀的温度对仪器的性能影响尤其大。例如从前方或后方日光照射水准管，就能使气泡"趋向太阳"——水准管轴的零位置改变了。

对策：仪器制作时采取保护措施：如在望远镜筒外面还有一个保护筒。两筒之间静止的空气起隔热作用；精密水准测量时必须撑伞；精密水准仪从箱中拿出来后要静置半小时后再开始工作；避免日光直接照射水准管。

2. 测量平差 由于测量仪器的精度不完善和人为因素及外界条件的影响，测量误差总是不可避免的。为了提高成果的质量，处理好这些测量中存在的误差问题，观测值的个数往往要多于确定未知量所必须观测的个数，也就是要进行多余观测。有了多余观测，势必在观测结果之间产生矛盾，测量平差的目的就在于消除这些矛盾而求得观测量的最可靠结果并评定测量成果的精度。测量平差是德国数学家高斯于1821—1823年在汉诺威弧度测量的三角网平差中首次应用，以后经过许多科学家的不断完善，得到发展，测量平差已成为测绘学中很重要的、内容丰富的基础理论与数据处理技术之一。

严格地讲，测量平差就是采用一定的估算原理处理各种测量数据，求得待定量最佳估值并进行精度估计的理论和方法。通俗地讲，平差就是将测量中积累的误差，采取多减少加的办法来消除。例如三角形的内角和在理论上是180°，如果测得的内角之和比180°多24″，那

么每个角就减去 $8''$，反之，如果测量值比 $180°$ 少 $24''$，那么每个角就加上 $8''$，总之要让三角形三个内角之和为 $180°$。当然测量中积累的误差必须在误差容许的范围内，方可进行平差，否则就要检查错误或者返工，直至达到精度要求为止。

本教材涉及的平差主要有高差闭合差平差、角度闭合差平差、坐标增量闭合差平差等。

【思 考 练 习】

一、名词解释

系统误差　　　偶然误差　　　相对误差　　　容许误差　　　中误差

二、填空题

1. 测量误差按其性质可分为_____和_____两大类。
2. 衡量观测值精度的指标有_____、_____、_____。
3. 误差的来源有_____、_____、_____。

三、单项选择题

1. 下述哪个误差不属于真误差（　　）。
   A. 三角形闭合差　　　　　　　　　　　B. 闭合导线的角度闭合差
   C. 量距往、返较差　　　　　　　　　　D. 导线全长相对闭合差
2. 水准测量中，使前后视距大致相等，可以消除或削弱（　　）。
   A. 水准管轴不平行视准轴的误差　　　　B. 地球曲率产生的误差
   C. 大气折光产生的误差　　　　　　　　D. 估读数差
3. 下列误差中（　　）为偶然误差。
   A. 横轴误差　　　　　B. i 角误差　　　　C. 估读误差　　　　D. 竖盘指标差
4. 经纬仪对中误差属（　　）。
   A. 偶然误差　　　　　B. 系统误差　　　　C. 中误差　　　　D. 相对误差
5. 尺长误差属（　　）。
   A. 偶然误差　　　　　B. 系统误差　　　　C. 中误差　　　　D. 相对误差

四、简答题

1. 偶然误差和系统误差有何区别？
2. 偶然误差有哪些特性？
3. 写出中误差的定义表达式，并说明其含义。
4. 什么是相对误差？什么是容许误差？

五、计算题

1. 甲乙两组在相同的观测条件下，对一闭合导线内角分别作了 6 次观测，并根据观测值求得的真误差（单位"）为：

甲组：−4，+3，−1，−3、+2、+2；

乙组：+5，+3，−1，+1，−6，0。

试求甲乙两组各自的观测值中误差，并比较哪个测量小组的观测精度更高？

2. 分别丈量两段距离，一段长 120m，另一段长 180m，它们的中误差均为 20mm。该两段距离的丈量精度是否相同？为什么？试计算说明。

第二篇

地 形 图 测 绘

图根控制测量

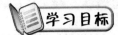

1. 懂得根据实地情况进行控制测量布点。
2. 掌握经纬仪导线测量外业的工作方法、步骤。
3. 掌握经纬仪导线测量内业计算步骤。
4. 熟悉查找导线测量错误的方法。
5. 能做好测图前的准备工作：裱糊图板、绘制坐标格网、展绘图根点等。
6. 了解三角高程测量的实施和计算。
7. 了解坐标反算的方法。

教学方法

1. 理论课应用多媒体课件（PPT）讲授。
2. 实习实训采用任务驱动教学法。

第一节 控制测量概述

在地形测量中，应遵循"从整体到局部"、"先控制后碎部"、"由高精度到低精度"的原则。为使各地区、各单位所测绘的地形图能相互拼接为一个整体，并且精度均匀，我国已在全国范围内建立了统一的国家控制网（见本章"资料库"）。国家控制网分为平面控制网和高程控制网，采用分等布网、逐级加密的方法进行布设。国家控制网中的各类控制点称为"大地控制点"或"大地点"。

在城市范围内，为满足大比例尺地形图测绘和各项工程建设的需要，在国家控制网的基础上建立了"城市控制网"。城市控制网也分为"平面控制网"和"高程控制网"。

大地控制点间距都在 2km 以上，在大比例尺地图上，每幅图只有 1～2 个，甚至几幅图才有 1 个，所以为了满足小范围大比例尺地形图的测图需要，在国家控制网和城市控制网上又进一步加密控制点。这种直接以测图为目的建立的控制网称为"图根控制网"，其控制点称为"图根点"。测定图根点位置的工作称为"图根控制测量"。

图根控制网应尽可能和国家控制网或城市控制网连接，建立统一的坐标系统。个别连接困难的地区可以建立独立的图根控制网。

为满足成图需要，图根点必须达到一定的密度。图根点的密度要求见表 6-1。

表 6-1　图根点的密度要求

测图比例尺	1∶500	1∶1 000	1∶2 000	1∶5 000
每平方千米图根点点数	150	50	15	5
每幅图图根点点数	9	12	15	20

图根平面控制可采用小三角测量、图根导线测量、解析交会等方法。高程控制可采用水准测量、三角高程测量等。

本章主要介绍园林建设中常用的图根导线测量（即经纬仪导线测量）。另外简单介绍三角高程测量。

第二节　经纬仪导线测量

导线是平面控制测量的主要形式之一。在地面上按一定要求选定控制点，将相邻各点连接成的折线称为导线，各点称为导线点，相邻导线点之间的连线称为导线边，其长度称为边长，相邻边之间的水平角称为转折角。

经纬仪导线测量的方法是先用钢尺或仪器测出导线的边长，用经纬仪测出转折角，再通过已知点的坐标推算未知点的坐标。

经纬仪导线同罗盘仪导线一样，按其布置形式可分为以下 3 种：

1. 闭合导线　如图 6-1 所示，从已知控制点出发，经过若干个导线点后又回到起点的导线称为闭合导线。闭合导线适用于块状地区。布点时尽量与高级控制点连接，如图中的 M、A 两点为已知点，根据这两个点计算出的其他点的坐标可以纳入国家统一的坐标系统内；在附近没有国家控制网的情况下，可采用假定的独立坐标系。

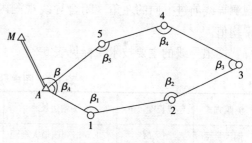

图 6-1　闭合导线

2. 附合导线　如图 6-2 所示，从已知控制点出发，经过若干个导线点后，终止在另一已知控制点上的导线称为附合导线。附合导线适用于带状地区。

3. 支导线　如图 6-3 所示，从已知控制点出发，既没有回到起点又不附合到其他已知点的导线称为支导线。由于不具备检核条件，所以布点不宜太多，一般不超过 2 个点，通常用来补充导线点的不足。

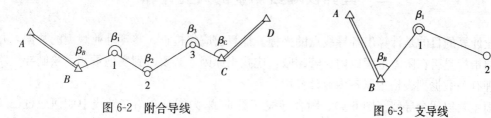

图 6-2　附合导线

图 6-3　支导线

一、经纬仪导线测量的外业工作

进行导线测量之前，要结合原有的图纸、资料到实地踏勘，根据地形条件、测区范围、测图要求、高级控制点的分布等确定导线的类型、位置、长度以及如何与高级控制点连接等，然后开始外业工作。

1. 选点　选点是在测区内合理布设导线点的过程。选点时要注意以下几方面：

（1）测区内要均匀布设导线点。

（2）相邻导线点之间应相互通视。

（3）导线点应选择在地势平坦、视野开阔的地方，以便进行测角、量边及以后的碎部测量。

（4）导线边长最好大致相等，相邻边长相差不宜过大。长度以 70～150m 为宜。

导线点选定后应立即设置标志。永久性的导线点可用水泥桩；临时性的用 5cm×5cm×40cm 的木桩，桩顶加小钉表示点位；在水泥路面上亦可用顶面带有"＋"字的粗铁钉。导线点要按顺序编号，并绘制导线分布略图（点之记）。

2. 测边　测边长一般用钢尺往、返丈量，相对误差≤1/3 000时，取平均值。随着新型仪器的发展，光电测距仪、电子全站仪等也在测边时得到了普遍使用。

3. 测角　用经纬仪测出相邻导线边之间的转折角。附合导线一般用 DJ₆级经纬仪测回法观测导线前进方向的左角（闭合导线观测内角），两个半测回角度值误差≤±40″ 时，取其平均值。

图根导线的主要技术指标见表6-2。

表6-2　图根导线测量主要技术指标

测距方式	导线长度（m）	平均边长	边长相对误差	导线相对闭合差	测回数	方位角闭合差
钢尺量距	1×M	≤1.5 倍测图最大视距	≤1/3 000	≤1/2 000	1	≤±40″$\sqrt{n}$
电磁波测距	1.5×M		不超过±15mm	≤1/4 000	1	≤±40″$\sqrt{n}$

注：M 为测图比例尺分母；n 为测站数。

4. 连测　为推算出各导线边的方位角，计算各导线点的坐标，需将导线起点与测区附近的高级控制点连测，测出连接角（如图6-1中的角 β）及连接边长。如果是独立导线（附近没有高级控制点与之连接），则需用罗盘仪观测出起始边的方位角。

二、经纬仪导线测量的内业计算

内业计算的目的是计算出各导线点的坐标。计算前应先检查、整理外业观测的数据，并检查各项指标是否在限差范围以内。若超限，应找出原因，必要时到实地重测。绘制导线略图，整理有关数据到表格中以备内业计算用。

下面主要以闭合导线（图6-4）、附合导线（图6-7）为例，介绍在导线中如何通过已知点的坐标及相关数据计算未知导线点的坐标。支导线没有检核条件，计算比较简单。

（一）闭合导线的内业计算

1. 角度闭合差的计算、调整　闭合导线内角和理论值 $\Sigma\beta_{理}$ 为：

$$\Sigma\beta_{理} = (n - 2) \times 180° \tag{6-1}$$

式中，n 为内角个数。

角度闭合差 f_β 为：

$$f_\beta = \Sigma\beta_{测} - \Sigma\beta_{理} \tag{6-2}$$

角度闭合差容许值 $f_{\beta容}$ 为：

$$f_{\beta容} = \pm 40'' \sqrt{n} \tag{6-3}$$

当 $|f_\beta| \leqslant |f_{\beta容}|$ 时，说明角度测量成果符合精度要求，此时按"符号相反，平均分配"的原则对各内角进行平差修正；如有余数，可分配给有短边的角。若角度闭合差超限，则检查是否内业计算错误或外业记录有误，如果都检查不出问题，则外业测角返工。

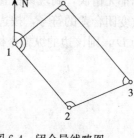

2. 坐标方位角的推算　根据起始边的坐标方位角和改正后的内角值推算各导线边的坐标方位角。可依据以下公式：

$$\alpha_{前} = \alpha_{后} + \beta_{左} - 180° \tag{6-4}$$

$$\alpha_{前} = \alpha_{后} - \beta_{右} + 180° \tag{6-5}$$

图 6-4　闭合导线略图

式中，$\alpha_{前}$、$\alpha_{后}$ 为沿导线前进方向前一边、后一边的坐标方位角；$\beta_{左}$、$\beta_{右}$ 为在前进方向左侧、右侧的转折角。

闭合导线坐标方位角的推算从起始边开始，最后又回到起始边，两次相等说明计算无误。

3. 坐标增量的计算　坐标增量指每导线边两端点纵、横坐标值之差，以 Δx、Δy 表示，如图 6-5 所示。

设导线上相邻点 1（x_1，y_1）、点 2（x_2，y_2），其距离为 D，直线 1-2 的坐标方位角为 α，那么：

$$\left.\begin{array}{l} \Delta x = x_2 - x_1 = D\cos\alpha \\ \Delta y = y_2 - y_1 = D\sin\alpha \end{array}\right\} \tag{6-6}$$

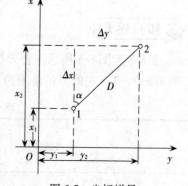

由于闭合导线起点、终点重合，所以坐标增量的代数和理论上为零，即

$$\left.\begin{array}{l} \sum \Delta x_{理} = 0 \\ \sum \Delta y_{理} = 0 \end{array}\right\} \tag{6-7}$$

图 6-5　坐标增量

4. 坐标增量闭合差的计算和调整　实际上，由于测角和测边误差的存在，使计算出的坐标增量的代数和不等于零。坐标增量的代数和与理论值之间的差值称为坐标增量闭合差，通常用 f_x 表示纵坐标增量闭合差、f_y 表示横坐标增量闭合差，如图 6-6 所示。

$$\left.\begin{array}{l} f_x = \sum \Delta x_{测} - \sum \Delta x_{理} = \sum \Delta x_{测} \\ f_y = \sum \Delta y_{测} - \sum \Delta x_{理} = \sum \Delta y_{测} \end{array}\right\} \tag{6-8}$$

由于坐标增量闭合差的存在，使起点、终点不重合，它们之间的连线距离称为导线全长闭合差，用 f_D 表示，如图 6-6 所示。

$$f_D = \sqrt{{f_x}^2 + {f_y}^2} \qquad (6-9)$$

导线全长闭合差与导线边长总和的比值称为导线相对闭合差，表示为 K。

$$K = \frac{f_D}{\sum D} = \frac{1}{N} \qquad (6-10)$$

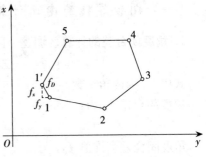

图 6-6　坐标增量闭合差

导线相对闭合差容许值 $K_容$ 为 $1/2\,000$。若 $K >$ $K_容$，先检查内业计算是否有误，然后检查外业数据，如都无错误，到现场检查。如查不出原因须重测；当 $K \leqslant K_容$，进行闭合差的调整。原则上改变闭合差的符号，按边长比例将闭合差分配到各边的坐标增量中。设闭合导线上一边边长为 D，则该边的纵横坐标增量的改正数 v_x、v_y 分别为：

$$\left. \begin{array}{l} v_x = -\dfrac{D}{\sum D} f_x \\[3mm] v_y = -\dfrac{D}{\sum D} f_y \end{array} \right\} \qquad (6-11)$$

5. 坐标的推算　根据起始点的坐标及改正后的坐标增量 $\Delta x'$、$\Delta y'$，依次计算各导线点的坐标值。

$$\left. \begin{array}{l} x_前 = x_后 + \Delta x' \\[2mm] y_前 = y_后 + \Delta y' \end{array} \right\} \qquad (6-12)$$

知识运用

表 6-3 为图 6-4 所示闭合导线外业测量整理后的数据。假定起点 1 的坐标为（500.00m，500.00m），1-2 边的方位角测得为 $140°36'30''$，试对该闭合导线进行内业计算。

表 6-3　闭合导线已知数据及观测成果

点号	观测角	坐标方位角	边长（m）	坐标（m）	
				x	y
1				500.00	500.00
		$140°36'30''$	105.22		
2	$107°48'30''$				
			80.18		
3	$73°00'24''$				
			129.34		
4	$89°33'48''$				
			78.16		
1	$89°36'30''$				

解：将表 6-3 中闭合导线的已知数据及观测成果填入表 6-4，按照本节所述步骤进行计算，计算结果见表 6-4。

表 6-4 闭合导线坐标计算表

1	2	3	4	5	6	7	8	9	10	11	12
点号	角值（左）		方位角	边长（m）	坐标增量（m）		改正后坐标增量（m）		坐标（m）		点号
	观测值	改正后角值			Δx	Δy	$\Delta x'$	$\Delta y'$	x	y	
1									**500.00**	**500.00**	1
			140°36′30″	105.22	−0.03 −81.32	+0.01 +66.77	−81.35	+66.78			
2	+12″ 107°48′30″	107°48′42″							418.65	566.78	2
			68°25′12″	80.18	−0.02 +29.49	+0.01 +74.56	+29.47	+74.57			
3	+12″ 73°00′24″	73°00′36″							448.12	641.35	3
			321°25′48″	129.34	−0.03 +101.12	+0.02 −80.64	+101.09	−80.62			
4	+12″ 89°33′48″	89°34′00″							549.21	560.73	4
			230°59′48″	78.16	−0.02 −49.19	+0.01 −60.74	−49.21	−60.73			
1	+12″ 89°36′30″	89°36′42″							**500.00**	**500.00**	1
2			**140°36′30″**								
Σ	359°59′12″	360°00′00″		392.90	+0.10	−0.05	0	0			

| 辅助计算 | $f_\beta = \sum \beta_测 - \sum \beta_理 = 359°59'12'' - 360°00'00'' = -48''$
$f_{\beta容} = \pm 40'' \sqrt{4} = \pm 80''$
$\lvert f_\beta \rvert < \lvert f_{\beta容} \rvert$
$f_x = +0.10\text{m}, \ f_y = -0.05\text{m}, \ f_D = \sqrt{f_x{}^2 + f_y{}^2} = 0.112\text{m}$
$K = f_D / \sum D = 0.112/392.90 = 1/3508 < K_容 = 1/2000$ | 导线略图 | 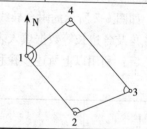 |

（二）附合导线的内业计算

图 6-7 为一附合导线的略图，其中点 A、B、C、D 为已知高级控制点，AB、CD 称为导线的连接边，它们的方位角分别是 α_{AB}、α_{CD}。

附合导线的内业计算与闭合导线只有两处不同：

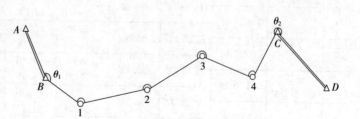

图 6-7 附合导线略图

1. 角度闭合差的计算 以左角为例，根据公式（6-4）可推出 CD 的方位角 α'_{CD} 为：

$$\alpha'_{CD} = \alpha_{AB} + \sum \beta_左 - n180° \tag{6-13}$$

式中，$\beta_左$ 为导线左侧方向的连接角或转折角；n 为导线左角及连接角的总个数。

由于观测误差的存在，使得计算得出的 CD 的方位角 α'_{CD} 与已知 CD 的方位角 α_{CD} 并不相等，它们之间的差即是附合导线的角度闭合差 f_β。

$$f_\beta = \alpha'_{CD} - \alpha_{CD} \tag{6-14}$$

写成一般公式为：

$$f_\beta = \alpha_{始} - \alpha_{终} + \Sigma\beta_{左} - n180° \tag{6-15}$$

如果观测的是右角，则：

$$f_\beta = \alpha_{始} - \alpha_{终} - \Sigma\beta_{右} + n180° \tag{6-16}$$

2. 坐标增量闭合差的计算

$$\left.\begin{array}{l}\sum\Delta x_{理} = x_{终} - x_{始} \\ \sum\Delta y_{理} = y_{终} - y_{始}\end{array}\right\} \tag{6-17}$$

纵、横坐标增量闭合差 f_x、f_y 为：

$$\left.\begin{array}{l}f_x = \sum\Delta x_{测} - \sum\Delta x_{理} \\ f_y = \sum\Delta y_{测} - \sum\Delta y_{理}\end{array}\right\} \tag{6-18}$$

附合导线角度闭合差的分配原则和方法、导线全长闭合差的计算以及坐标增量闭合差的分配方法等，与闭合导线相同。

知识运用

如图 6-7 所示的附合导线，现已将点 B、C 的坐标，AB、CD 的坐标方位角、外业测得的左角及各边长等数据填入表 6-5 中，试计算点 1、2、3、4 的坐标。

解：利用以上所述步骤和公式进行附合导线的内业计算，结果列入表 6-5。

表 6-5　附合导线坐标计算表

1	2	3	4	5	6	7	8	9	10	11
点号	角值（左）		方位角	边长（m）	坐标增量（m）		改正后坐标增量（m）		坐标（m）	
	观测值	改正后角值			Δx	Δy	$\Delta x'$	$\Delta y'$	x	y
A			150°13′24″						495.10	189.62
B	+2″ 146°25′30″	146°25′32″							430.24	226.73
			116°38′56″	64.72	0.00 −29.03	+0.00 57.84	−29.03	57.84		
1	+3″ 138°56′24″	138°56′27″							401.21	284.57
			75°35′23″	96.83	0.00 24.10	+0.01 93.78	24.10	93.79		
2	+2″ 160°42′42″	160°42′44″							425.31	378.36
			56°18′07″	92.49	0.00 51.31	+0.01 76.95	51.31	76.96		
3	+2″ 254°08′24″	254°08′26″							476.62	455.32
			130°26′33″	80.28	0.00 −52.08	+0.01 61.10	−52.08	61.11		
4	+2″ 93°52′06″	93°52′08″							424.54	516.43
			44°18′41″	72.36	0.00 51.78	+0.01 50.55	51.78	50.56		
C	+3″ 286°41′48″	286°41′51″							476.32	566.99
D			151°00′32″						390.16	614.73
Σ	1080°46′54″	1080°47′08″		（检核）406.68	+46.08	+340.22	+46.08	340.26	（检核）	（检核）

辅助计算：

1. 角度闭合差的计算

$$\alpha'_{CD} = \alpha_{AB} + \sum\beta_{左} - n180° = 150°13'24'' + 1080°46'54'' - 6×180° = 151°00'18''$$

$$f_\beta = \alpha'_{CD} - \alpha_{CD} = 151°00'18'' - 151°00'32'' = -14''$$

$$f_{\beta容} = ±40\sqrt{6} ≈ ±98''$$

$|f_\beta| < |f_{\beta容}|$，角度闭合差符合要求，改变符号平均分配，加以调整。

2. 坐标增量闭合差的计算

$$f_x = +46.08 - (476.32 - 430.24) = 0.00m$$

$$f_y = +340.22 - (566.99 - 226.73) = -0.04m$$

$$f_D = \sqrt{f_x{}^2 + f_y{}^2} = 0.04m$$

$$K = f_D / \sum D = 0.04/406.68 = 1/10167 < K_容 = 1/2000，符合精度要求。$$

三、查找导线测量错误的方法

在导线的计算过程中，如果发现角度闭合差或坐标增量闭合差大大超过了容许值时，说明外业测量或内业计算中有错误。检查时首先要看原始记录是否抄错，中间计算是否正确。若抄录和计算都没有问题时，按以下方法查找外业有可能的错误所在。

（一）查找测角错误

当角度闭合差很大时，可用图解法查找。

图 6-8 中的附合导线，分别从 B、C 两点绘制导线，其交点有可能是角度测错的点。对于闭合导线，可以从起点按顺时针和逆时针两个方向分别来绘制导线，两条导线中重合或位置极为接近的点，可能是角度测错的地方；如果所有的导线点都接近，那么起点测角可能有错误。

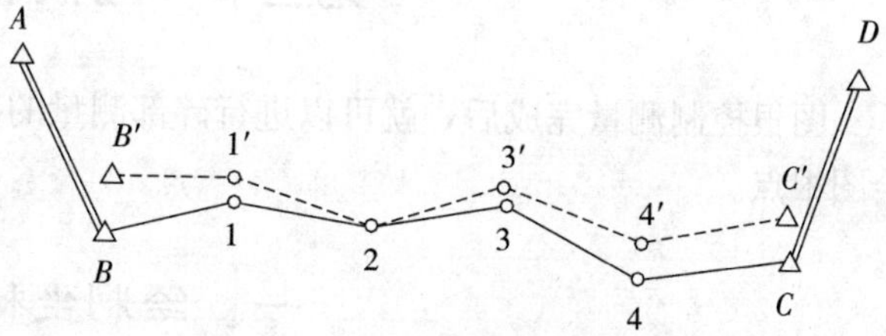

图 6-8 测角错误查找

（二）查找测边错误

当角度闭合差不存在问题，而坐标增量闭合差大大超限时，说明在测边中存在错误。

图 6-9 所示闭合导线中，连接 1-1'，在几个边中寻找与其平行的边 3-4，该边有可能是测错的边。

上述查找错误的方法，仅对只有一个错误时适用。

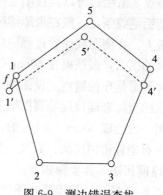

图 6-9 测边错误查找

*四、坐标的反算

坐标的正算是在导线测量内业计算中介绍的，根据某边起点的坐标及边长、方位角求算该边终点的坐标。坐标的反算则是指根据导线边始点和终点的坐标，计算该边的边长和方位角。

如图 6-10 所示，设点 1（x_1，y_1）、点 2（x_2，y_2）为已知点，求 1-2 的坐标方位角 α 及边长 D。

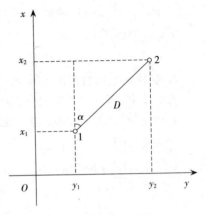

$$\alpha = \arctan\left(\frac{y_2 - y_1}{x_2 - x_1}\right) \qquad (6\text{-}19)$$

$$D = \sqrt{(x_2 - x_1)^2 + (y_2 - y_1)^2} \qquad (6\text{-}20)$$

图 6-10　坐标的反算

知识运用

已知 A（2 463.78m，2 465.29m），B（764.85m，1 425.73m），求两点连线的 α_{AB}、D_{AB}。

解：$\alpha_{AB} = \arctan\left(\dfrac{1\,425.73 - 2\,465.29}{764.85 - 2\,463.78}\right) \approx \arctan 0.611\,9$

根据 A、B 两点的位置取第三象限的角，所以 $\alpha_{AB} = 211°27'44''$

$$D_{AB} = \sqrt{(764.85 - 2\,463.78)^2 + (1\,425.73 - 2\,465.29)^2} = 1\,991.74 \ (\text{m})$$

第三节　图根点的展绘

图根控制测量完成后，就可以进行碎部测量的准备工作，其中主要是绘制坐标格网和展绘图根点。

一、绘制坐标格网

目前测图中使用的图纸分为绘图纸和聚酯薄膜两大类。聚酯薄膜具有伸缩性小、不怕潮、透明等特点，清绘后可以直接晒兰或制版印刷成图。

为了看清铅笔线条，一般在聚酯薄膜下垫一层白纸，然后用透明胶带或用图夹将聚酯薄膜固定在图板上。在测图或保管过程中应注意做到防火、防折。

长期保存的图纸，需裱糊在 60cm×60cm 的胶合板或铝板上，以减少图纸伸缩。

园林碎部测量是在控制点上设站测绘的，为了将前面图根控制测量中的图根控制点和其他高级控制点的坐标准确地展绘到图纸上，首先要在图纸上绘制坐标格网。

坐标格网一般绘成 50cm×50cm 的正方形图幅，网格大小为 10cm×10cm。绘制坐标格网常用的方法有坐标格网尺法、直尺对角线法、直角坐标展点仪法等。

1. 坐标格网尺法　其步骤如下：

（1）如图 6-11 所示，用铅笔在图纸的下端绘出一条与图纸下缘大致平行的直线，在直线上先取定网格左下角的 a 点，使其位置适宜。然后利用坐标格网尺在直线上绘出 10cm、20cm、30cm、40cm、50cm 的点，50cm 点即网格右下角的 b 点。

（2）将格网尺的零点对准 a 点，并使尺子垂直于 ab，绘出 10cm、20cm、30cm、40cm、50cm 的短线；将格网尺的零点对准 b 点，同法依次绘出短线。

（3）将格网尺的零点对准 a 点，按对角线方向放置，尺子末端（从尺子的零点指标线到尺末端长度为 50cm×50cm 正方形对角线的长度 70.711cm）和最右上角的短线交于 c 点，c 点即是网格右上角。

（4）将格网尺的零点对准 c 点，并使尺子平行于 ab，绘出 10cm、20cm、30cm、40cm、50cm 短线，其中 50cm 短线与第二步中最左上方短线交于 d 点。d 点即是网格左上角。

（5）连接 a、b、c、d，连接各相应点，得到 50cm×50cm 的正方形网格。

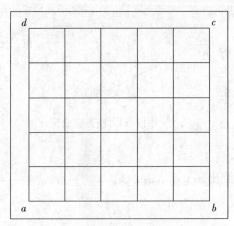

图 6-11　坐标格网尺绘制坐标格网

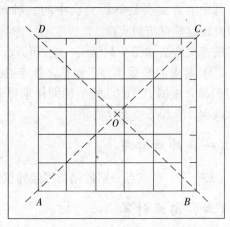

图 6-12　直尺对角线法绘制坐标格网

2. 直尺对角线法　其步骤如下：

（1）如图 6-12 所示，在正方形图纸上先绘出两条相互垂直的对角线。

（2）在对角线上以交点 O 为起点截取四段等长线段 OA、OB、OC、OD，连接得到矩形 $ABCD$。

（3）从 A、B 点沿 AD、BC 方向向上每 10cm 作分点，连接得到水平方向上的网格线，同法作出竖直方向上的网格线。

坐标格网绘好后，检查其是否合格。规定方格边长误差不得大于 0.2mm，图廓边长和对角线误差都不得大于 0.3mm，方格网线的粗度不超过 0.1mm。

二、展绘图根点

如图 6-13 所示，坐标格网检查合格后，先在坐标格网上注明纵横坐标值，然后将图根点展绘到图纸上。展点时，先确定图根点所在的方格。如点 A

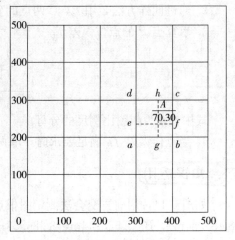

图 6-13　展绘图根点

（236.45m，367.89m）在 $abcd$ 方格内。然后再确定点的具体位置。用三棱比例尺从 a、b 分别向上量取 36.45m，得到 e、f 点，再从 a、d 向右量取 67.89m，得到 g、h 点，ef、gh 的交点即是点 A。用同样方法展绘其他图根点。完毕后，进行检查，相邻点之间距离和已知边长相比，最大误差不超过图上的 0.3mm。符合要求后，用小针刺孔，针孔不超过 0.1mm，最后按规定图式绘出图根点，注明点号和高程。

*第四节　前方交会加密控制点

当导线的密度不能满足测图需要，局部地区需增设少量点时，可采用解析交会法进行图根点的加密，其中前方交会是解析交会中的一种常用方法，本节介绍这种方法的实施。

前方交会法如图 6-14 所示，已知 A、B 两点的坐标，求 P 点的坐标。为了检核，规定必须在第三点 C 设站，根据 B、C 点的坐标同样求出 P 点的坐标，两次计算误差应满足要求。

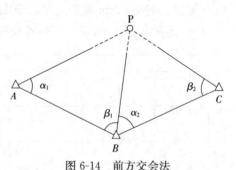

图 6-14　前方交会法

（一）外业实施

在 A、B、C 三点分别设站，用经纬仪测回法测出 α_1、β_1、α_2、β_2。

（二）内业计算

1. 用已知点 A（x_A，y_A）、B（x_B，y_B）的坐标和 α_1、β_1，求算 P 点的坐标（x_{P1}，y_{P1}）。

$$x_{P1} = \frac{x_A \cot\beta_1 + x_B \cot\alpha_1 - (y_A - y_B)}{\cot\alpha_1 + \cot\beta_1} \tag{6-21}$$

$$y_{P1} = \frac{y_A \cot\beta_1 + y_B \cot\alpha_1 + (x_A - x_B)}{\cot\alpha_1 + \cot\beta_1} \tag{6-22}$$

2. 通过同样方法，用 B、C 两点的坐标和 α_2、β_2，再次求 P 点的坐标（x_{P2}，y_{P2}）。

3. 求算点 P 的点位误差 f_D

$$f_x = x_{P1} - x_{P2}$$

$$f_y = y_{P1} - y_{P2}$$

$$f_D = \sqrt{f_x{}^2 + f_y{}^2} \leqslant 2 \times 0.1 M \,(\text{mm})$$

式中，M 为测图比例尺的分母。

4. 当点位误差 f_D 满足要求时，取两次计算的平均值作为最后的结果。

✏ 知识运用

如图 6-14，用前方交会法测定图根点，测图比例尺为 1/1 000，已知点 A（3 181.63m，8 451.84m）、B（2 525.44m，8 686.57m），测得 $\alpha_1 = 51°09'00''$，$\beta_1 = 42°43'06''$；又已知点 C（2 689.67m，9 300.71m），测得 $\alpha_2 = 51°59'18''$，$\beta_2 = 54°56'36''$，求待测点 P 的坐标。

解：将点 A、B 的坐标和 α_1、β_1 代入公式（6-21）、公式（6-22）得出：

$$x_{P1} = 3\ 026.05\text{m}, \quad y_{P1} = 8\ 899.43\text{m}$$

利用 B、C 的坐标和 α_2、β_2 得出：

$$x_{P2} = 3\ 026.02\text{m}, \quad y_{P2} = 8\ 899.47\text{m}$$

检验：$f_x = x_{P1} - x_{P2} = 0.03\text{m}$，$f_y = y_{P1} - y_{P2} = -0.04\text{m}$

$$f_D = \sqrt{f_x{}^2 + f_y{}^2} = 0.05\text{m} < 2 \times 0.1M = 200\text{mm}$$

取两次计算的均值，得点 P 的坐标（3 026.04，8 899.45m）。

第五节　高程控制测量

为了满足园林工程建设的需要，除进行平面控制测量外，还必须进行高程控制测量。高程控制测量是在测区以三、四等水准点为起算点，进行图根水准测量（又称等外水准测量）或三角高程测量，测出各控制点的高程，最后以这些点为基础，测定测区的地形地貌。

水准测量的优点是精度高（第三章已详细介绍），其缺点是测量速度较慢，尤其在山区施测困难。三角高程测量则测定高程速度较快，并能满足一定的精度要求。本节介绍三角高程测量方法。

一、三角高程测量的原理

三角高程测量是根据两点间所观测的竖直角和水平距离，应用三角函数公式计算它们之间的高差，并算出未知点的高程。

如图 6-15 所示，设 A 点高程为 H_A，A、B 点之间的距离为 D，要测定 B 点的高程 H_B。将经纬仪安置在 A 点，量出仪器高 i，照准 B 的觇标，观测竖直角 θ，量出觇标高 v。那么可用 A 点高程计算 B 点的高程。

$$H_B = H_A + D\tan\theta + i - v \qquad (6\text{-}23)$$

三角高程测量可根据实际情况布置三角高程网或三角高程路线。在施测时

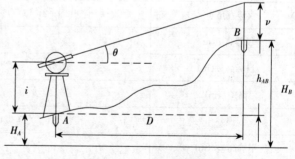

图 6-15　三角高程测量

竖直角指标差不能超过 $25''$；两点之间双向观测竖直角，其往返高差之差的容许值为 $0.04D$ m（D 为边长值，以百米记），符合时取平均值；路线闭合差为 $\pm 0.1h\sqrt{n}$（h 为等高距，n 为边数）。

二、三角高程测量的方法

1. 外业工作　三角高程测量和水准测量方法一样都要按闭合路线或附合路线进行。其

中一个测站的操作步骤如下：

（1）在测站 1 安置经纬仪，量取仪器高 i 和目标觇标高 v（精确到 cm）。

（2）盘左和盘右读取竖直度盘读数，测出竖直角 θ。

（3）测出测站和目标间的水平距离 D。

（4）将仪器迁至第 2 站，同法进行返测。外业观测数据见表 6-6。

表 6-6　三角高程测量记录

测站	目标	仪器高（m）	目标高（m）	盘左读数	盘右读数	竖直角	指标差
1	2	1.21	1.48	$87°40'42''$	$272°19'24''$	$+2°19'21''$	$9''$
2	1	1.34	1.48	$92°19'54''$	$267°40'12''$	$-2°19'51''$	$9''$

2. 内业计算

（1）计算两点间的往、返测高差，误差符合要求时取均值（表 6-7）。

（2）计算路线高差闭合差，误差符合要求时按照"符号相反，与边长成反比"的原则进行高差闭合差的调整和分配。

（3）用改正后的高差依次推算各点高程。

表 6-7　三角高程测量计算表

已知点	1	
待测点	2	
观测形式	往	返
水平距离 D（m）	157.35	
竖直角 θ	$+2°19'21''$	$-2°19'51''$
仪器高 i（m）	1.51	1.49
目标高 v（m）	1.48	1.48
高差（m）	$+6.41$	-6.39
误差	$f=0.02\text{m}<f_{容}=0.04\text{m}\times D=0.06\text{m}$	
平均高差（m）	$+6.40$	

🗂 **资 料 库**

国家控制测量简介

1. 国家平面控制网　国家平面控制网布设方法主要有两种：三角测量和导线测量。

（1）三角测量。就是把选定的平面控制点组成许多互相连接的三角形，成网状的称做三角网，锁状的为三角锁。为了观测需要，在点上建造测量觇标，测出所有三角形的内角，并至少测定一条边的长度和方位角，然后算出每个控制点的坐标，这个过程称为三角测量。用这种方法测定的平面控制点称为三角点。

新中国成立后，国家大地网以及工程测量和城市测量中精密控制网的建立，几乎一律采用三角测量法。近年来，由于电磁波测距仪等新型仪器的发展，三边测量、导线测量或测边测角布网方式正逐步代替三角测量法。

（2）导线测量。就是把选定的平面控制点连成折线，简单地称为单一导线。如果这些点构成许多互相连接的多边形，称为导线网。用导线测量方法测定的平面控制点称为导线点。

目前提供使用的国家平面控制网有三角点、导线点 15 万多个，构成 1954 年北京坐标系、1980 年西安坐标系两套系统。一等三角网除作为低等平面控制测量的基础外，还为研究地球的形状和大小等工作提供必要的资料。二等三角网是一等的加密，并作为扩展低等平面控制网的基础。三、四等三角测量是二等三角网的进一步加密，以满足地形测量和各种工程建设的需要。各等级三角测量技术要求如表 6-8。

表 6-8　三角锁、网主要技术要求

等级	平均边长（km）	测角中误差	三角形闭合差限值	起算边相对中误差	最弱边相对中误差
一	平原 20 山区 25	±0.7″	2.5″	1∶350 000	1∶150 000
二	13	±1.0″	3.5″	1∶350 000	1∶150 000
三	8	±1.8″	7.0″		1∶80 000
四	4	±2.5″	9.0″		1∶40 000

2. 国家高程控制网　国家高程控制网主要用水准测量方法建立。从等级和精度上分为一、二、三、四等。目前，提供使用的 1985 年国家高程系统共有水准点 11 万多个。一等水准网是国家高程控制网的骨干，也是研究地壳和地面垂直运动等问题的主要依据。二等水准网布设在一等环内，一、二等水准测量精度高，称为精密水准测量。三、四等水准测量直接提供地形测图和各种工程建设所用的高程控制点。各等水准测量往返测高差中数的每千米偶然中误差分别为 ±0.5mm、±1.0mm、±3.0mm、±5.0mm。

国家各等水准路线上水准点之间的距离一般为 4～8km，发达地区为 2～4km，通行困难地区可扩大到 10km。

【思　考　练　习】

一、名词解释

图根控制测量　　导线　　闭合导线　　附合导线　　支导线　　角度闭合差
坐标增量　　坐标增量闭合差

二、填空题

1. 图根平面控制测量可采用_____、_____、_____等方法。

2. 图根高程控制测量可采用＿＿＿＿＿＿、＿＿＿＿＿＿等方法。

3. 在导线测量时，若观测的是左角，$\alpha_{1-2} = 350°15'24''$，转折角 $\beta_2 = 24°25'30''$，则 α_{2-3} ＝＿＿＿＿＿＿。

4. 坐标增量闭合差的调整原则是＿＿＿＿＿＿＿＿。

5. 绘制坐标格网常用的方法有：＿＿＿＿＿、＿＿＿＿＿、＿＿＿＿＿。

6. 坐标格网一般绘成＿＿＿ cm×＿＿＿ cm 的正方形图幅。

7. 三角高程测量的优点是＿＿＿＿＿＿，并能满足＿＿＿＿＿＿。

8. 在块状地区进行图根控制测量，宜采用＿＿＿＿＿＿导线。在带状地区进行图根控制测量，宜采用＿＿＿＿＿＿导线。

9. 某闭合导线中有 5 个边，它的内角和理论值为＿＿＿＿＿＿。

10. 聚酯薄膜具备＿＿＿＿＿、＿＿＿＿＿、＿＿＿＿＿等特点。

三、简答题

1. 导线测量的外业工作主要有哪些内容？

2. 布设导线中，选点有哪些注意事项？

3. 简述如何用直尺对角线法绘制坐标格网。

四、计算题

1. 图 6-16 为一闭合导线的简图，已知 B（520.03，518.62），AB 的坐标方位角 α_{AB}＝$75°42'36''$，测得连接角 $\theta = 232°13'42''$，其他观测数据已填入表 6-9。试计算导线中点 1、2、3、4 的坐标。（在计算角度闭合差时，连接角 θ 不能计算在内。）

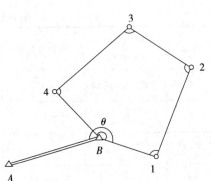

图 6-16 计算题 1 图

表 6-9 计算第 1 题闭合导线已知数据表

点名	观测角	坐标方位角	边长（m）	坐标（m） x	y
A					
B	(232°13'42'')	75°42'36''		520.03	518.62
1	75°31'12''		140.42		
2	117°11'36''		230.76		
3	102°30'42''		117.52		
4	84°10'54''		225.70		
B	160°34'36''		136.06		

2. 图 6-17 为一附合导线的简图，已知数据已填入表 6-10 中。试计算点 1、点 2 的坐标。

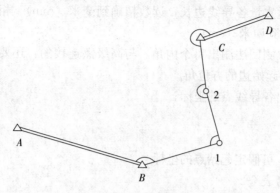

图 6-17 计算题 2 图

表 6-10 计算第 2 题附合导线已知数据表

点名	观测角	坐标方位角	边长（m）	坐标（m）	
				x	y
A		111°31′36″	211.23	128.84	40.94
B	114°40′48″			51.02	237.44
1	114°17′12″		168.98		
2	184°03′54″		114.89		
C	238°13′06″		80.25	353.54	299.75
D		42°46′42″	150.64	464.11	402.06

3. 已知 A（274.54m，186.44m）、B（108.93m，250.69m），求两点间的坐标方位角 α_{AB} 和边长 D_{AB}。

4. 采用三角高程测量的方法，测得两点间竖直角为 $+1°13′24″$，已知平距为 180.91m，仪器高为 1.52m，目标高为 1.56m，求两点间的高差。

[实习 9] 经纬仪导线测量

一、实习目的

掌握经纬仪导线测量外业步骤和内业计算。

二、仪器和工具

每组 DJ_6 经纬仪 1 台，罗盘仪 1 台，钢尺 1 把，测钎 1 套、标杆 2 根，木桩、铁钉及记录表格若干，红油漆 1 小瓶。自备铅笔、小刀、计算器等。

三、实习步骤

1. 踏勘选点 熟悉测区情况，选定点位。

2. 埋桩设点 在土质地区采用打木桩，其上钉钉子方式；水泥路面可直接打顶面刻有"十"的钉子。相邻点相互通视，构成一闭合导线。绘制导线略图。

3. 测距 钢尺往返丈量各导线边长，读数精确到毫米（mm）。相对误差在容许范围内时，取其平均值，精确到厘米（cm）。

4. 测角 用经纬仪测回法测出每个内角。与高级点连接的，还要测出连接角。若是独立测区，用罗盘仪测出起始边的方位角。

5. 内业计算 求出各导线点的坐标。

四、注意事项

1. 若是独立测区，可假定起始点的坐标。
2. 误差要求可参考表 6-2。

五、上交材料

每组实习结束后交记录表格 1 份，每人交内业计算表 1 份（表 6-11）。

表 6-11 导线内业计算表

1	2	3	4	5	6	7	8	9	10	11	12
点号	角值（左）		方位角	边长（m）	坐标增量（m）		改正后坐标增量（m）		坐标（m）		点号
	观测值	改正后			Δx	Δy	$\Delta x'$	$\Delta y'$	x	y	
1											1
2											2
3											3
4											4
1											1
2											
Σ											
辅助计算								导线略图			

第七章

大比例尺地形图测绘

1. 掌握地形图测绘的基本知识。
2. 能利用相关仪器进行地形碎部测量。
3. 能利用外业测量数据完成地形图的绘制。
4. 了解新型测绘仪器的发展和使用。

教学方法

1. 理论课应用多媒体课件（PPT）讲授。
2. 实习实训采用任务驱动教学法。

第一节　地形图测绘基本知识

地形图是园林规划设计和工程施工的基础资料。测绘地形图就是把地面上的地物、地貌按测图比例尺用简单、明显的符号表示在图纸上。地形图上的这些符号称为地形图图式，主要分为地物符号、地貌符号。不同的测图比例尺，地形图图式规格不同。表7-1是园林生产中常用的部分1∶500、1∶1 000、1∶2 000地形图图式示例。选自《国家基本比例尺地图图式第一部分》（GB/T 20257.1—2007）。

表7-1　地形图图式节选

序号	符号名称	符号样式	符号细部图
1	三角点 a. 土堆上的 张湾岭——点名 156.718——高程 5.0——比高	3.0 △ 张湾岭/156.718 a 5.0 △ 黄土岗/203.623	1.0 0.5 1.0
2	小三角点	3.0 ▽ 摩天岭/294.91 a 4.0 ▽ 张庄/156.71	1.0 0.5 1.0

（续）

序号	符号名称	符号样式	符号细部图
3	导线点 Ⅰ16——等级、点号	2.0 ⊙ $\dfrac{Ⅰ16}{84.46}$ a 2,4 ⌽ $\dfrac{Ⅰ23}{94.40}$	
4	埋石图根点	2.0 ⌗ $\dfrac{12}{275.46}$ a 2,5 ⌗ $\dfrac{16}{175.64}$	2.0 ▣ — 0.5 — 0.5 1.0
5	不埋石图根点	2.0 □ $\dfrac{19}{84.47}$	
6	水准点	2.0 ⊗ $\dfrac{Ⅱ京石5}{32.805}$	
7	地面河流 a. 岸线 b. 高水位岸线	0.5 3.0 1.0 b 清 江 a	
8	湖泊	龙湖（咸）	
9	池塘		
10	沟堑 a. 已加固的 b. 未加固的 2.6——比高	2.6 a → b →	
11	泉 51.2——泉口高程 温——泉水性质	51.2 ❩ 温	
12	水井、机井 a. 依比例尺的 b. 不依比例尺的 51.2——井口高程 5.2——井口至水面高度	a ⊕$\dfrac{51.2}{5.2}$ b 井 咸	
13	单幢房屋 a. 一般房屋 b. 有地下室的房屋 c. 突出房屋 d. 简易房屋 混、钢——房屋结构 1，3，28，-2——地上、地下层数	a 混1 b 混3-2 0.5 2.0 1.0 c 钢28 d 简	3 1.0 c 28

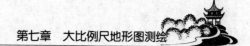

（续）

序号	符号名称	符号样式	符号细部图
14	街道 　　a. 主干道 　　b. 次干道 　　c. 支路	a ———— 0.35 b ———— 0.25 c ———— 0.15	
15	内部道路		
16	变电室（所） 　　a. 室内的 　　b. 露天的	a ▨　　b ▪3216	
17	配电线 架空的 　　a. 电杆 地面下的 　　a. 电缆标 配电线入地口	a 8.0 a 且 ← 8.0 → 1.0 4.0 ←	
18	管道 架空的 　　a. 依比例尺的墩架 　　b. 不依比例尺的墩架 地面上的 地面下的及入地口 有管堤的 热、水、污——输送物名称	a ⊗ 热 ⊗ b ▪ 热 ▪ 1.0 ○ ○ 水 ○ 1.0　　　10.0 ↓ 污 1.0 4.0 1.0 ╫╫╫╫ 水 ╫╫╫╫ 2.0	
19	水塔 　　a. 依比例尺的 　　b. 不依比例尺的	a ⊡　　b 3.6 2.0 ⊡	
20	文物碑石	a ⊓　　b 2.6 1.2 ⋒	
21	活树篱笆	6.0　　　　1.0 ●●●●●○●●○○○●●●● 0.6	

（续）

序号	符号名称	符号样式	符号细部图
22	幼林、苗圃		
23	灌木林 a. 大面积的		
24	竹林 a. 大面积的 b. 竹丛 c. 狭长竹丛		
25	行树 a. 乔木 b. 灌木		
26	独立树 a. 阔叶 b. 针叶 c. 棕榈、椰子、槟榔		
27	等高线及其注记 a. 首曲线 b. 计曲线 c. 间曲线 25——高程		

一、地物符号

地面上的各种固定物体称为地物。地物符号分为"依比例符号"（比例符号）、"不依比例符号"（非比例符号）、"半依比例符号"（半比例符号）和注记符号4种。

1. 依比例符号 将地面物体轮廓按照测图比例尺缩绘在图纸上的相似图形称为依比例符号（比例符号）。它不仅表示地物的位置，还表示出地物的形状和大小，如房屋、果园、林地等。

2. 不依比例符号 当地物面积太小，按照测图比例尺无法缩绘在图上时，就要用规定的符号来表示，这样的符号称为不依比例符号（非比例符号）。

不依比例符号表示地物实地中心位置的点称定位点。定位点的确定有以下几种情况：几何图形的中心，如三角点、图根点等；底部较宽的符号在底部中心，如文物碑石、水塔等；底部的直角顶点为定位点，如独立树、路标等；几种图形组成的符号定位点在下部中心或下方图形交叉点，如变电所、气象站等；下方没有底线的以下方两端点之间的中心作为定位点，如钟楼、亭等。

3. 半依比例符号　某些带状的狭长地物，如铁路、公路、电线、河流等，长度可以按测图比例尺缩绘，但是宽度不能，这样的符号称为半依比例符号（半比例符号）。

4. 注记符号　在地物符号中用来补充地物信息而加注的文字、数字或符号称为注记符号，如点的高程、楼房层数、地面植被符号、水流方向等。

以上所述地物符号并非固定不变，比如宽度为 2m 的河流在 1∶1 000 比例尺地形图上宽度为 2mm，是依比例符号，但在 1∶5 000 或更小比例尺的地形图上只能用半依比例符号表示。又如，直径为 2m 的水塔，在 1∶1 000 比例尺地形图上是依比例符号，但在 1∶5 000 或更小比例尺的地形图上只能用不依比例符号表示。

二、地貌符号

如图 7-1 所示，在大比例尺地形图上采用等高线表示地貌。

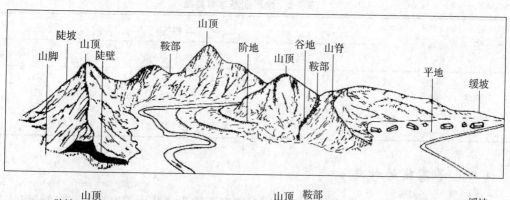

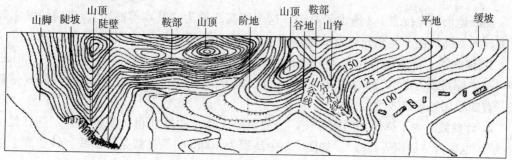

图 7-1　用等高线表示各种地貌

（一）等高线、等高距与等高线平距

地面上高程相同的各相邻点所连成的闭合曲线称为"等高线"。如图 7-2 所示，设想一个小山被不同高程的几个水平面所截，每个水平面和小山的交接线形成一条闭合曲线，每条闭合曲线上的点的高程相同。再将这些曲线投影到同一个水平面上，就得到表示小山的若干闭合曲线，形成反映地面形态的等高线。

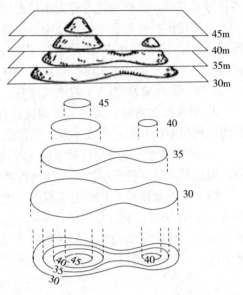

图 7-2　用等高线表示地貌的原理

相邻两条等高线之间的高差称为"等高距"，用 h 表示。同一幅地形图上等高距只能选择一种。在测绘地形图时，应根据测区地面坡度、测图比例尺和用图目的选用合适的等高距。表 7-2 所示是不同地貌、不同比例尺时常用的基本等高距。

相邻两条等高线之间的水平距离称为"等高线平距"，用 d 表示。在同一幅地形图上，等高距是固定的，等高线平距的大小反映地面坡度的缓、陡。地面坡度是等高距与等高线平距的比值，用 i 表示，$i = h / d$。等高线平距与地面坡度的关系见图 7-3。

表 7-2　地形图基本等高距

地形类别	比例尺		
	1∶500	1∶1 000	1∶2 000
平地（0°～2°）	0.5	0.5	0.5，1
丘陵（2°～6°）	0.5	0.5，1	1
山地（6°～25°）	0.5，1	1	2
高山地（>25°）	1	1，2	2

（二）等高线的种类

测绘地形图先按表 7-2 选定等高距，这个等高距称为"基本等高距"。有时按基本等高距测绘的等高线还不能充分地表示地貌。因此，在实际测量工作中，使用的等高线有以下 4 种。

1. 首曲线　首曲线是按基本等高距测绘的等高线，也称为"基本等高线"。如图 7-4 中，基本等高距为 2m，高程为 98m、100m、102m、104m、106m、108m 的等高线是首曲线。首曲线用细实线表示。

2. 计曲线　为了读图、用图方便，一般每隔 4 条首曲线加粗一条等高线，这就是"计曲线"，也称为"加粗等高线"。如图 7-4 中高程为 100m 的等高线是计曲线。计曲线上注有高程值，字头向着高处。

3. 间曲线　间曲线又称"半距等高线"，是按 1/2 等高距测绘的等高线。在图上用长虚线表示。如图 7-4 中高程为 101m、107m 的等高线。

4. 助曲线　助曲线是按 1/4 等高距测绘的等高线。在图上用短虚线表示。

间曲线、助曲线都是辅助性曲线，表示平缓的山头、鞍部等地貌，在图上可以不闭合。

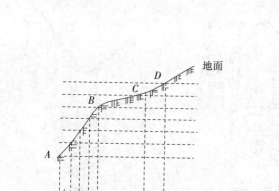

图 7-3　等高线平距与坡度的关系

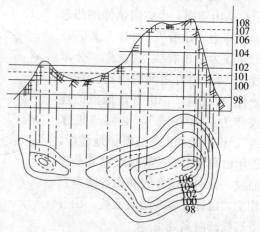

图 7-4　等高线的种类

（三）等高线的特性

1. 同一条等高线上各点的高程相等　等高线是同高程相邻点的连线，所以同一条等高线上各点的高程相等，但是高程相等的点不一定在同一条等高线上。

2. 等高线是连续、闭合的曲线　等高线是连续的，但遇到符号和注记时，为了图面清晰须断开；首曲线、计曲线都是闭合的曲线，有的在本图幅内闭合，有的在其他图幅内闭合。间曲线、助曲线绘到不需要的地方可以中断。

3. 等高线一般不能相交或重叠　除悬崖外，等高线一般不能相交。绝壁处的等高线会重叠，但是用专用符号表示。

4. 等高线平距与地面坡度成反比　在同一幅图内，等高线越密集、平距越小，地面坡度就越大；等高线越稀疏、平距越大，地面坡度就越小；等高线均匀，平距相近，说明地面坡度均匀。

5. 等高线与山脊线、山谷线、河岸线成正交　等高线与山脊线、山谷线、河岸线等地性线正交（即垂直相交），与山脊线相交时，等高线由高处向低处凸出；与山谷线相交时，由低处向高处凸进；通过河流时，应垂直中断在河岸线上，且在接近河岸处逐渐折向上游，然后从彼岸起折向下游。

（四）主要地貌的等高线

地貌的形态千变万化，概括起来主要由山丘、洼地、山脊、山谷、鞍部等组成（图 7-1）。下面介绍常见地貌的等高线特征。

1. 山丘、洼地　如图 7-5 所示，隆起高于四周的地形为"山"。山体大的称为"岭"，小的称为"丘"，从上至下分为山顶、山坡、山脚。中间低于四周的凹地，范围大的称为"盆地"，小的称为"洼地"。山丘、洼地的等高线都是一组闭合曲线。区分的方法一是看高程注记数字的变化，二是看示坡线（垂直于等高线的短线）的方向，示坡线用来指示坡度下降的方向。

2. 山脊、山谷 如图 7-6 所示，从山顶向一个方向延伸的凸起部分称为"山脊"。山脊上最高点的连线为"山脊线"，也称"分水线"。两个山脊之间的条行低洼部分称为"山谷"，山谷最低点的连线称为"山谷线"，也称"集水线"。山脊线和山谷线都是地性线，表示山脊和山谷的等高线都是凸形曲线，分别与山脊线和山谷线垂直相交，山脊等高线凸向低处，山谷等高线凸向高处。

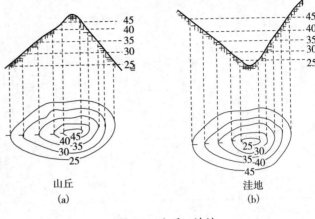

图 7-5 山丘、洼地

3. 鞍部 如图 7-7 所示，鞍部是相邻两个山头之间较平坦的部分，似马鞍状。鞍部是两个山脊和两个山谷汇合的地方。其等高线的特点是一圈大的闭合曲线里套有两组小圈的闭合曲线。

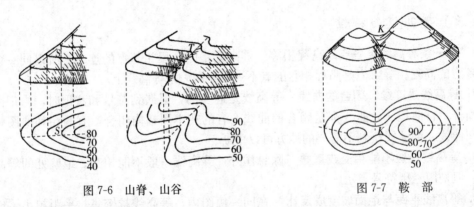

图 7-6 山脊、山谷   图 7-7 鞍 部

4. 绝壁、悬崖 如图 7-8 所示，绝壁是坡度在 70°以上的陡峭崖壁，等高线在此处密集成一条线，在地形图上用绝壁符号表示。悬崖是上部突出、中间凹进的山头，等高线有相交，下部凹进的等高线用虚线表示。

5. 梯田 梯田是人工改建的地貌，在梯田区测绘，既要保持总体地貌完整，还要测绘

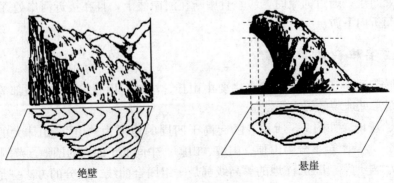

图 7-8 绝壁和悬崖

出梯田的分布，一般有陡坎符号、等高线、一定密度的高程点等。梯田处的等高线不一定连续。

第二节　地形测图的方法

一、碎部点的选择

碎部点指地物和地貌的特征点。为了保证成图质量和测图效率，要合理地选择碎部点。

测绘地物就是将地物的特征点测定下来，连接得到与实物轮廓相似的图形，所以要在实地选择地物的转折点、交叉点等。首先根据比例尺计算在图上 0.4mm 的实地长度，小于这个数据的转折在立尺时可以忽略。房屋外廓以墙角为准；道路一般在中间立尺，规整的道路也可在一侧立尺（并量路宽）；输电线路或管道实测杆柱位置，密集时，适当取舍；水系及其附属物一般实测形状，河沟、渠道等在图上的宽度小于 0.5mm 时用单线绘出，立尺在起点、转折点、弯曲点、汇合点、分叉点、终点上。总之能依比例尺测绘的，实测轮廓；不能的，要准确测出定位点或定位线的位置。

测绘地貌就是测绘"地性线"和地貌特征点。地性线是不同倾斜角度和不同倾斜方向的坡面相交而成的棱线，比如山脊线、山谷线等；地性线的起止点及转折点称作地貌特征点，比如山顶点、洼地的最低点、鞍部的中心点、谷口点、坡度变化点、分岔点等。

对于园林测图，要对名胜古迹、具有观赏价值的园林植被、地貌景观、水体作为重点测图对象。

二、地形测图的方法

地形测图根据设备、人员及测区地形情况可采用平板仪测图、经纬仪测图或经纬仪与小平板仪联合测图等方法。

（一）平板仪测图

平板仪是一种用于野外测绘地形图的仪器，分为大、中、小 3 种型号。可单独使用大平板仪进行测图，它可以测定地面点的平面位置和高程。其中方向用图解法确定，水平距离和高差可用视距法测定。中、小平板仪精度较低，用于配合经纬仪测图。

1. 大平板仪的构造　大平板仪主要分为平板、基座、三脚架、照准仪等四大部件。

平板为边长 40～60cm 的方形细木工板，背面有金属板，其上有 3 个螺孔，用来和基座连接。平板上可以裱糊绘图纸，直接测图。

基座、三脚架的结构和功能与经纬仪相似。

照准仪由望远镜、竖直度盘、直尺等组成。用来照准目标、画方向线以及视距测量（图 7-9）。

另外，还有对点器、长罗盘盒（图 7-10）、单独圆水准器等附件。

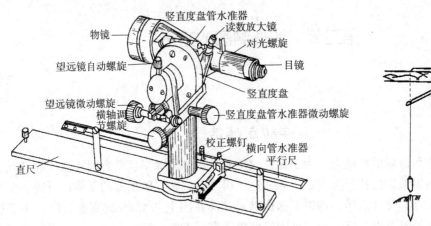

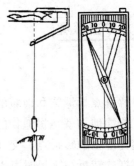

图 7-9　平板仪的照准仪　　　　　　图 7-10　对点器和长罗盘盒

2. 平板仪的安置　在测站上安置平板仪，包括对中、整平、定向 3 项工作。对中就是使图板上已画出的测站点与相应的地面点处在同一条铅垂线上。整平是使图板成水平位置。定向是使图板上已绘出的直线与地面上相应直线平行。这 3 项工作相互影响，一般先初步安置，然后精确安置。

（1）初步安置。在初步安置中，顺序为：定向、整平、对中。即先目估图板，使图上直线和地面上的直线大致平行，再移动一只脚腿，使图板目估大致水平，然后移动整个图板大致对中。

（2）精确安置。在精确安置中，顺序为：对中、整平、定向。

对中：利用对点器进行对中，移动三脚架使事先放好的对点器的垂球尖对准地面相应点。对中容许误差为比例尺精度的一半。

整平：利用直尺上的水准器或单独圆水准器配合脚螺旋进行精确整平。

定向：依据固定在图板上已绘制坐标格网的图纸上已知直线进行定向。如图 7-11 所示，在 A 点安置平板仪，利用图板上已有直线 ab 定向，将照准仪的直尺边贴靠在 ab 上，利用基座上的制动、微动螺旋调整图板，直到照准仪望远镜照准地面上的 B 点。

当图板上没有已知直线可利用时，可将长盒罗盘的侧边切于图上已有的磁北方向线上，转动图板使磁针两端对准罗盘的零直径线，固定图板即可（由于罗盘定向精度较低，一般不用作最后的定向）。

以上工作通常需反复进行，直到使平板仪同时处于对中、整平、定向的状态。

3. 平板仪测图　用平板仪测图常采取极坐标法。如图 7-11 所示，平板仪安置好以后，立尺员选定碎部

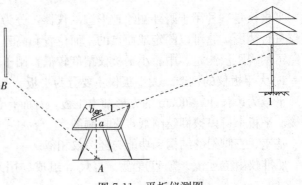

图 7-11　平板仪测图

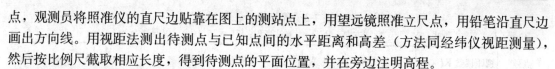

点，观测员将照准仪的直尺边贴靠在图上的测站点上，用望远镜照准立尺点，用铅笔沿直尺边画出方向线。用视距法测出待测点与已知点间的水平距离和高差（方法同经纬仪视距测量），然后按比例尺截取相应长度，得到待测点的平面位置，并在旁边注明高程。

用平板仪测图时测、绘只要一个人即可，工作效率高，适合技术人员较少的情况。但劳动强度大，在测绘中不能俯压图板。另外，当望远镜倾角过大时，观测困难，所以只适合在平坦地区利用。

（二）经纬仪测图

经纬仪测图是用经纬仪测出水平角，确定待测点的方向，用视距法测出待测点与已知点间的水平距离和高差，这样就可以确定待测点的平面位置和高程。

如图 7-12 所示，具体操作方法如下：

1. 安置仪器和图板 在测站点（控制点）A 安置经纬仪，对中，整平，量取仪器高 i。在测站旁边用三脚架安置已展绘好图根点的绘图板。

2. 定向 观测员用盘左位置，瞄准另一控制点 B，以 AB 为起始方向，将水平度盘读数拨为 $0°00'00''$。照准其他控制点和相邻已知高程点进行角度、高程检核，避免出现错误。

核对无误后，绘图员在图板上通过 A、B 两点的图上位置 a、b 绘一条细线，将测图用的量角器（分度器）（图 7-13）的小孔用小针固定在 a 点。

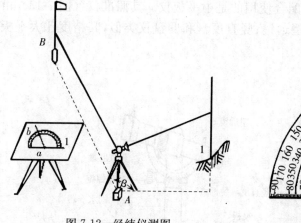

图 7-12　经纬仪测图

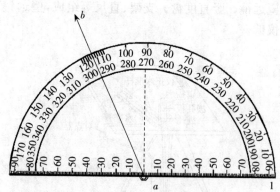

图 7-13　用量角器展绘碎部点

3. 观测、记录 立尺员在待测的碎部点一根立尺。观测员用中丝瞄准尺子仪器高处，分别读取上丝、中丝、下丝读数至毫米（mm），竖盘和水平度盘读数至′。记录员负责记录。

在实际工作中，通常简化如下：中丝截在大致仪器高处，使上丝对准整分米数（dm），直接读出视距。再用中丝瞄准视距尺的仪器高处，读出竖盘读数。并读出水平角，记录入表 7-3。这样视距测量公式可简化为：

$$D = Kl\cos^2\theta$$

$$h = \frac{1}{2}Kl\sin2\theta$$

式中：D 为水平距离，K 为乘常数（100），l 为尺间隔，θ 为竖直角。

表 7-3 碎部观测记录

仪器：D_J6　　　测站：A　　　后视方向：B　　　测站高程：$H_A = 76.44$　　　仪器高：$i = 1.51m$

点号	视距读数 Kl (m)	竖盘读数	竖直角	水平角	水平距离 (m)	高差 (m)	高程 (m)
1	23.9	86°18′	3°42′	115°00′	23.8	1.54	77.98
2	34.6	85°24′	4°36′	70°42′	34.4	2.77	79.21
⋮							

观测者：_____　　　记录者：_____　　　日期：_____年_____月_____日

4. 计算、绘图　利用视距测量公式计算待测点与已知点间的水平距离和高差，然后在图纸上绘出碎部点。例如，绘图员在图纸上将量角器上的 115°00′ 对准 ab（图 7-13），在此时的量角器直径 0°一端截取按比例尺缩小后的水平距离，确定出待测点 1 在图纸上的平面位置，并在右侧注记高程。

用同样方法测绘其他碎部点，有关的点连接起来，形成外业草图。

这种方法操作简单，测和绘分开进行，速度快，并适用于各种地形。

(三) 经纬仪与中（小）平板仪联合测图

如图 7-14 所示为小平板仪，其测图板与三脚架的连接简单，照准设备为觇板照准器。觇板照准器不仅可以照准方向，而且分划板和觇孔板上刻有分划，可以粗略测定距离和高差。但由于精度较低，现已很少使用。

在实际测图工作中，经常与经纬仪配合使用的是中平板仪。其照准仪（图 7-15）由望远镜、竖直度盘、支架、直尺等组成，望远镜、竖直度盘和罗盘仪类似，其精度比大平板仪低。

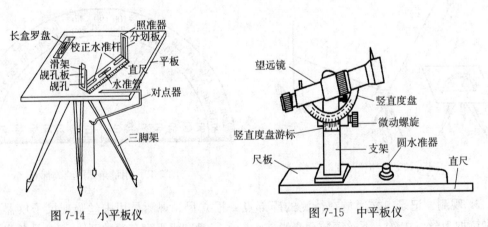

图 7-14　小平板仪　　　　　　　图 7-15　中平板仪

施测前，先在测站点 A 安置平板仪，进行对中、整平、定向（图 7-16）。在测站附近 1~2m 处 T 点安置经纬仪，量取测站点桩顶到经纬仪横轴中心的垂直距离作为仪器高。用平板仪照准经纬仪的垂球线，皮尺量出点 A 和经纬仪之间的水平距离，在图板上刺出经纬仪的位置 t。根据 A 点高程推算 T 点高程。

选择碎部点 P，立尺。用平板仪照准碎部点，画出直线 ap；用经纬仪视距法测出 T 点与 P 点间的水平距离和高差，用分规从图上的 t 点把测得的水平距离（按比例尺缩小后）与刚才定出的方向线 ap 交会得到碎部点在图上的位置 p，最后注出高程。

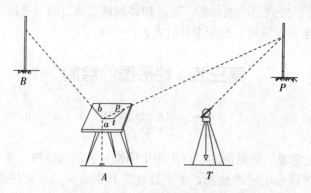

图 7-16 经纬仪与平板仪联合测图

这种方法的优点是测、绘同时进行，效率较高。缺点是在当坡度较大时不宜观测，测绘中不能俯压图板。

三、地形测图的注意事项

1. 测绘小组成员工作要有计划、有安排 首先要对本小组的测区范围、测绘任务明确。成员之间有分工、有配合。立尺员选择合理的跑尺路线，做到不遗漏、不重复碎部点。对于隐蔽复杂地形可先用草图标注尺寸，然后再绘到图板上。

2. 选择合适的视距长度 视距长度过大，会降低测绘的精度，过短又会影响测量的速度。选择视距长度与测站点间的距离、测图比例尺、测图目的等有关。在保证精度情况下，最大视距可参考表 7-4。

3. 合理掌握碎部点的密度 碎部点太多影响成图速度，影响图面清晰，太少不能保证成图质量。应根据地貌的复杂程度及比例尺等来合理掌握碎部点的密度，通常图纸上每平方厘米以内有一个立尺点就可以，最大间距不要超过表 7-4 的规定。

表 7-4 碎部点最大间距和最大视距长度表

比例尺	碎部点最大间距（m）	最大视距长度（m）		备注
		重要地物	次要地物	
1∶500	15	60	100	等高距为 0.5m 时，高程注记至厘米（cm），其余至分米（dm）
1∶1 000	30	100	150	
1∶2 000	50	180	250	
1∶5 000	100	300	350	

4. 测绘工作随时检查核对 在测图前、测图中和结束以后应进行必要的检查。测图前，要检查测站点是否和针刺点一致，然后进行定向检核；测图中，随时检查起始方向，检查经纬仪归零差（不大于 $4'$），平板仪检查时，尺边与被检查图根点之间的偏差不大于图上 0.3mm。在测图结束迁站以前，巡视周围地形，检查有无疏漏碎部点。绘图员是否已把所

测的地物、地貌绘好。搬到另一测站后，要对相邻测站已测过的一些碎部点进行检测。

5. 保持图面整洁 在测图、绘图中及时覆盖护图布。

第三节 地形图的绘制

一、地物绘制

地物是在现场边测量、边绘制的。对于用比例符号表示的地物，测定出轮廓点后，连接起来；对于用非比例符号表示的地物，主要是确定其中心位置，并注明地物名称；对于道路、河流等应对照实地情况连成平滑的曲线。

重叠的地物可根据实际情况移位绘出，比如地类界和输电线路重合时，将地类界移位绘出。地物过于密集时，可根据重要程度、大小等适当取舍。

二、地貌勾绘

在外业测出地貌特征点的位置和高程后，就可以现场进行地貌勾绘工作。地貌勾绘工作分为以下几个步骤：

（一）绘出地性线

根据实地的地貌形态，用铅笔绘出地性线。山脊线用虚线表示，山谷线用实线表示。地性线组成了地貌的骨骼。

（二）内插等高线

在相邻地貌点间按基本等高距内插等高线，可以采用以下几种方法：

1. 解析法 如图 7-17 所示，A 点高程为 172.4m、B 点高程为 176.6m，等高距为 1m，中间要确定 173m、174m、175m、176m 等高线经过的地方。计算 A、B 两点的高差为 4.2m，量出两点的图上距离为 21mm，所以相邻等高线间的平距约是 5mm，这样在距离 A 点 3mm 处可点出 173m 经过的位置，离 A 点 8mm 处可点出 174m 经过的位置，其他各通过点依次都可得出。

2. 透明纸平行线法 如图 7-18 所示，在透明纸上等距绘出若干条平行线，间距依坡度和比例尺来定，每条线可以 1、2、3 等简单标记，仍以上例说明使用方法。将透明纸的 2.4 处对准 A 点，转动透明纸，使 B 点落在透明纸上的 6.6 处，此时用大头针刺出地性线与标号为 3、4、5、6 的直线的交点即可。此法简单方便，精度高，是内插等高线常用的方法。

3. 目估法 上述两种方法均是基于地面为均匀的斜面而进行的。由于自然地面不规则，精确计算出的通过点往往与实地不符，因此熟练的绘图员常采用目估法内

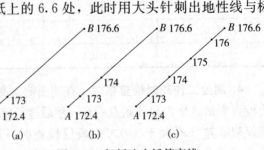

图 7-17 解析法内插等高线

插等高线。在上例中，先在地性线上估计出离 A 点较近的 173m 的位置和离 B 点较近的 176m 的位置，然后再把中间剩下的部分用两个点三等份（这两个点分别就是 174m、175m 处），最后根据地面坡度变化情况适当调整点位。过程见图 7-19。

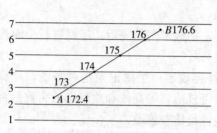

图 7-18　透明纸平行线法内插等高线

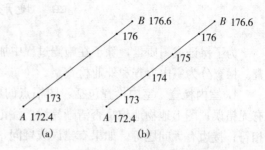

图 7-19　目估法内插等高线

（三）勾绘等高线

如图 7-20 所示，确定了等高线的位置以后，根据实际地貌用平滑的曲线连接相邻各高程点，便得到等高线。

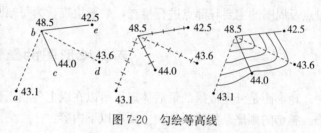

图 7-20　勾绘等高线

勾绘等高线尽量在现场对照地形地貌完成；勾绘时，注意等高线的性质；计曲线要加粗；有必要时加绘辅助等高线；绘出示坡线等。

用相应图式表示出特殊地貌。最后擦掉多余的符号和线条等。

三、地形图的拼接

当测区范围较大时，要分成若干个图幅进行测图，由于测量和绘图误差的存在，使得相邻图幅的地物轮廓和等高线不能完全衔接。如图 7-21 所示，两图衔接处的等高线、道路、房屋等都不吻合。

在测量时为了接图需要，每幅图要测出图廓外 5mm。接图时，地物和地貌的接边误差不能超过规范规定中误差的 $2\sqrt{2}$ 倍。比如平地上等高线的高程中误差为 $\pm 1/3$ 等高距，若测图等高距为 1m，那么接边时同一根等高线的高程相差不能超过 $\pm 2\sqrt{2} \times 0.33\text{m} \approx \pm 0.9\text{m}$。

拼接时，先把相邻图幅靠近图边的图廓线、格网线、地物、等高线等绘在接图纸

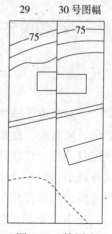

图 7-21　接图边

（3～5cm 宽的透明纸）上，如在限差范围内，按平均位置进行改正，再改正两图幅。聚酯薄膜测图可以直接将相邻图幅重叠，进行修正。接图误差超限时，查明原因，再改正。

四、地形图的检查

为了保证成图质量，除了在施测过程中加强检查外，在地形图测完后，还要进行全面检查。检查分为室内检查和外业检查。

1. 室内检查　室内检查包括：图根点的数量是否符合规定；手簿记录是否齐备，计算有无错误；图上地物地貌是否清晰易读；注记、符号是否规范；等高线和地貌点的高程是否相符；接边有无问题等。如果有错误或疑问，要到实地进行检查修改。

2. 外业检查

（1）巡视检查。根据室内检查的情况，对照图纸进行实地查看，检查是否有地物、地貌遗漏，等高线是否与实地相符等。

（2）仪器检查。针对室内检查和巡视检查发现的问题，设站进行补测和修正。还要对图根点及周围的主要碎部点进行检查，一般检查量为每幅图的 10％左右。

五、地形图的整饰

地形图是外业成果的最后体现，所以在以上各项工作完成后要认真、及时地做好清绘整饰。整饰的顺序是先内后外。主要有以下内容：

（1）擦掉多余的线条、符号、注记等。

（2）等高线描绘光滑均匀，记曲线加粗。

（3）按规范要求注记高程点、等高线、地物等。

（4）坐标格网重新清绘。

（5）图廓和图廓外的整饰，注明图名、图号、比例尺、坐标系统、高程系统以及测绘方法、单位、日期等。

整饰完毕后，与其他材料一起送有关部门检查验收。

＊第四节　全站仪与数字化测图简介

一、全站仪及其使用

全站仪，即"全站型电子速测仪"，是一种集光、机、电为一体的高技术测量仪器，可以同时测量水平角、竖直角、距离、高差等，并自动计算待测点的坐标和高程，配置数据处理软件，实现测图自动化，广泛用于各种测量领域。

全站仪按其外观结构可分为组合型、整体型。用电缆或接口把电子速测仪、电子经纬仪、电子记录器等组合起来使用称为组合型全站仪。随着科技的发展，电子测距仪和电子经纬仪整合在一起，成为一个不可分割的整体，快捷方便，称为整体型全站仪。

全站仪由电源部分、测角系统、测距系统、数据处理部分、通讯接口、显示屏、键盘等组成。

全站仪的品牌和型号很多，精度和功能也不尽相同。现以 NTS-350 系列国产电子全站仪为例，介绍全站仪的结构、功能和使用方法。

（一）NTS-350 系列电子全站仪的各部件名称

1. 主机 图 7-22 为 NTS-350 电子全站仪的外观及各部件名称。

图 7-22　NTS-350 系列全站仪

1. 粗瞄器　2. 物镜　3. 管水准器　4. 显示屏　5. 脚螺旋　6. 仪器中心标志
7. 光学对中器　8. 底板　9. 目镜　10. 键盘　11. 垂直制动螺旋　12. 垂直微动螺旋
13. 水平微动螺旋　14. 水平制动螺旋　15. 基座固定钮

2. 反射棱镜及有关组合件 图 7-23 为反射棱镜及有关组合件。其中图（a）为单棱镜和基座连接器，图（b）为三棱镜组和基座连接器，图（c）为单棱镜和对中杆。

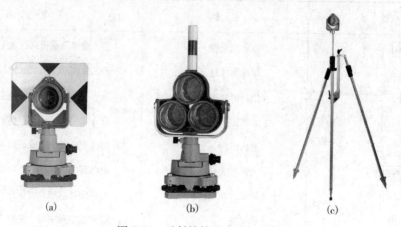

(a)　　　　　　　　　(b)　　　　　　　　　(c)

图 7-23　反射棱镜及有关组合件

（二）键盘功能

1. 显示屏和操作键的名称见图 7-24。

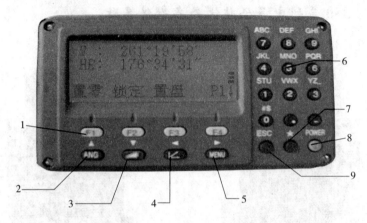

图 7-24　全站仪操作面板
1. 功能键　2. 角度测量（▲上移键）　3. 距离测量（▼下移键）
4. 坐标测量（◀左移键）　5. 菜单键（▶右移键）　6. 数字键盘
7. 星键　8. 电源开关键　9. 退出键

2. 操作键的功能见表 7-5。
3. 显示屏上所显示的符号含义见表 7-6。

（三）全站仪的操作

1. 开箱、存放　轻轻把箱子放在地面上，打开锁栓，开箱盖，取出仪器。使用完毕后，盖好望远镜镜盖，使照准部的垂直制动手轮和基座的圆水准器朝上，将仪器平放入箱中，轻轻旋紧垂直制动手轮，盖好箱盖并上锁存放。

表 7-5　全站仪操作键的功能

按键	名　称	功　能
ANG	角度测量键	进入角度测量模式（▲上移键）
◢	距离测量键	进入距离测量模式（▼下移键）
╱	坐标测量键	进入坐标测量模式（◀左移键）
MENU	菜单键	进入菜单模式（▶右移键）
ESC	退出键	返回上一级状态或返回测量模式
POWER	电源开关键	电源开关
F1 - F4	软键（功能键）	对应于显示的软键信息
0 - 9	数字键	输入数字和字母、小数点、负号
★	星键	进入星键模式

表 7-6　显示屏上所显示的符号含义

显示符号	含　义	显示符号	含　义
V%	垂直角（坡度显示）	E	东向坐标
HR	水平角（右角）	Z	高程
HL	水平角（左角）	*	EDM（电子测距）正在进行
HD	水平距离	m	以米为单位
VD	高差	ft	以英尺为单位
SD	倾斜	fi	以英尺与英寸为单位
N	北向坐标		

2. 安置　其操作方法同经纬仪。先安置好三脚架，再将仪器安置到三脚架上，松开中心连接螺旋，在架头上轻移仪器，直到垂球对准测站点标志中心，然后轻轻拧紧连接螺旋。利用圆水准器使仪器粗平，再利用管水准器使仪器精平。然后将光学对中器的中心标志对准测站点。最后再次精平。

3. 开机　打开电源开关，确认电量充足时可以开始工作。电量不足时要及时充电。测量过程中切忌不关机而拔下电池，以免造成数据丢失。

（四）测量模式

NTS-350 系列电子全站仪的基本测量模式有角度测量、距离测量、坐标测量等。本节介绍以上三项基本测量模式。

1. 角度测量

（1）功能键在角度测量中的功能。角度测量模式有 3 个界面菜单，如下所示：

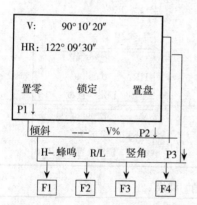

各键和显示符号的功能见表 7-7。

表 7-7　角度测量模式菜单说明

页数	软键	显示符号	功　能
	F1	置零	水平角置为 0°00′00″
	F2	锁定	水平角读数锁定
第 1 页（P1）	F3	置盘	通过键盘输入数字设置水平角
	F4	P1↓	显示第 2 页软键功能

（续）

页数	软键	显示符号	功　　能
第2页（P2）	F1	倾斜	设置倾斜改正开或关，若选择开则显示倾斜改正
	F2	———	——————————————————————
	F3	V%	垂直角与百分比坡度的切换
	F4	P2↓	显示第3页软键功能
第3页（P3）	F1	H-蜂鸣	仪器转动至水平角0°、90°、180°、270°是否蜂鸣的设置
	F2	R/L	水平角右/左计数方向的转换
	F3	竖角	垂直角显示格式（高度角/天顶距）的切换
	F4	P3↓	显示第1页软键功能

（2）水平角右角和垂直角的测量。若在 O 点设站，角度测量模式，左目标 A，右目标 B，测量∠AOB，步骤见表7-8。

（3）水平角（右角/左角）切换。角度测量模式，水平角（右角/左角）切换操作见表7-9。

表7-8　水平角右角和垂直角的测量

操作过程	操作	显示
①照准第一个目标 A	照准 A	V：　　82°09′30″ HR：　90°09′30″ 置铃　锁定　置盘 P1↓
②设置目标 A 的水平角为0°00′00″ 按 F1 （置零）键和 F3 （是）键	F1	水平角置零 　＞OK？ ———　———　［是］ ［否］
	F3	V：　　82°09′30″ HR：　0°00′00″ 置零　锁定　置盘　P1↓
③照准第二个目标 B，显示目标 B 的 V/H。	照准目标 B	V：　　92°09′30″ HR：　67°09′30″ 置零　锁定　置盘　P1↓

表7-9　水平角（右角/左角）切换

操作过程	操作	显示
①按 F4 （↓）键两次转到第3页功能	F4 两次	V：　　122°09′30″ HR：　90°09′30″ 置零　　　锁定　　　置盘 P1↓ 倾斜　　———　　V% P2↓ H-蜂鸣　R/L　　竖角 P3↓

（续）

操作过程	操作	显示
②按 F2 （R/L）键。右角模式（HR）切换到左角模式（HL）。	F2	V：　122°09′30″ HL：　269°50′30″ H-蜂鸣　　R/L　　竖角 P3↓
③以左角 HL 模式进行测量。		

* 每次按 F2 （R/L）键，HR/HL 两种模式交替切换。

2. 距离测量

（1）功能键在距离测量中的功能。距离测量模式有两个界面菜单，如下所示：

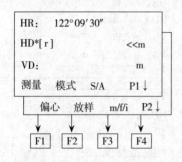

各键和显示符号的功能见表 7-10。

表 7-10　距离测量模式菜单说明

页数	软键	显示符号	功　　能
第 1 页（P1）	F1	测量	启动距离测量
	F2	模式	设置测距模式为 精测/跟踪/－－－
	F3	S/A	温度、气压、棱镜常数等设置
	F4	P1↓	显示第 2 页软键功能
第 2 页（P2）	F1	偏心	偏心测量模式
	F2	放样	距离放样模式
	F3	m/f/i	距离单位的设置 米/英尺/英寸
	F4	P2↓	显示第 1 页软键功能

（2）距离测量。在进行距离测量前，需要确认大气改正的设置和棱镜常数的设置。在距离测量模式中有连续测量、N 次测量/单次测量、精测/跟踪测量等，并且均在角度测量模式下进行。操作过程分别见表 7-11、表 7-12、表 7-13。

表 7-11 连续测量

操作过程	操作	显示
①照准棱镜中心	照准	V： 90°10′20″ HR： 170°30′20″ H-蜂鸣 R/L 竖角 P3↓
②按◢键，距离测量开始	◢	HR： 170°30′20″ HD∗ [r] <<m VD：m 测量 模式 S/A P1↓ HR：170°30′20″ HD∗ 235.343m VD：36.551m 测量 模式 S/A P1↓
显示测量的距离 再次按◢键，显示变为水平角（HR）、垂直角（V）和斜距（SD）	◢	V： 90°10′20″ HR： 170°30′20″ SD∗ 241.551m 测量 模式 S/A P1↓

表 7-12 N次测量/单次测量

操作过程	操作	显示
①照准棱镜中心	照准	V：122°09′30″ HR：90°09′30″ 置零 锁定 置盘 P1↓
②按◢键，连续测量开始	◢	HR：170°30′20″ HD∗ [r] <<m VD：m 测量 模式 S/A P1↓
③当连续测量不再需要时，可按F1（测量）键，测量模式为N次测量模式 当光电测距（EDM）正在工作时，再按F1（测量）键，模式转变为连续测量模式	F1	HR：170°30′20″ HD∗ [n] <<m VD：m 测量 模式 S/A P1↓ HR：170°30′20″ HD：566.346 m VD：89. 678 m 测量 模式 S/A P1↓

表 7-13　精测/跟踪测量

操作过程	操作	显示
①在距离测量模式下按 F2 （模式）键所设置模式的首字符（F/T）	F2	HR：170°30′20″ HD：566.346m VD：89.678m 测量　模式　S/A　P1↓
②按 F1 （精测）键精测，F2 （跟踪）键跟踪测量	F1 - F2	HR：170°30′20″ HD：566.346 m VD：89.678 m 精测　跟踪　———　F HR：170°30′20″ HD：566.346 m VD：89.678 m 测量　模式　S/A　P1↓

3. 坐标测量

（1）功能键在坐标测量中的功能。坐标测量模式（3 个界面菜单）

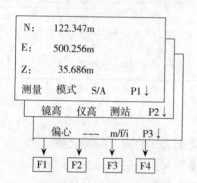

各键和显示符号的功能见表 7-14。

表 7-14　坐标测量模式菜单说明

页数	软键	显示符号	功　　能
第一页（P1）	F1	测量	启动测量
	F2	模式	设置测距模式为 精测/跟踪
	F3	S/A	温度、气压、棱镜常数等设置
	F4	P1↓	显示第二页软键功能
第二页（P2）	F1	镜高	设置棱镜高度
	F2	仪高	设置仪器高度
	F3	测站	设置测站坐标
	F4	P2↓	显示第三页软键功能

（续）

页数	软键	显示符号	功　能
第三页（P3）	F1	偏心	偏心测量模式
	F2	———	————————————
	F3	m/f/i	距离单位的设置 米/英尺/英寸
	F4	P3↓	显示第一页软键功能

（2）测站点的坐标、仪器高和后视点的方位角及棱镜高设置结束后，就可以进行坐标测量。方法见表7-15。

表 7-15　坐标测量

操作过程	操作	显示
①设置已知点 A 的方向角 * 1)	设置方向角	V：122°09′30″ HR：90°09′30″ 置零　　锁定　　置盘 P1↓
②照准目标 B 按⬛键	照准棱镜 ⬛	N：<< m E：m Z：m 测量　　　模式　　S/A　　P1↓
③按 F1 （测量）键，开始测量	F1	N * 286.245 m E：76.233 m Z：14.568 m 测量　　　模式　　S/A　　P1↓

（五）全站仪使用注意事项

1. 日光下测量应避免将物镜直接瞄准太阳。若在强光下作业应安装滤光器。

2. 避免在高温和低温下存放仪器，亦应避免温度骤变（使用时气温变化除外）。

3. 仪器不使用时，应将其装入箱内，置于干燥处，注意防震、防尘和防潮。

4. 若仪器工作处的温度与存放处的温度差异太大，应先将仪器留在箱内，直至它适应环境温度后再使用仪器。

5. 仪器长期不使用时，应将仪器上的电池卸下分开存放。电池应每月充电一次。

6. 仪器运输时应将仪器装于箱内进行，小心避免挤压、碰撞和剧烈震动，长途运输最好在箱子周围使用软垫。

7. 仪器安装到三脚架上或拆卸时，要一只手先握住仪器，以防仪器跌落。

8. 外露光学件需要清洁时，应用脱脂棉或镜头纸轻轻擦净。

9. 仪器使用完毕后，用绒布或毛刷清除仪器表面灰尘。仪器被雨水淋湿后，切勿通电开机，应用干净软布擦干并在通风处放一段时间。

10. 作业前应仔细全面检查仪器，确信仪器各项指标、功能、电源、初始设置和改正参数均符合要求时再进行作业。

11. 仪器功能异常时，由专业人员拆开仪器维修。

二、数字化测图简介

数字化测图是随着计算机、地面测量仪器、数字化测图软件的应用而发展起来的全新内容，广泛用于测绘生产、水利水电工程、土地管理、城市规划等部门，数字测图技术使测量的成果不仅有绘在纸上的地形图，还有方便传输、处理、共享的基础信息，即数字地图。

（一）数字化测图的概念

数字化测图是一种采用数字坐标表示地物、地貌的空间位置，用数字代码表示地形图符号的测图方法。狭义的数字化测图是指利用电子全站仪在野外实地进行地形数字化数据采集，并利用计算机辅助绘制大比例尺地形图的工作。广义的数字化测图包括：野外数字测图、地图数字化成图、航测数字测图等。

（二）数字化测图的特点

1. 点位精度高 传统的测图方法中，地物点的平面位置和高程受展绘误差和测定误差影响。数字化测图则不同，在全过程中原始数据的精度毫无损失，从而获得高精度的测量成果，数字地形图最好地反映了外业测量的高精度，不存在制图误差。

2. 自动化程度高 传统测图主要是通过手工操作、外业人工记录、人工绘制地形图，人工量算坐标、距离和面积等。数字化测图达到自动记录、自动解算处理、自动成图，并且提供了方便使用的数字地图软盘，自动化的程度高，能自动提取坐标、距离、方位和面积等。

3. 便于图件更新 当地面信息发生变化时，采用数字化测图可以输入有关信息，使图面得到及时的更新，保持图面的现实性。

4. 方便利用 计算机与显示器、打印机联机，可以显示或打印各种资料信息；与绘图机联机时，可以绘制各种比例尺的地形图，也可以分层输出各类专题地图，如管线图、水系图、道路图、房屋图等，满足不同的用户的需要。

（三）数字化测图的配置

数字化测图系统主要由数据输入、数据处理和数据输出 3 部分组成。基本配置分为硬件配置和软件配置。

1. 硬件配置 硬件设备有全站仪、扫描仪、电子手簿、计算机（或便携机）、打印机、绘图仪等。

2. 软件配置 应用软件主要包括控制测量计算软件、数据采集和传输软件、数据处理软件、图形编辑软件、绘图软件等。

现在常用的大比例尺数字测图和绘图软件有 AutoCAD、MicroStation PC 系统、广州开思公司的 SCS 数字测绘成图系统、清华山维 EPSW 系列、南方测绘仪器公司的 CASS 系列、武汉瑞德 RDMS 数字测图系统等。

（四）数字化测图方法

数字化测图方法按数据采集方法的不同，可分为：地图数字化成图、野外数字测图、航

测数字测图等。

1. 地图数字化成图 地图数字化成图是先用传统的大平板仪测绘薄膜原图，或是将已有的原图的清绘底图或着墨地图，进行数字化，从而得到数字化地图。

（1）手扶跟踪地形图数字化。用数字化仪对原图的地形特征点逐点进行跟踪采集，将数据自动传输到计算机，处理成数字地形图。工作步骤是，首先将数字化仪和计算机连接，固定图纸，然后手持游标跟踪每一个地图特征，由数字化仪和相应软件在底图上采集数据，转化为坐标数据发给计算机，最后获得数字化地图。

由于这种方法速度慢、工作强度大、精度较低，所以，正逐步被扫描屏幕数字化的方法取代。

（2）扫描屏幕数字化。将原图用扫描数字仪扫描，将图纸信息转换成栅格图像，再用专用软件对其实施定向处理和变形平差调整，使用鼠标对栅格图像逐点逐线进行矢量化处理和编辑，存储。并将文字和各种符号也存于计算机中，从而得到数字化地形图。

扫描数字化仪按结构分为平台式和滚筒式两种，按色彩辐射分辨率分为黑白扫描仪和彩色扫描仪。相对于手扶数字化仪来说，扫描数字化的优势是数字化自动化程度高，操作人员的劳动强度小。

扫描数字化工作程序如图 7-25 所示。

2. 航测数字测图 航测数字测图是利用现代航测仪器实施测量，以航空相片作为数据源，在解析测图仪上采集地形特征点，并自动传输到计算机内，处理后生成数字化地图。由于其成图速度快、外业工作量减少、精度均匀、不受气候及季节的限制等优点，适合测区范围大、成图时间要求快的情况。

航测数字测图分为 3 个阶段：航空摄影、外业调绘和航测内业。

（1）航空摄影。就是在航摄飞机上安装数码航空摄影机，从空中对测区地面作有计划的摄影。

（2）外业调绘。是在野外实地进行判读调绘，在相片上补绘没有反映出的地物、境界、地类界等，并搜集地图上必需的地名、注记等地图元素。

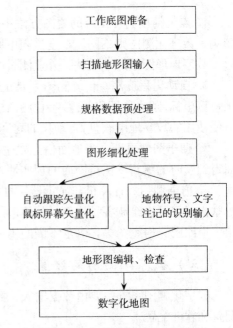

图 7-25　扫描数字化工作程序

（3）航测内业。是把数字摄影的信息输入到计算机上，由专门的系统进行数值、图形、影像处理，并依据外业调绘资料，获得所需的数字化地图或其他测绘成果。

3. 野外数字测图 野外数字测图又称为全站仪数字化测图，指利用全站仪的测量仪器和设备进行的野外数字测图。常用于没有底图的地区，在大比例尺数字测图中利用广泛。

（1）野外数字测图的成图方法。有数字测记法和电子平板测图法。

①数字测记法。在野外利用全站仪或电子手簿采集并记录外业数据或坐标，同时手工勾绘现场地物属性关系草图，返回室内后，下载记录数据到计算机内，将外业观测的碎部点坐标读入数字化测图系统直接展点，根据现场绘制的地物属性关系草图在显示屏幕上连线成

图，经编辑和注记后成图。

②电子平板测图法。在野外用安装了数字化测图软件的笔记本电脑或掌上电脑直接与全站仪相连，现场测点，电脑实时展绘所测点位，作业员根据实地情况，现场直接连线、编辑，再加注记成图。

（2）野外数字测图过程。

①准备工作。搜集资料，现场踏勘，根据测量任务设计、编写计划书，图上设计 GPS 控制网等。

②控制测量。选点，埋石，GPS 观测、计算，水准控制测量、计算，图根控制测量、计算等。

③野外数据采集。

第一步：测站设置与检校。在控制点上安置全站仪，检查中心连接螺旋是否旋紧，对中、整平、量取仪器高、开机。在全站仪中创建一个文件，用来保存测量数据。按提示输入测站点点号及坐标、仪高，后视点点号及坐标、镜高，仪器瞄准后视点，进行定向检测。

第二步：测量碎部点坐标。确定碎部点的位置采用极坐标法。仪器定向后，输入所测碎部点点号、镜高后，精确瞄准竖立在碎部点上的反光镜，仪器测量出棱镜点的坐标，将测量结果保存到前面输入的坐标文件中。依次测出其他碎部点的三维坐标。

④内业数据传输。

第一步：格式转换。野外采集的数据以文件的形式保存，将数据文件连接到装有专用软件的计算机上，转换为成图软件格式的坐标文件格式。

第二步：展绘碎部点及成图。确定绘图区域，在绘图区展绘好的碎部点点位，结合野外绘制的草图绘制地物；展绘高程点。经过对所测地形图进行屏幕显示，在人机交互方式下进行绘图处理、图形编辑、修改、整饰，最后形成数字地图的图形文件。

野外数据采集和内业数据传输流程见图 7-26。

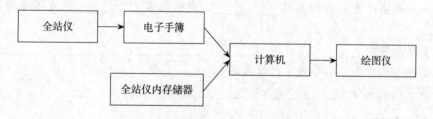

图 7-26　野外数据采集和内业数据传输流程

资 料 库

1. 园林设计图的图幅　园林设计图的图幅采用国际通用的 A 系列幅面规定的图纸。A_0 表示零号图纸，A_1 表示 1 号图纸。图纸规格见表 7-16。

当图面内容较多时，图幅可加长，加长量为原图纸长的 1/8 倍，且仅限于 $A_0 \sim A_3$ 号图纸，仅限长边。

2. 园林设计图的比例尺　园林设计图多种多样，可以根据图件的类型和用途选用合适的比例尺。可参考表 7-17。

表 7-16　园林设计图的图幅

单位：mm

0 号	1 号	2 号	3 号	4 号
841×1189	594×841	420×594	297×420	210×297

表 7-17　园林设计图的比例尺

图纸内容	常用比例	可选用比例
总平面图	1∶200，1∶500，1∶1 000	1∶300，1∶2 000
放线图、竖向图	1∶200，1∶500，1∶1 000	1∶300
道路铺装及详图索引平面图	1∶100，1∶200	1∶500
植物种植图	1∶50，1∶100，1∶200，1∶500	1∶300
道路绿化断面图、标准段立面图	1∶50，1∶100	1∶200
园林设备、电气图	1∶500，1∶1 000	1∶300
建筑、山石等平、立、剖面图	1∶50，1∶100，1∶200	1∶30
详图	1∶5，1∶10，1∶20	1∶30

【思 考 练 习】

一、填空题

1. 地物符号分为_____、_____、_____、_____4 种。

2. 地貌特征点有_____、_____、_____、_____等。

3. 同一条等高线上各点的高程_____，但是高程_____的点不一定在同一条等高线上。

4. 常见的地貌有_____、_____、_____、_____、_____等。

5. 等高线与山脊线、山谷线、河岸线等_____交。

6. 平板仪的安置分为_____、_____两步。

二、单项选择题

1. 独立树在地图上属于（　　）符号。

　　A. 依比例符号　　　　B. 半依比例符号　　　　C. 不依比例符号　　　　D. 注记符号

2. 一张地形图上，等高距为 1m，则高程为 85m 的等高线是（　　）。

　　A. 首曲线　　　　　　B. 计曲线　　　　　　　C. 助曲线　　　　　　　D. 间曲线

3. 下列说法正确的是（　　）。

　　A. 地形图上绘出的等高线一定不会中断。

　　B. 同一条等高线上各点的高程一定相等。

　　C. 不在同一条等高线上的点高程肯定不相等。

　　D. 高程不相等的两条等高线一定不会相交。

4. 地形图碎部测量时，如果技术人员较少，且地形变化较大时，适宜采用（　　）法。

    A. 平板仪测图　　　　　　　　　　　B. 经纬仪测图

    C. 经纬仪与小平板仪联合测图　　　　D. 任何一种

5. 熟练的绘图员常采用（　　）方法内插等高线。

    A. 解析法　　　　　　B. 透明纸平行线法　　　C. 目估法　　　　　　D. 计算法

三、简答题

1. 地物符号有几类？

2. 不依比例符号如何确定定位点？

3. 什么是等高线？等高线分为几类？等高线的特性有哪些？

4. 什么是等高距？什么是等高线平距？读地形图时如何快速判断、比较地面坡度的大小？

5. 如何合理选择碎部点？

6. 如何安置平板仪？

7. 比较各种测图方法的优缺点。

8. 简要说明经纬仪测绘法在一个测站碎部测量的实施步骤。

四、绘图练习

在图7-27中，虚线表示山脊，实线表示山谷，请目估勾绘出等高距为1m的等高线。

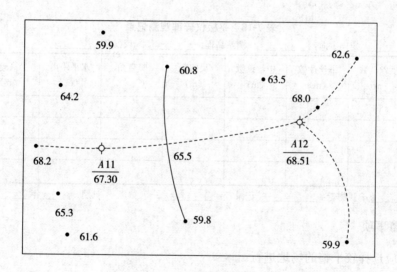

图7-27　等高线勾绘练习

［实习10］平板仪的使用

一、实习目的

掌握平板仪的安置方法；能利用平板仪进行测图。

二、实习内容

1. 熟悉平板仪的构造、各部件的功能及使用方法。

2. 练习平板仪的安置。

3. 练习平板仪极坐标法测量碎部点的方法。

三、仪器及工具

每组平板仪1台，视距尺1把，标杆1根，图纸1张，记录夹（附记录表）1个。自备计算器、铅笔、橡皮等。

四、实习步骤

1. 从仪器箱中拿出平板仪，认识各部件名称、作用及使用方法。

2. 将图纸用透明胶带（或铁夹）固定在图板上。在实习场地选择地面点 A 作为测站点，距离 A 点约50m处确定一点 B 作为定向点。在图板上适当位置按比例尺1：1000画出线段 ab 表示实地的 AB。

3. 按本章第二节方法安置平板仪。对中、整平、定向反复进行，最后达到3项都符合要求。

4. 用照准仪瞄准周围碎部点上的视距尺，用视距测量的方法测出待测点与测站点间的水平距离和高差，沿照准仪的直尺边绘出碎部点，并注明高程。记录和计算表可参考表7-18。

表7-18 平板仪碎部观测记录

测站：_____ 定向方向：_____ 测站高程：_____ 仪器高：_____

碎部点点号	上丝读数 (m)	下丝读数 (m)	中丝读数 (m)	尺间隔 (m)	竖直角 (° ′)	水平距离 (m)	高差 (m)	高程 (m)

班组：_____ 观测者：_____ 记录者：_____   日期：____年____月____日

五、注意事项

1. 实习应选择较平整的场地进行。

2. 平板仪的安置难度较大，要反复练习。

3. 测绘员不能俯压图板。

4. 观测过程中应经常检查定向是否改变。

5. 对中容许误差为比例尺精度的一半，若比例尺为1：1000，则对中容许误差为5cm。

六、上交材料

每组交外业记录1份、碎部测量图纸1份。

［实习11］地形碎部测量

一、实习目的

初步掌握碎部测量的常用方法；掌握地物、地貌在地形图上的表示方法。

二、实习内容

1. 经纬仪测图法练习。

2. 经纬仪与平板仪联合测图练习。

三、仪器及工具

每组经纬仪 1 台，平板仪 1 台，视距尺 1 把，标杆 1 根，2m 钢卷尺 1 把，展绘有 3 个控制点的图纸 1 张，图板 1 块，记录夹（附记录表）1 个。自备计算器、铅笔、橡皮等。

四、方法提示

采用经纬仪测图或经纬仪与平板仪联合测图。其步骤如下：

1. 经纬仪测图

（1）在控制点 A 安置好经纬仪，量出仪器高。盘左瞄准控制点 B 点，设置水平度盘为 $0°00'00''$。在一旁安置图板，并将量角器中心用大头针固定在图上的 a 点。铅笔轻轻连线 ab，并适当延长。

（2）选定一碎部点立尺。盘左位置，用视距测量方法观测并记录三丝读数、竖盘读数、水平度盘读数等于表 7-19 内，计算点 A 与碎部点间的水平距离和高差。熟练后可采用表 7-3 所示的格式和方法。

（3）根据计算得到的数据在图纸上绘出碎部点，注明高程。同法测绘出其他碎部点。

（4）边测边绘出地物轮廓，根据实地情况勾绘等高线，绘出地貌。

2. 经纬仪与平板仪联合测图

（1）在测站点 A 安置平板仪。在测站附近 1～2m 处 T 点安置经纬仪，量取仪器高。按本章第二节所示方法在图板上用大头针刺出经纬仪的位置 t。根据 A 点高程推算 T 点高程。

（2）选择碎部点，立尺。照准仪贴靠 a 点，照准标尺，定出方向。用经纬仪视距法测出水平距离和高差，用分规从图上的 t 点把测得的水平距离与刚才定出的方向线交会得到碎部点的图上位置，最后注出高程。

以上两种方法，在测完指定范围后，要进行测量工作的检查。最后是整个测区地形图的检查和整饰。

五、注意事项

1. 测完 20 个碎部点左右要重新瞄准方向线，检查水平度盘的读数。

2. 迁站前要注意检查碎部点是否有遗漏。

3. 随时注意图面的整洁。

4. 在实习中，尽快提高立尺员、观测员、记录员、计算及绘图人员的配合速度。

六、上交材料

每组交碎部测量记录表 1 份，图纸 1 份。

表 7-19　碎部观测记录

测站：_____　　后视方向：_____　　检查方向：_____　　测站高程：_____　　仪器高：_____
仪器：_____　　　　　　天气：_____　　　　　　　　日期：_____年_____月_____日

碎部点	上丝读数 (m)	下丝读数 (m)	中丝读数 (m)	尺间隔 (m)	水平角 (° ′)	竖盘读数 (° ′)	竖直角 (° ′)	水平距离 (m)	高差 (m)	高程 (m)

班组：_____　　观测：_____　　记录：_____　　计算：_____

第三篇

测量在园林中的应用

第八章

地形图的应用

学习目标

1. 了解地形图识读的基本知识。
2. 掌握地形图的基本应用。
3. 掌握地形图求算地面面积的基本方法。

教学方法

1. 理论课应用多媒体课件（PPT）讲授。
2. 实习实训采用任务驱动教学法。

第一节　地形图识读基本知识

地形图是园林工程规划、设计和施工中不可缺少的资料，是提供地面情况的重要依据。相同比例尺的每幅地形图大小是一定的，当测区范围较大时，为便于测绘、拼接、管理和使用地形图，必须按适当面积将广大地区的地形图划分成适宜的若干单幅的地形图，并将分幅的地形图进行系统地编号，这项工作称为地形图的分幅和编号。

＊一、地形图的分幅与编号

地形图的分幅可分为两大类：一类是梯形分幅；另一类是正方形分幅。

（一）梯形分幅与编号

梯形分幅又称经纬线分幅，就是按经线和纬线来划分，左、右和上、下分别以经线和纬线为界，整个图形看似梯形。梯形分幅常用于基本比例尺地形图，主要分为 4 种情况：

1. 1：100 万地形图的分幅和编号　国际规定，1：100 万地形图实行统一的分幅和编号，这是我国基本比例尺地形图分幅和编号的基础。如图 8-1 所示，从赤道向北或南各以纬差 4° 为 1 行，每行依次用大写字母 A、B、C······V 表示；经度从 180° 开始起算，自西向东以经差 6° 为 1 列，每列依次用数字 1、2、3······60 表示。这样，每幅图的编号由其所在行的代号和列的代号组成。如：北京某地经度为东经 118°24′20″、纬度为 39°56′30″，则该地区所在的 1：100 万地形图的编号为 J-50。

2. 1：10 万地形图的分幅和编号　将一幅 1：100 万地形图，按经差 30′、纬差 20′分为

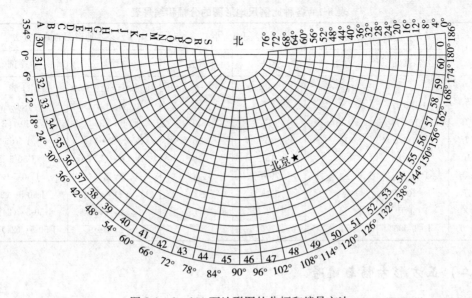

图 8-1 1：100 万地形图的分幅和编号方法

144 幅即得 1：10 万地形图。再从左到右、自上而下依次用阿拉伯数字依序编号，写在 1：100 万地形图图号的后面，即为 1：10 万地形图的图幅编号，如图 8-2 所示，画有斜线的 1：10 万图幅的编号为 J-50-5。

3. 1：5 万、1：2.5 万、1：1 万地形图的分幅和编号 这 3 种比例尺地形图的分幅和编号都是以 1：10 万的图为基础的。

每幅 1：10 万的地形图，划分成 4 幅 1：5 万的图，分别在 1：10 万图的编号后写上各自的代号 A、B、C、D，相邻图幅间的经差 15′，纬差 10′，如图 8-3 所示。

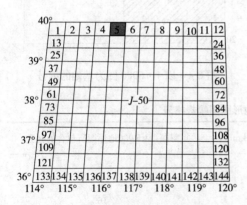

图 8-2 1：10 万地形图的分幅和编号

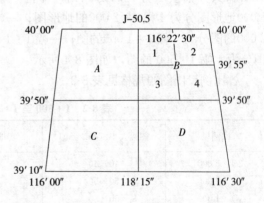

图 8-3 1：5 万和 1：2.5 万地形图的分幅和编号

每幅 1：5 万地形图又可分为 4 幅 1：2.5 万地形图，分别在 1：5 万图的编号后注上 1、2、3、4 即可，如图 8-3 所示右上角部分。

每幅 1：10 万地形图可分为 64 幅 1：1 万地形图，分别以（1）、（2）、（3）……（64）接写在 1：10 万地形图号后面表示。

各种比例尺地形图的分幅和编号如表 8-1。

表 8-1　各种比例尺地形图的分幅和编号表

比例尺	分幅方法		图幅大小		基本地形图的编号方法	
	分幅基础	幅数	经差	纬差	代号	举例
1：100 万			6°	4°	纬列 A-经列 1～60	J-50
1：50 万	1：100 万	4	3°	2°	A，B，C，D	J-50-A
1：20 万	1：100 万	36	1°	40′	[1] - [36]	J-50-[3]
1：10 万	1：100 万	144	30′	20′	1，2，3…144	J-50-5
1：5 万	1：10 万	4	15′	10′	A，B，C，D	J-50-5-B
1：2.5 万	1：5 万	4	7′30″	5′	1，2，3，4	J-50-5-B-4
1：1 万	1：10 万	64	3′45″	2′30″	(1)，(2)…(64)	J-50-5-(24)
1：5 000	1：1 万	4	1′52.5″	1′15″	a，b，c，d	J-50-5-(24)-b
1：2 000	1：5 000	9	37.5″	25″	1，2，3…9	J-50-5-(24)-b-4

（二）正方形分幅与编号

1. 分幅　供各种工程设计及施工使用的图纸比例尺一般为 1：500，1：1000，1：2000 和 1：5 000，这些比例尺地形图一般采用正方形，它是以纵横坐标整公里数或整百米数作为图幅的分界线，所以图廓呈正方形。一般规定 1：5 000 比例尺地形图的图幅大小为纵、横各 40cm，即 40cm×40cm，实地为 2km×2km；而 1：2 000，1：1 000，1：500 比例尺地形图图幅大小则为 50cm×50cm。其分幅按一分为四的原则，即把一幅 1：5 000 地形图分为 4 幅 1：2 000 的地形图；一幅 1：2 000 的图分为 4 幅 1：1 000 的图；一幅 1：1 000 的图分为 4 幅 1：500 的图，如图 8-4 所示。

各比例尺图图幅规格见表 8-2。

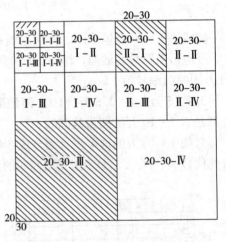

图 8-4　以 1：5000 图为基础的编号

表 8-2　1：500 至 1：5 000 地形图图幅规格表

比例尺	图幅大小（cm×cm）	实地面积（km²）	每幅 1：5 000 地形图所包含的幅数
1：5 000	40×40	4	1
1：2 000	50×50	1	4
1：1 000	50×50	0.25	16
1：500	50×50	0.0625	64

2. 编号　正方形分幅常有以下几种编号方法：

（1）以 1：5 000 图为基础编号。其方法如下：

①1：5 000 地形图图幅的编号用该图幅西南角点坐标表示（以 km 为单位）。并将该图幅的图号作为包括于本图幅内的 1：2 000、1：1 000、1：500 图的基本图号。

②在 1：5 000 图的基本图号末尾，附加上用罗马数字表示的分序号即为 1：2 000 图的

图号。

③同理在 1∶2 000、1∶1 000 图的图号末尾分别附加上用罗马数字表示的分序号即为 1∶1 000，1∶500 的图号。

如图 8-4 所示，1∶5 000 地形图西南角点坐标为：$x=20$km、$y=30$km，则图中有斜线阴影部分各比例尺图的图幅号分别为：

1∶5 000 图幅号为 20-30；

1∶2 000 图幅号为 20-20-Ⅲ；

1∶1 000 图幅号为 20-30-Ⅱ-Ⅰ；

1∶500 比例尺图幅号为 20-30-Ⅰ-Ⅰ-Ⅰ。

（2）按西南角坐标编号。即用该幅图西南角的 x 坐标和 y 坐标的千米数来编号，x 坐标在前，y 坐标在后，中间用短线相连。编号时，1∶5 000 地形图，坐标取至 1km；1∶2 000 和 1∶1 000 地形图，坐标取至 0.1km；1∶500 地形图，坐标取至 0.01km。如某幅 1∶2 000 地形图西南角坐标 $x=22$ 500m，$y=15$ 500m，则该图编号为 22.5-15.5。

此外，在小范围测图时，还可按数字顺序编号或按行列编号等。

二、地形图上的标志

（一）图名、图号和接图表

为了正确应用地形图，首先要读懂地形图上的各种信息，也就是对地形图内的各种符号要有一个清晰的了解。

1. 图名 是一幅图的名称，一般用这幅图内最著名、最重要、最有代表性的地名来命名，如城镇、村庄、名胜古迹或地貌名等。图名注记在图幅上方正中央位置，常用加大的文字注记。

2. 图号 是保管和使用地形图时，为使图纸有序存放、检索和使用而将地形图按统一规定的方法进行编号。大比例尺地形图通常以该幅图左下角（即西南角）的纵、横坐标（单位：km）数来编号。

3. 接图表 是本幅图与相邻图幅之间位置关系的示意简表，位于图廓左上方，简表附有与本幅图相邻各个图幅的图名，中间阴影部分是本幅图的位置，图幅四边标有相邻图幅的图号。

（二）比例尺和坡度尺

图的比例尺一般以数字比例尺和直线比例尺两种形式表示，注在图廓正下方中央。

坡度尺是用于量算两点间地面的坡度，标记在图廓左下方的两组曲线尺。如图 8-5 所示，由于等高线越密集、地面坡度越大，等高线越稀疏、地面坡度越平缓，所以，坡度尺从 5°位置分成甲、乙两部分。甲尺是用来量取两相邻等高线间地面的倾斜角 θ 或坡度 i。乙尺是用来量取 6 条等高线内地面的倾斜角 θ 或坡

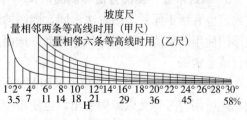

图 8-5 坡度尺

度 i。

在地形图上量出等高线间的平距 d，根据等高距 h 和比例尺分母 M，其 θ 和 i 可按下式计算：

$$i = \mathrm{tg}\theta = \frac{h}{dM} \tag{8-1}$$

坡度尺就是根据这一原理制作的。

（三）图廓和坐标格网

图廓由内、外图廓线组成。外图廓线是一幅图的外框线，起装饰作用，以粗实线描绘；内图廓线是图幅边界线，也是坐标格网线，是图幅的实际范围。内图廓内绘有 10cm 间隔并互相垂直交叉的 5mm 短线，称作坐标网线。内外图廓线间隔 12mm，其间注明坐标值。如图 8-6 所示。

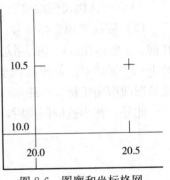

图 8-6　图廓和坐标格网

（四）三北方向关系图

三北方向关系图主要用于地形图的定向，是真子午线方向、磁子午线方向和坐标纵线方向之间关系的示意图，位于国家基本图南图廓外。根据地形图的不同位置，使用不同的形式。图上标注有子午线收敛角 γ 和磁偏角 δ 的角值。

图幅中注明的磁南～磁北（有的图上写成 $P \sim P'$）线是根据磁子午线对于坐标纵线的偏角绘出的。在野外实际应用时，若用罗盘定向，需将罗盘的南北直径线（或其边框）置于磁北线，而不能置于图廓线或坐标纵线上进行定向。如图 8-7 所示。

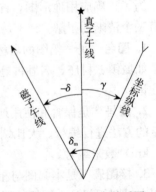

图 8-7　三北方向关系图

（五）测图说明注记

测图说明注记一般内容如下：

1. 平面坐标系　是独立（假定）坐标系还是 1954 年北京坐标系或 1980 年西安坐标系。

2. 高程系　是假定高程系还是"1956 年黄海高程系"或"1985 年国家高程基准"。高程系之后注明图幅内所采用的等高距。

3. 测绘单位、测图方法和测图时间　不同的测绘单位，其用途不同，地形图表现的重点内容也有所不同；测图方法不同，测图的精度也不同；测图时间（或调绘日期）可以判断地形图使用的价值。测图时间愈久远，地面现状与地形图不相符的情况就愈多，地形图的使用价值也愈低。

4. 图式和图例　注明图幅内采用图式的版别，便于用图者参阅。另外在东图廓线右侧，把图内所用符号释义以图例列出，也便于使用。

5. 保密等级　因地形图具有军事用途，不同比例尺的地形图分别在图廓线外东北角处注记有"秘密"、"机密"或"绝密"等字样，以表示该图的重要性。

三、地物、地貌判读

（一）地物的判读

地形图上的地物主要是用地物符号和注记符号来表示。因此判读地物时，首先要熟悉国家测绘总局颁布《地形图图式》中相应比例尺的常用符号，这是识读地物的基本工具；其次，要区分比例符号、半比例符号和非比例符号，弄清各种地物符号在图上的真实位置，如表示一些独立地物的非比例符号、路堤和路堑符号等，在图上量测距离和面积时要特别注意；第三，要懂得注记含义，如表示林种、苗圃的注记，仅仅表明是哪类植物，而并非表示植物的位置、数量或大小等；第四，应注意有些地物在不同比例尺图上所用符号可能不同（如道路、水流等），严防误读；最后，还要注意符号主次的让位问题，如铁路与公路并行，按比例绘制在图上有时会出现重叠，此时，按规定应以铁路为主，公路为次。所以，图上是以铁路为中心位置的铁路符号，使公路符号让位。

（二）地貌判读

地貌在地形图上主要用等高线表示，所以地貌的判读，首先要熟悉等高线的基本特征，如等高线的形状与实地地面形状、地性线与等高线、等高线平距与实地地面坡度等之间的关系；其次，要熟悉典型地貌等高线的表示方法，如山丘与凹地、山背与山谷、鞍部的等高线的表示；第三，要熟悉雨裂、冲沟、悬崖、绝壁、梯田等特殊地貌的表示方法。

在此基础上，判读地貌还应从实际出发，分清等高线所表达的地貌要素及地性线，找出地貌变化的规律——由山脊线即可看出山脉连绵；由山谷线便可看出水系分布；由山峰、鞍部、洼地和特殊地貌，则可看出局部变化等。分辨出地性线（分水线和集水线）就可以把各个地貌要素有机地联系起来，对整个地貌有个比较完整的了解和把握。

要想了解某一地区的地貌，先要看一下总的地势。例如哪里是山地、丘陵或平地；主要山脉和水系的位置与走向及路网的布设情况等。由大到小、由整体到局部判读，就可掌握整体地貌的情况。如果是国家基本图，还可根据颜色作大概了解。一般情况是，蓝色用于水系（如溪、河、湖、海等），绿色用于森林、草地、果园等植被套色，棕色用于地貌、土质符号及公路套色，黑色用于其他要素和注记。

了解各种地形、地貌符号之后，就能对图幅中的自然地理景象作综合判读，准确了解地形图中地形、居民点、交通、河流、水源、电力及土地利用等方面的情况。

（三）读图举例

图8-8是青山镇附近地区1∶1万的地形图（部分），从图上可以看出：

（1）西北部是山区，青石山峰顶高程接近290m，山脚高程约120m。山顶部较陡，下部较缓，东部水库边有一段峭壁。东南部是平地，平均高程约110m。

（2）青山镇坐落在青石山南麓，占地约0.3hm²，该镇中街道两侧多是永久性楼房，其余多为平房。镇中有一所学校和一所医院。

（3）该镇东部有幸福河通过，流向由北向南，上游建有青山水库一座，通过引水渠将水引向东南耕作区。幸福河西侧河滩上有水田约 4 万 m²，东岸上有树林约 4.3 万 m²。

（4）镇北侧和镇中心各有一条公路通过，两条路在镇北汇合后，一条沿水库西岸向北，一条向东横跨幸福河。镇南有一条铁路，架桥跨过幸福河后通向东北方向。

（5）有一条高压线从镇北通过，经两个变压器变压后，供青山镇及附近地区使用。另有一条电信线路由青石山方向进入镇中。

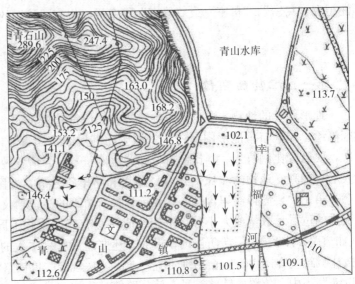

图 8-8　地形图

第二节　地形图的应用

一、地形图的一般应用

（一）求图上任意点的坐标

应用地形图上坐标格网可求出点的平面直角坐标。如图 8-9 所示，欲求图上 A 点的平面直角坐标 x、y，则可通过图上直角坐标网线上的数字注记求得。

首先，从图上查得 A 点所在方格网南边的纵坐标值 x_a 为 20.1km 和 A 点所在方格网西边的横坐标值 y_a 为 12.1km。然后，用铅笔在图上过 A 点作坐标网的平行线，分别交南边、西边于 e、g 点，用三棱比例尺或用两角规（配合直线比例尺）精确量得 ag 和 ae 实地的水平距离分别为 75m 和 65m。则 A 点坐标值分别为：

$$x_A = x_a + ag = 20100 + 75 = 20175 \text{（m）}$$
$$y_A = y_a + ae = 12100 + 65 = 12165 \text{（m）}$$

ag、ae 的水平距离也可以用直尺直接量出图上长度，再乘以比例尺分母求得。

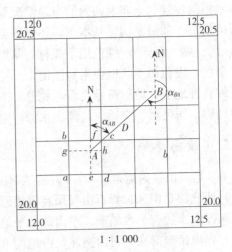

图 8-9　地形图上求某点的坐标

（二）求图上任意点的高程

在地形图上可以确定任一点的高程。如果点在等高线上，则该点的高程就等于所在等高线的高程。如果该点在两条等高线之间，则可根据比例关系求得。

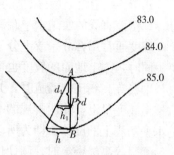

图 8-10　地形图上求某点的高程

如图 8-10 所示，当 P 点位于 84.00m 和 85.00m 两条等高线之间时，欲求出它的高程，其方法如下：先过 P 点作大致垂直于两条等高线的垂线分别相交于 A，B 两点；再用比例尺量出 A，B 两点间距离 d 为 17mm，再量出 A，P 两点间距离 d_1 为 10mm，已知两点的高差为 1.00m（等高距），应用三角形相似原理，则

$$h_1/h = d_1/d$$
$$h_1 = h \times d_1/d = 1.00 \times 10/17 = 0.59（m）$$

已知 A 点的高程为 84.00m，故 P 点的高程为：

$$H_P = H_A + h_1 = 84.00 + 0.59 = 84.59（m）$$

在实际工作中，若所求高程精度要求不高，可依据点在两条等高线的位置目估确定其高程。如本例中，P 点位于 AB 间距 A 点约 6/10 处，则目估高程为 84.6m。

（三）求图上两点间的距离和方位角

1. 求图上两点间的水平距离　如图 8-9，若要求出 A、B 两点的水平距离，有两种方法：

（1）解析法。先确定或求出 A，B 两点的坐标 (x_A, y_A)，(x_B, y_B)，再按下式计算出水平距离：

$$D_{AB} = \sqrt{(x_B - x_A)^2 + (y_B - y_A)^2} \tag{8-2}$$

（2）图解法。用直尺量出 A，B 两点的长度，然后依比例尺计算出 AB 的长度。有时精度要求不高时，也可以直接用三棱尺或两脚规（配合直线比例尺）直接量取长度。

2. 求图上某直线的方位角

如图 8-9 所示，若要求出 A，B 直线的方位角，同样可按前述方法求算出 A，B 两点坐标，然后用坐标反算公式算出其方位角。

$$\alpha_{AB} = \text{arctg} \frac{y_B - y_A}{x_B - x_A} \tag{8-3}$$

若精度要求不高，可过 A 点作 x 轴的平行线（或延长 BA 与坐标纵线相交），用量角器直接量取直线 AB 的方位角。

（四）求图上地面的坡度

地面坡度是指倾斜地面对水平面的倾斜程度，即地面两点的高差与这两点水平距离的比值，用百分比表示。

如上述方法在图上求得直线的长度以及两端点的高程后，可按下式计算出该直线的平均坡度 i。

$$i=\frac{h}{d \cdot M} \times 100\%=\frac{h}{D} \times 100\% \tag{8-4}$$

式中：d 指图上量得的长度（m）；h 指直线两端点的高差（m）；M 指地形图比例尺分母；D 指该直线的实地水平距离（m）。

坡度通常用百分率或千分率表示，"＋"为上坡，"－"为下坡。

同时，图上地面的坡度也可以采用坡度尺直接量取，方法如下：

①当等高线比较稀疏时，先用两脚规量取图上欲求坡度的两条等高线间的水平距离，然后移至坡度尺上，使两脚规的一脚放在坡度尺水平基线上滑动，另一脚与曲线相交处所对应的水平基线上的度数，即为所求坡度。

②当等高线密集时，则使用相邻 6 条等高线间坡度的坡度尺进行量测，先在图上用两脚规量取欲求坡度的相邻 6 条等高线间的水平距离，然后移至坡度尺上量比，找到宽度正好相同处的度数即为所求坡度数。

知识探究

二、地形图的野外应用

在野外使用地形图时，经常要进行地形图的定向，在图上确定站立点位置，地形图与实地对照读图等工作。当使用的地形图图幅数较多时，为了使用方便则需进行地形图的拼接和粘贴，方法是根据接图表所表示的相邻图幅的图名和图号，将各幅图按其关系位置排列好，按左压右、上压下的顺序进行拼贴，构成一张范围更大的地形图。

（一）实地定向

地形图野外实地定向是使图上表示的地形与实地地形一致。常用的方法有以下两种：

1. 利用罗盘定向 根据地形图上的三北关系图，将罗盘刻度盘的北字指向北图廓，并使刻度盘上的南北线与地形图上的真子午线（或坐标纵线）方向重合，然后转动地形图，使磁针北端指到磁偏角（或磁坐偏角）值，完成地形图的定向。

2. 利用明显地物定向 先在地形图上和实地分别找出相对应的两个位置点。例如，本人站立点、独立房屋、道路、河流、渠道、输电或通信线路、山顶、独立大树等，然后转动地形图，使图上位置与实地位置一致即可。

（二）在图上确定站立点的位置

当站立点附近有明显地貌或地物时，可利用它们确定站立点在图上的位置。例如，站立点的附近有道路、河流的转弯点、交叉点，房屋角点、桥梁一端，山脊的一个平台、尖山头，或冲沟、湖泊、土堆、独立树、独立屋、水塔、池塘等时，可与图上相应的地物、地貌一一对照后，再目估站立点至各明显地物、地貌的方位和距离，从而确定站立点在图上的位置。

当站立点附近没有明显地物或地貌特征时，可以采用交会法来确定站立点在图上的位置。

（三）实地对照读图

当进行了地形图定向和确定了站立点的位置后，就可以根据图上站立点周围的地物和地貌的符号，找出与实地相对应的地物和地貌；或者观察了实地地物和地貌来识别其在地图上所表示的位置。地形图和实地通常是先识别主要和明显的地物、地貌，然后再按关系位置识别其他地物、地貌。通过地形图和实地对照，了解和熟悉周围地形情况，比较出地形图上内容与实地相应地形是否发生了变化。

对照读图时应注意，要尽量站在视线开阔的高处，多走多看多比较，区别相似的地物、地貌，避免辨认错误，保证野外专业调查或规划设计的准确性。

 知识探究

三、地形图在园林工程上的应用

（一）按限制坡度在图上选线

在园林道路、管线等工程设计时，均有坡度的限制和要求。利用地形图，根据园林工程的技术规范要求及规划设计线路的位置、走向和坡度，在图上先确定其位置，然后进行方案比较。

如图 8-11（a）所示，已知地形图的比例尺为 1：2 000，等高距为 1m。要从公路边 A 到山顶 B 定出一条路线，其坡度不得超过 4%，请在图上定出该坡度的最短路线。

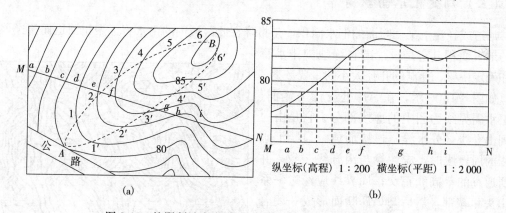

图 8-11　按限制坡度在图上选线和根据地形图绘制断面图

解：根据（8-4）式，按所规定的坡度，路线通过两相邻等高线的最短图上距离为

$$d=\frac{h}{M\cdot i}=1\mathrm{m}\div（2000\times4\%）=12.5\mathrm{mm}$$

张开两脚规使其两脚宽度等于 12.5mm，先以 A 点为圆心作圆弧，交 81m 等高线于 1 及 $1'$ 点。再分别以 1 及 $1'$ 点为圆心，用同样的半径交 82m 等高线于 2 及 $2'$ 点（也可交出其他两点，但应按路线平直、路程较短等条件选取其中一条）。依此类推，直至 B 点。

图 8-11（a）中的两条路线都是符合坡度要求的路线，并且路线均较短，至于最后确定哪一条路线，尚需参考工程上其他条件而定。若相邻等高线间平距较大，按规定坡度所取的

半径不能与等高线相交，则说明地面的坡度小于规定的坡度，线路方向可按地面的实际情况在图上任意确定，当然沿等高线的垂直方向其路线最短。

（二）按指定方向绘制地面断面图

园林线路、管线、涵洞、桥梁等工程的规划设计、土石方计算、边坡放样等过程中，经常要用到断面图。利用地形图，可以绘制图上任一方向（也可以是几个不同的折线方向）的断面图，表示这些方向上地面的起伏状况。

如图 8-11（a），要绘制 MN 方向的断面图，首先要确定直线 MN 与等高线交点 a，b…N 的高程及各交点至起点 M 的水平距离，再根据点的高程及水平距离，按一定比例尺绘制成断面图。具体方法如下：

1. 绘制直角坐标系 横坐标轴表示水平距离，其比例尺与地形图比例尺相同（也可以不相同）；纵坐标轴表示高程，为了更突出地显示地面起伏状态，其比例尺一般是水平距离比例尺的 $10\sim20$ 倍。在纵轴上注明标高，其起始值选择要适当，使断面图位置适中。

2. 确定断面点 先用两脚规（或直尺）在地形图上分别量取 Ma，Mb…MN 的距离；在横坐标轴上，以 M 为起点，量出长度 M_a，M_b，…M_N，以定出 M，a，b…N 点。通过这些点，作垂线与相应标高线的交点即为断面点。

3. 根据地形图，将各断面点用平滑的曲线连接起来，即为方向线 MN 的断面图，如图 8-11（b）所示。

（三）确定汇水面积周界

河道或径流上某一断面的汇水面积，是指降在此区域内的雨水将汇聚于河道而流经该断面的地表面积。它是设计园林绿地内排水管道和确定桥梁、涵洞的孔径大小的重要数据。

如图 8-12 所示，在 AB 处设计一涵洞，其汇水周界线为图中的虚线部分。它是由一系列山脊线（分水线）连接而成。勾绘汇水面积的周界线时，应注意与山脊线一致，并与所通过的等高线正交；周界线应经过一系列山头和鞍部，然后与 AB 断面形成一闭合环线；周界线在山顶或鞍部处其方向才会有较大的改变，一般应绘成平滑的曲线。

（四）面积计算

见本章第三节。

（五）估算山体体积

场地平整是一项常见的园林工程内容。若待平整的场地内有山体，则设计前需对山体某

图 8-12　确定汇水面积周界

一高程（或设计高程）以上的体积进行估算。利用地形图估算山体体积的方法是：先在图上求出各条等高线所围起的面积；然后计算相邻等高线所围面积的平均值，乘上两等高线间的高差，得各等高线间的山体体积，再求总和，即为该山体某一高程（或设计高程）以上的总体积。

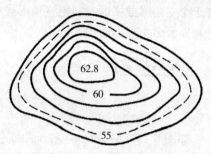

图 8-13 利用地形图等高线
估算山体体积

如图 8-13 所示，地形图的等高距为 2m，设计高程为 55m，先在图中内插 55m 的设计等高线（图中的虚线），再分别求出 55m，56m，58m，60m，62m 等高线所围成的面积 A_{55}，A_{56}，A_{58}，A_{60}，A_{62}，则每层的体积为

$$V_{55-56} = \frac{1}{2}(A_{55}+A_{56}) \times 1 \ (\text{m}^3)$$

$$V_{56-58} = \frac{1}{2}(A_{56}+A_{58}) \times 2 \ (\text{m}^3)$$

$$V_{58-60} = \frac{1}{2}(A_{58}+A_{60}) \times 2 \ (\text{m}^3)$$

$$V_{60-62} = \frac{1}{2}(A_{60}+A_{62}) \times 2 \ (\text{m}^3)$$

$$V_{62-顶} = \frac{1}{3}A_{62} \times 0.8 \ (\text{m})$$

高程 55m 以上的山体体积总计为

$$V = V_{55-56} + V_{56-58} + V_{58-60} + V_{60-62} + V_{62-顶}$$

同理，可以根据设计等高线（等深线）来计算填土或挖湖的土石方工程量。

第三节 面积计算

在园林工程设计及施工过程中，经常遇到面积量算的问题。有了地形图，就可以利用图纸量算任何图形的面积，下面介绍几种常用的方法。

一、几何图形法

如图 8-14（a）所示，如果图形是由直线连接而成的闭合多边形，则可将多边形分割成

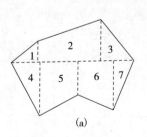

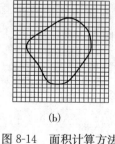

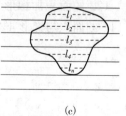

(a)　　　　　　　　(b)　　　　　　　　(c)

图 8-14 面积计算方法

若干个三角形或梯形，利用三角形或梯形计算面积公式来计算各简单图形的面积，最后求出总和即为多边形的面积。

二、透明方格纸法

如图8-14（b）所示，对于曲线包围的不规则图形，可利用绘有边长为1mm、2mm或其他规格的正方形格网的透明纸蒙在图纸上，统计出图形所围的方格整数格和不完整格数，一般将不完整格作半格计（或直接目估折算成完整格数），从而算出图形的总方格数，最后根据一个方格所代表的面积计算出总面积S。

$$S=n(d \cdot M)^2 \qquad (8-5)$$

式中：S为总面积（m^2）；n为总方格数；d为方格的边长（m）；M为比例尺分母。

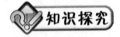

三、平行线法（积距法）

如图8-14（c）所示，把绘有间隔h为2mm或其他规格平行线的透明纸覆盖在地形图上，则图形被分割成许多高为h的等高近似梯形，再量测各梯形的中线l_i（图中虚线）的长度，则该图形面积计算如下：

$$l=l_1+l_2+l_3+\cdots+l_n$$
$$S=h \cdot l \cdot M^2 \qquad (8-6)$$

式中：l_1，l_2，l_3……为各近似梯形的中线长；l为总长度（即积距，m）；S为总面积（m^2）；h为平行线间距（即近似梯形的高，m）；M表示图纸比例尺分母。

该法适用于不宜采用透明方格法的狭窄图形的面积计算，如园林道路横断面图挖方、填方面积计算。

四、解释法（坐标法）

如果图形是任意多边形，且各顶点的坐标为已知，则可以采用解析法来计算此多边形的面积。

如图8-15为任意四边形，各顶点编号按顺时针为1，2，3，4。从图中可以看出四边形1234的面积等于梯形$1'122'$的面积加梯形$2'233'$的面积之和再减去梯形$1'144'$的面积与梯形$4'433'$的面积，即：

$$S=\frac{1}{2}\left[(x_1+x_2)(y_2-y_1)+(x_2+x_3)(y_3-y_2)\right.$$
$$-(x_1+x_4)(y_4-y_1)$$
$$\left.-(x_4+x_3)(y_3-y_4)\right]$$

解括号，合并同类项后得到：

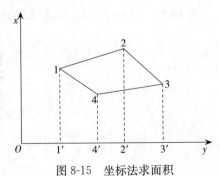

图8-15　坐标法求面积

$$S=\frac{1}{2}\left[x_1\left(y_2-y_4\right)+x_2\left(y_3-y_1\right)+x_3\left(y_4-y_2\right)+x_4\left(y_1-y_3\right)\right]$$

故，可得 n 边形的面积公式为：

$$S=\frac{1}{2}\sum x_i(y_{i+1}-y_{i-1}) \tag{8-7}$$

上式是将 n 边形各顶点投影于 y 轴上算得的。若将各顶点投影于 x 轴，同法可得：

$$S=\frac{1}{2}\sum y_i(x_{i-1}-x_{i+1}) \tag{8-8}$$

利用式（8-6）和式（8-7）计算同一多边形面积，可以互为检核计算。

五、求积仪法

求积仪是专门量算图形面积的仪器，分为机械求积仪和电子求积仪两种。其优点是量算速度快，操作简单。适用于块状图形的面积量算，且能保证一定的精度要求。下面介绍机械求积仪的构造及使用方法。

（一）求积仪的构造

如图 8-16 所示，求积仪主要由极臂、航臂（描迹臂）和计数机件等三部分组成。

极臂的长度一般是固定的，它的一端有一个重锤，锤下有一小针，可刺在图纸上以固定其位置（测量时该位置称为"极点"），它的另一端有一球头短柄，可插到航臂上的连接孔内，把极臂和航臂结合起来。

航臂的一端有一个航针（又称描迹针），旁边有手柄和小圆柱，小圆柱的高度可以调节（目的使航针稍离纸面）；航臂另一端装有一套计数机件，依靠制动螺旋和微动螺旋的作用，计数机件可在航臂上移动，从而改变航臂的长度。

如图 8-17 所示，计数机件是求积仪中最重要的部件。它包括计数小轮（即测轮）、游标和计数盘。当航臂移动时，计数小轮随之转动，当计数小轮转动一周时，计数盘转动一格。计数盘共分 10 格，注有 0～9 数字。计数小轮分为 10 等分，每一等分又分成 10 个小格，在计数小轮旁附有游标，可直接读出计数小轮上一小格的 1/10。因此，根据这个计数机件，可读出 4 位数字：首先从计数盘上读得千位数，然后在计数小轮上读取百位数和十位数，最后按游标读取个位数。图 8-17 中的读数为 3677。

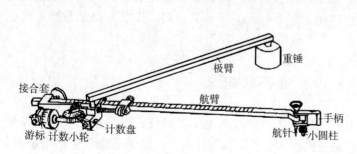

图 8-16　求积仪

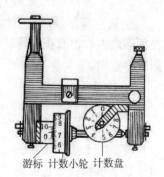

图 8-17　求积仪的记数机件

（二）求积仪的使用

用求积仪量测图形面积的步骤如下：

1. 固定图纸 将图纸固定在平整的图板上。

2. 确定航臂位置 在求积仪盒内附表上，根据图形比例尺查出相应的航臂长度和单位分划值 c，通过接合套上的制动和微动螺旋在航臂上对准航臂长度值。

3. 安置极点 把求积仪的极点固定在待测图形之外，用航针沿图形轮廓试绕一周，若极臂与航臂的夹角在 $30°\sim150°$，则所选极点适当，可固定。否则，应重新选择极点的位置。

4. 绕测与读数 把航针尖对准图形轮廓上的一点（尽可能使航臂和极臂成直角），作为起点，并做一记号，记下计数机件上的起始读数 n_1；然后手扶手柄使航针按顺时针（或逆时针）方向平稳而准确地沿着图形的轮廓线绕行一周回到起点，记下计数机件上的读数 n_2。

5. 计算面积 所测图形的面积按下式计算：

$$S = c\,(n_2 - n_1) \tag{8-9}$$

式中 c 为求积仪的单位分划值，即游标读数的一个单位所代表的面积值，也称乘常数，可在求积仪盒内附表中查得，也可用求积仪的检验尺来测定。即将检验尺一端下面的固定小针（设为 M）固定在图纸上，将求积仪描迹针插入尺的另一端小孔（设为 N）中，以 M 为圆心，MN 长为半径，绕行一周得读数差 $n_2 - n_1$，因圆面积为已知，根据式（8-9）即可反算出 c 值。

（三）求积仪使用应注意的事项

1. 测量面积前应检查求积仪的测轮与计数盘能否自由转动，如测轮、计数盘与其游标间发生摩擦或空隙较大，应先调整合格后方可使用。

2. 图纸应平放在图板上并固定，不要放在不平的桌上，以防航针受损。

3. 手持航针（描迹针）应匀速而准确地沿图形轮廓线绕行，如发现过大离位或遇测轮悬空时，应重新测定；在顺时针绕行过程中，测轮转动方向时正时反或滑动不转，这些都属正常现象，但终了读数总是增加的，并应注意计数盘上的零分划线经过读数指标一次，应在终了读数 n_2 中加上 10 000。

4. 为消除求积仪的仪器误差，可将计数机件置于航臂与极点连线的左、右两侧各测一次。如相对误差不超过 $\frac{1}{200}$，取其平均数作为测量结果。

5. 极点应尽量选在图形之外。如果图形太大，可将图形分块进行计算；也可把极点放在图形之内，但面积计算时要加上 Q 值，即 $S = c\,(n_2 - n_1) + Q$。其中为 Q 加常数，可在附表中查出。

＊六、电子求积仪

随着电子技术的发展，世界上已出现了多种型号的电子求积仪。图 8-18 为 KP-90N 型电子数字求积仪，它集中了先进的测量机械和电子装置设计而成，能快速精确地量测任何形状图形的面积。其量测值能用数字直接显示出来，且能进行累加测量、平均值测量及面积单位的换算等。现将其主要部件及其使用方法介绍如下。

（一）主要部件

主要部件为动极轴、跟踪臂和微型计算机，如图 8-18 所示。微型计算机表面有各种功能键和显示部。

1. 动极轴　动极轴与微型计算机相连，它的两端有两个动极轮，动极轮可以在动极轴的垂直方向滚动。

2. 功能键　微型计算机表面有以下功能键，各功能键显示的符号在显示屏上的位置如图 8-19 所示。

3. 电源　该仪器可用 DC（电池式直流电）和 AC（交流电）两种电源。

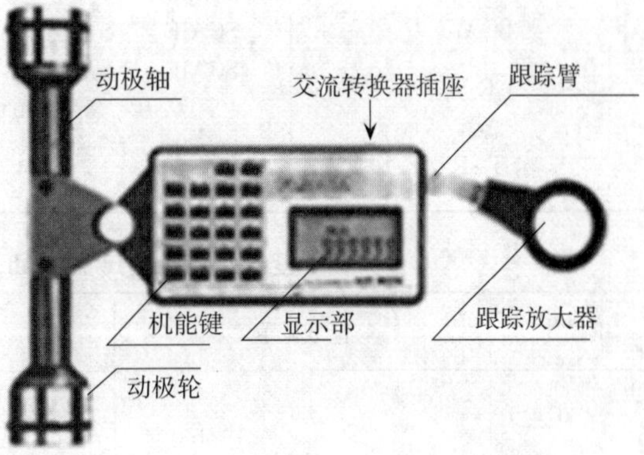

图 8-18　KP-90N 型电子求积仪外观示意图

（二）使用方法

1. 准备工作　将图纸固定在平整的图板上，把跟踪放大镜大致放在图的中央，使动极轴与跟踪臂约成 90°角；用跟踪放大镜沿图形轮廓线试绕行 2～3 周，检查动极轴能否平滑地移动。如果在转动中出现困难，可调整动极轴位置。

2. 打开电源　按下 ON 键，显示屏是显示 0。

3. 设定面积单位　按 UNIT 键，选定面积单位。可选用的面积单位有米制、英制和日制 3 种。

4. 设定比例尺　设定比例尺的主要操作键有数字键、SCALE 键和 R-S 键。

多数图幅只用一种比例尺，但工程测量中有些图幅的水平比例尺和垂直比例尺是不相同的，因此，设定比例尺的方法也有所不同。

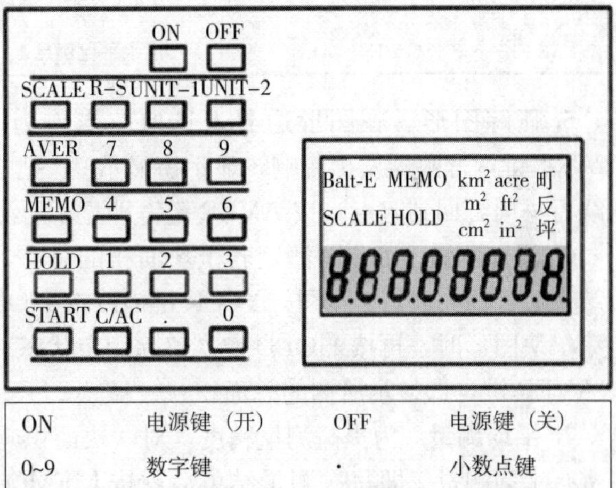

现结合下例说明设置步骤。

例：写出设定 1：100 比例尺和设定水平比例尺为 1：100、垂直比例尺为 1：50 的操作步骤。

解：设定 1：100 比例尺的操作步骤见表 8-3，设定水平比例尺为 1：100，垂直比例尺为 1：50 的操作步骤见表 8-4。

ON	电源键（开）	OFF	电源键（关）
0～9	数字键	·	小数点键
START	起动键	HOLD	固定键
MEMO	存储键	AVER	结束及平均值键
UNIT	单位键	SCALE	比例尺键
R-S	比例尺确认键	C/AC	清除键

图 8-19　各功能键及显示符号说明

表 8-3　设定比例尺 1∶100 的操作步骤

键操作	符号显示		操作内容
100	cm²	100	对比例尺分母 100 进行置数
SCAIE	SCAIE	cm²	设定比例尺 1∶100
R-S	SCAIE	cm² 10 000	100²＝10 000　确认比例尺 1∶100 已设定
START	SCAIE	cm² 0	比例尺 1∶100 设定完毕,可开始测量

表 8-4　设定水平比例尺 1∶100、垂直比例尺 1∶50 的操作步骤

键操作	符号显示		操作内容
100	cm²	100	对水平比例尺分母 100 进行置数
SCAIE	SCAIE	cm²	设定水平比例尺 1∶100
50	SCAIE	cm² 50	对垂直比例尺分母 50 进行置数
SCAIE	SCAIE	cm²	纵水平比例尺设定完毕
R-S	SCAIE	cm² 5 000	100×50＝5000　确认水平比例尺 1∶100、垂直比例尺 1∶50 已设定
START	SCAIE	cm²	水平比例尺 1∶100、垂直比例尺 1∶50 已设定完毕,可开始测量

5. 跟踪图形　在图形边界上选取一点作为起点,并与跟踪放大镜中心重合,按下 START 键,蜂鸣器发出音响,显示窗显示 0。把放大镜中心准确地沿着图形边界顺时针方向绕行一周,回到起点,按 AVER 键,即显示所测的图形面积。

6. 累加测量　如果要测定若干块面积的总和,可进行累加测量。即第一块面积测量面积结束后(回到起点),不按 AVER 键而改按 HOLD 键(把已测得的面积固定起来);当测定第二块图形时,再按 HOLD 键(解除固定状态),同法进行其他各块面积的测定,结束后按 AVER 键,即显示所测的总面积。

7. 平均测量　为提高测量精度,对一块面积应重复测量几次,取平均值作为最后结果,可进行平均测量。即每次测量结束后,按 MEMO 键,几次测量结束时按 AVER 键,显示几次测量的平均值。

(三)注意事项

电子求积仪不能放在太阳直射、高温、高湿的地方;严防强烈冲撞和粗暴使用;应用柔软、干燥的布抹拭,不能使用稀释剂、挥发油及湿布等擦洗;电池取出后,严禁把仪器和交流转换器连接使用。

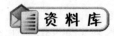资料库

一、遥感技术

遥感技术是从远距离感知目标反射或自身辐射的电磁波、可见光、红外线及对目标进行

探测和识别的技术。它是 20 世纪 60 年代在航空摄影和判读的基础上随航天技术和电子计算机技术的发展而逐渐形成的综合性感测技术。

现代遥感技术主要包括信息的获取、传输、存储和处理等环节。完成上述功能的全套系统称为遥感系统，其核心组成部分是获取信息的遥感器。

遥感器的种类很多，主要有照相机、电视摄像机、多光谱扫描仪、成像光谱仪、微波辐射计、合成孔径雷达等。

传输设备用于将遥感信息从远距离平台（如卫星）传回地面站。

信息处理设备包括彩色合成仪、图像判读仪和数字图像处理机等。

航空和航天遥感能从不同高度，大范围、快速和多谱段地进行感测，获取大量信息。航天遥感还能周期性地得到实时地物信息。因此遥感技术广泛用于军事侦察、导弹预警、军事测绘、海洋监视和气象观测等。在民用方面，遥感技术广泛用于地球资源普查、植被分类、土地利用规划、农作物病虫害和作物产量调查、环境污染监测、海洋研制、地震监测等方面。

二、地理信息系统（GIS）简介

地理信息系统（GIS），它与全球定位系统（GPS）及遥感图像处理系统（RS）合称为 3S 技术，是信息化和数字化的重要手段，也是目前应用领域最为广泛的技术之一。

地理信息系统是通过综合使用数字化图像和高级数据库技术，使用户摆脱纸质"文字"、"地图"限制而存储、应用信息的系统。"数字地球"是 21 世纪知识战略的制高点，是计算机与网络、地球信息、遥感遥测、卫星定位及仿真虚拟技术的结合与深化，这一战略将支持国家整体的可持续发展。地理信息系统作为"数字地球"的骨架支撑技术之一，关系到国民经济建设、社会发展和国家安全。

以下简要介绍地理信息系统的一些主要应用方面：

（一）测绘与地图制图

地理信息系统技术源于机助制图。地理信息系统（GIS）技术与遥感（RS）、全球定位系统（GPS）技术在测绘界的广泛应用，为测绘与地图制图带来了一场革命性的变化。集中体现在：地图数据获取与成图的技术流程发生的根本的改变；地图的成图周期大大缩短；地图成图精度大幅度提高；地图的品种大大丰富。数字地图、网络地图、电子地图等一批崭新的地图形式为广大用户带来了巨大的应用便利。测绘与地图制图进入了一个崭新的时代。

（二）资源管理

资源清查是地理信息系统最基本的职能，这时系统的主要任务是将各种来源的数据汇集在一起，并通过系统的统计和覆盖分析功能，按多种边界和属性条件，提供区域多种条件组合形式的资源统计和进行原始数据的快速再现。以土地利用类型为例，可以输出不同土地利用类型的分布和面积，按不同高程带划分的土地利用类型，不同坡度区内的土地利用现状，以及不同时期的土地利用变化等，为资源的合理利用、开发和科学管理提供依据。

（三）城乡规划

城市与区域规划中要处理许多不同性质和不同特点的问题，它涉及资源、环境、人口、交通、经济、教育、文化和金融等多个地理变量和大量数据。地理信息系统的数据库管理有利于将这些数据信息归并到统一系统中，最后进行城市与区域多目标的开发和规划，包括城镇总体规划、城市建设用地适宜性评价、环境质量评价、道路交通规划、公共设施配置，以及城市环境的动态监测等。这些规划功能的实现，是以地理信息系统的空间搜索方法、多种信息的叠加处理和一系列分析软件（回归分析、投入产出计算、模糊加权评价、0-1 规划模型、系统动力学模型等）加以保证的。我国大城市数量居于世界前列，根据加快中心城市的规划建设，加强城市建设决策科学化的要求，利用地理信息系统作为城市规划、管理和分析的工具，具有十分重要的意义。例如：北京某测绘部门以北京市大比例尺地形图为基础图形数据，在此基础上综合叠加地下及地面的八大类管线（包括上水、污水、电力、通讯、燃气、工程管线）以及测量控制网，规划路等基础测绘信息，形成一个测绘数据的城市地下管线信息系统。从而实现了对地下管线信息的全面的现代化管理。为城市规划设计与管理部门、市政工程设计与管理部门、城市交通部门与道路建设部门等提供地下管线及其他测绘部门的查询服务。

（四）灾害监测

利用地理信息系统，借助遥感遥测的数据，可以有效地用于森林火灾的预测预报、洪水灾情监测和洪水淹没损失的估算，为救灾抢险和防洪决策提供及时准确的信息。1994 年的美国洛杉矶大地震，就是利用 ARC/INFO 进行灾后应急响应决策支持，成为大都市利用 GIS 技术建立防震减灾系统的成功范例。通过对横滨大地震的震后影响作出评估，建立各类数字地图库，如地质、断层、倒塌建筑等图库。把各类图层进行叠加分析得出对应急有价值的信息，该系统的建成使有关机构可以对像神户一样的大都市大地震作出快速响应，最大限度地减少伤亡和损失。再如，据我国大兴安岭地区的研究，通过普查分析森林火灾实况，统计分析十几万个气象数据，从中筛选出气温、风速、降水、温度等气象要素、春秋两季植被生长情况和积雪覆盖程度等 14 个因子，用模糊数学方法建立数学模型，建立微机信息系统的多因子的综合指标森林火险预报方法，对预报火险等级的准确率可达 73％以上。

（五）环境保护

利用 GIS 技术建立城市环境监测、分析及预报信息系统；为实现环境监测与管理的科学化自动化提供最基本的条件；在区域环境质量现状评价过程中，利用 GIS 技术的辅助，实现对整个区域的环境质量进行客观地、全面地评价，以反映出区域中受污染的程度以及空间分布状态；在野生动植物保护中的应用，世界野生动物基金会采用 GIS 空间分析功能，帮助世界最大的猫科动物改变它目前濒于灭种的境地。都取得了很好的应用效果。

（六）国防

现代战争的一个基本特点就是"三S"技术被广泛地运用到从战略构思到战术安排的各个环节。它往往在一定程度上决定了战争的成败。如海湾战争期间，美国国防制图局为战争的需要在工作站上建立了 GIS 与遥感的集成系统,它能用自动影像匹配和自动目标识别技术,处理卫星和高空侦察机实时获得的战场数字影像,及时地将反映战场现状的正射影影像叠加到数字地图上,数据直接传送到海湾前线指挥部和五角大楼,为军事决策提供 24h 的实时服务。

(七)宏观决策支持

地理信息系统利用拥有的数据库,通过一系列决策模型的构建和比较分析,为国家宏观决策提供依据。例如系统支持下的土地承载力的研究,可以解决土地资源与人口容量的规划。我国在三峡地区研究中,通过利用地理信息系统和机助制图的方法,建立环境监测系统,为三峡宏观决策提供了建库前后环境变化的数量、速度和演变趋势等可靠的数据。

总之,地理信息系统正越来越成为国民经济各有关领域必不可少的应用工具,相信它的不断成熟与完善将为社会的进步与发展作出更大的贡献。

【思 考 练 习】

一、填空题

1. 地形图的分幅可分为_____和_____两大类。

2. 梯形分幅又称经纬线分幅,就是按_____和_____来划分,左、右和上、下分别以_____和_____为界,整个图形看似梯形。梯形分幅常用于_____地形图。

3. 正方形分幅的图纸,其比例尺一般为 1：_____、1：_____、1：_____和 1：_____。

4. 一般规定 1：5 000 比例尺地形图图幅大小纵、横各为_____ cm,即_____ cm×_____ cm,实地为_____ km×_____ km。一张 1：5 000 正方形地形图,含有_____幅 1：500 比例尺图幅的地形图。

5. 正方形分幅的编号通常采用该图幅_____角点坐标表示(以千米为单位)。

6. 常用的地形图求算实地面积的方法有：_____、_____、_____、_____和_____等 5 种方法。

二、单项选择题

1. 图 8-20 中各点能看到村庄的是( )。
   A. 甲   B. 乙   C. 丙   D. 丁

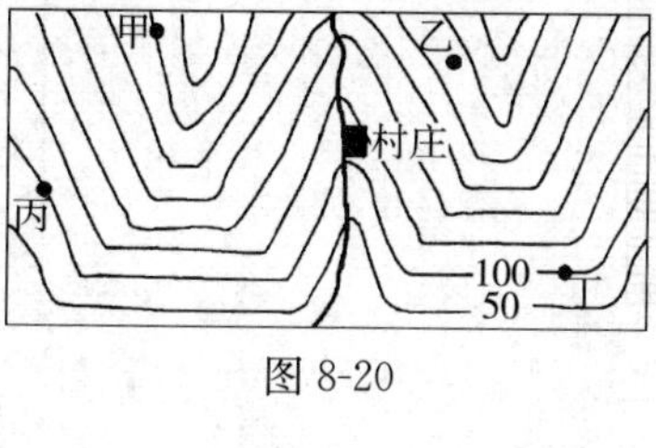

图 8-20

2. 图 8-21 景观示意图与图 8-20 等高线图相匹配的是（　　　）。

图 8-21

3. 图 8-22 中能正确反映地形图中沿 ab 线所作的地形断面图的是（　　　）

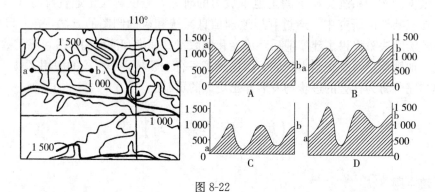

图 8-22

4. 图 8-23 中最高海拔为（　　　）

    A. 50～100m　　　　　B. 5～150m

    C. 100～150m　　　　D. 150～200m

5. 图 8-23 地形特点叙述正确的是（　　　）

    A. 地形以崎岖的高原为主。

    B. 地势四周高中间低。

    C. 一条较宽的谷地纵贯其中。

    D. 地表坦荡无垠。

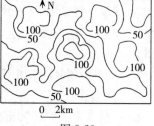

图 8-23

6. 图 8-24 为海边的地形图，图中等高距为 10m，山峰 N 的最大海拔高度可能为（　　　）

    A. 90m　　　　　　B. 89m　　　　　　C. 79m　　　　　　D. 97m

7. 若用图 8-24 中①、②、③、④ 4 条曲线表示河流，其中正确的是（　　　）

    A. ①②　　　　　　B. ③④　　　　　　C. ②③　　　　　　D. ①④

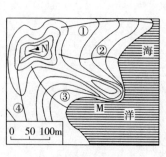

图 8-24

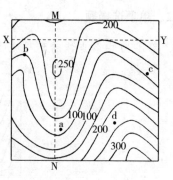

图 8-25

8. 图 8-25 中，若 a、b、c、d 为 4 个居民点，该地区拟建一座水库，计划蓄水位达到 175m，下列叙述正确的是（　　　）

　　A. 该地区小部分面积被淹没，将出现一个岛屿。

　　B. 只有 d 居民点可以不搬迁。

　　C. 该地区将出现两个小岛，b、c、d 将被水淹没。

　　D. 4 个居民点都不必搬迁。

三、简答题

1. 1∶2 000～1∶5 000 比例尺地形图的编号方法有哪些？

2. 野外用图时，如何对地形图实地定向？如何确定站立点在图上的位置？

3. 用求积仪测量图形面积时，选择极点的位置应注意什么问题？

4. 地形图有哪些方面的应用？如何实现？

四、计算题

1. 如图 8-26 所示，图的比例尺为 1∶2 000，请完成以下项目：

（1）求 A，B，C 三点的坐标。

（2）计算 AC 的水平距离和 AC 的方位角。

（3）求 A，B，C 三点的高程。

（4）计算 AC 连线的平均坡度。

（5）由 A 到 B 定出一条限制坡度为 6% 的最短路线。

（6）绘制 BC 方向的断面图。

2. 在 1∶1 000 的地形图上，量得某绿地图上面积为 298.6cm²，则该绿地的实际面积为多少平方米？折合多少公顷？

3. 在 1∶500 比例尺图上求某绿地面积，用求积仪测得起始读数 $n_1=2639$，终止读数 $n_2=2 963$，从求积仪附表中查得 1∶500 比例尺图上乘常数 c 值为 $2m^2$，则该绿地的实地面积为多少？

五、绘图题

如图 8-27 所示，拟在 AB 点处修建一座涵洞，请在图上勾绘其汇水周界线。

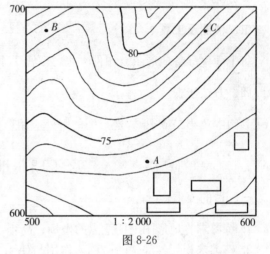

图 8-26

图 8-27

［实习 12］地形图野外用图

一、目的要求

初步掌握地形图实地定向及确定站立点位置的方法，掌握实地读图的方法。

二、实习内容

1. 练习地形图的实地定向。
2. 练习在图上确定站立点的位置。
3. 练习实地对照读图。

三、仪器及工具

每个学生准备地形图复印件 1 张，罗盘 1 个。自带铅笔、橡皮。

四、方法步骤

参阅本章第二节中，"地形图的野外应用"。

［实习 13］地形图量算

一、目的要求

1. 练习求算地形图上任意点的坐标、高程，任意线段的距离、方位角、坡度等。
2. 熟悉求积仪各部件的名称、作用与使用方法；练习计数机件的读数方法；练习用求积仪测算图形面积的方法。
3. 练习透明方格纸法、平行线法、解析法或几何图形法测算面积的方法，从中掌握 2～3 种当地常用的面积求算方法。

二、仪器及工具

每组求积仪 1 台，图板 1 块，记录表若干；每位学生发给地形图复印件（A3）1 张，透明毫米方格纸（16 开）1 张。自备三角板、铅笔、小刀、计算器等。

三、方法步骤

1. 求图上任意点的坐标
2. 求任意点的高程
3. 求任意线段的距离
4. 求任意线段的方位角
5. 求任意线段的坡度
以上内容参阅本章第二节内容。
6. 求积仪测算面积
（1）指导教师讲解求积仪各部件的名称、作用及其使用方法。

（2）在教师的指导下，学习计数机件的读数方法。

（3）用求积仪测算图形的面积。由指导教师提供一个闭合图形，用轮左、轮右位置各测一次，取读数差的平均值，再求图形面积。

①将图纸固定在平整的图板上。

②用求积仪的轮左（第一）位置，选定极点和描迹针（航针）起始点的位置，读取计数机件读数 n_1，记入记录表；手持手柄，使描迹针沿顺时针方向绕行图形一周回到起点，读取计数机件读数 n_2，记入记录表；计算读数差（$n_2 - n_1$）。

③用求积仪的轮右（第二）位置，重复（2）步骤；至此完成一个测回的测定。

④计算求积仪轮左、轮右的平均读数差和图形面积。

7. 用透明方格纸法、平行线法测算上述图形的实地面积，并与求积仪测算的面积进行比较。

8. 以作业形式，练习解析法求算图形面积的方法。

四、注意事项

（1）求积仪的轮左、轮右读数差的相对误差≤1/200。

（2）两臂夹角控制在 30°～150°。

（3）选择描迹起点位置时，应使两臂大致成 90°。

（4）绕行轮廓界线时，应做到动作平稳、速度均匀，并一气呵成；若发现测轮读数盘悬空时，应重新测定。

（5）当计数圆盘读数逐渐增加时，若圆盘零分划线经过读数指标一次，则应在终了读数 n_2 上加10 000，然后再求 n_2 与 n_1 的差数。

（6）透明方格纸法和平行线法量算面积时，应变换方格纸的位置及平行线的方向 1～2 次，并分别量算面积，以便校核成果和提高量测精度。

五、上交材料

面积量测记录表（表 8-5）。

表 8-5 面积量测记录表

班级：＿＿＿＿＿ 组别：＿＿＿＿＿ 姓名：＿＿＿＿＿ 仪器号：＿＿＿＿＿ ＿＿＿年＿＿＿月＿＿＿日

测轮位置		轮左		轮右	
读数次数		第一次读数	第二次读数	第一次读数	第二次读数
测轮读数	起始				
	终结				
	差数				
平均数					
图形面积					
实地面积					

几何图形法测算结果：＿＿＿＿＿＿＿＿＿＿＿＿＿＿＿＿；

透明方格纸法测算结果：＿＿＿＿＿＿＿＿＿＿＿＿＿＿＿；

平行线法测算结果：＿＿＿＿＿＿＿＿＿＿＿＿＿＿＿＿。

园林道路测量

第一节 概 述

园林道路是园林的脉络，是联系园内各功能区、景区和景点的纽带，它不但具有导游的功能——组织园林景观的展开和游人的观赏程序，而且还具有构景作用，同时还必须满足园林植物防护、环境保护和园林职工的生产生活等方面的需要。所以，园林道路在园林工程设计中占有重要地位。

园林道路测量贯穿于道路工程的规划选线、勘测、施工及营运的全过程。规划选线阶段是线路工程的开始阶段，一般内容包括图上选线、实地勘察和方案论证。道路勘测一般分为初测和定测两个阶段。道路施工前和施工过程中，需要恢复中线、测设路基边桩和竖曲线等。工程结束后，还应进行竣工测量，为工程竣工后的使用、维护提供必要的资料。这些工作统称道路施工测量。此外，在运营阶段，还要监测工程的运营状况，评价工程的安全性等。

下面介绍园路的种类和园路测量的一般内容。

一、园路的种类

（一）按其主要用途分类

1. 园景路 园景路是指依山傍水的或有着优美植物景观的游览性园林道路。这种园路的交通性不突出，但适宜游人漫步游览和赏景。如风景林中的林道、滨水的林荫道、花径、竹径等都属于园景路。

2. 园林公路　园林公路是指以交通功能为主的通车园路，一般采用公路形式，如大型公园中的环湖路、山地公园中的盘山公路等。

3. 绿化街道　绿化街道是指分布在城市街区的绿化道路。

（二）按其重要性和级别分类

1. 主园路　主园路在风景区又称为主干道，是贯穿景区内所有游览区或串联公园内所有景区，起骨干主导作用的园路。主园路常作为导游线，对游人活动进行有序地组织和引导，同时也可满足少量园务运输车辆通行的要求。

2. 次园路　次园路又叫支路、游览道，是路宽仅次于主园路的、联系各主要景点或风景地带的重要园路。次园路有一定的导游性，主要供游人游览观景用，一般不能通行汽车。

3. 小路　小路即游览小道或散步小道，其宽度一般仅供 1 人漫步或可供 2 人并肩散步，其布置很灵活，平地、坡地、水边、草坪上、花坛群中皆可铺筑小路。

本章主要介绍主园路和次园路的测量。

二、园路测量的基本内容

园路测量和其他公路测量一样，其基本内容包括实地选线、中线测量、纵断面水准测量、横断面测量、路线纵线坡设计、路基设计、土石方工程量计算及工程概（预）算等。

本章主要介绍园路中线的实地定线、转角测量、里程桩设置、圆曲线测设、路线纵断面水准测量、横断面测量、路线纵断面图的绘制、路基设计图的绘制及土石方工程量的计算等内容。

由于园路功能的不同，有些需要通行大量的人流或机动车，有些只作为少量人流的通行使用，而有些还要考虑残疾人的游园方便，因此，园路的技术指标比较复杂，且都有一定的幅度范围（因公园面积和园路级别的不同而不同），具体设计时应参考《公园设计规范》、《森林公园总体设计规范》、《林区公路设计规范》、《城市道路设计规范》及《方便残疾人使用的城市道路和建筑物设计规范》中的相关内容。本章中的某些技术指标只是参考值。

第二节　中线测量

园林道路中线测量是通过直线和曲线的测设，将道路中线的平面位置测设到地面上去，并标定其里程，供设计和施工使用。道路中线的平面几何线形由直线、圆曲线与缓和曲线组成。中线测量工作主要包括：测设中线上各交点和转点、量距和钉桩、测量转点上的偏角、测设圆曲线和缓和曲线等。

一、实地定线

园路中线的实地定线是根据公园或绿地总体规划中的路线走向，结合路线所处的地形、地质条件和园路的造景功能，在实地上定出园路中线的交点和转点位置。

（一）实地定线的原则

园路的选线定点，要充分考虑环境与地形因素及各方面的技术经济条件，本着美观、舒适、方便、节约和安全的基本原则，认真选择路线。具体操作时，应综合考虑以下几个方面：

1. 因景制宜，因势造景　园路的走向要以景区（或景点）的分布为依据，发挥园路对游人的引导作用，使游人不漏掉游览内容；同时要充分利用各种地形的有利条件，挖掘地形要素的实用功能和造景潜力。例如，在水边的园路，其路线要注意与岸边地形相结合，路线与岸边时分时合，路面可低平一些（但应高于洪水位0.5m），使临水的意趣更加浓郁；在山地的园路，可选定合理的线位，使路线能依山随势，平面上有适当的曲折、竖面上又有所起伏变化；庭院内的园路，既要有一定的自然弯曲变化，又要用一些直线路段与建筑边线、围墙等互相平行或垂直，使线型既美观、协调，又富有变化。

2. 顺从自然，保护景观　选择路线应顺从自然地形，一般不进行大挖大填，以减少土石方工程量；不破坏附近的天然水体、山丘、植被（需改造的除外）和古树名木，保持园林绿地的自然景观。

3. 曲折起伏，顾及游人　选择线路要充分考虑游人的行为规律，照顾游人游览和散步的习惯，园路线形既要曲折起伏，达到步移景异、路景变化的效果，又不能矫揉造作，故意过度弯曲，使游人感到别扭和单调平淡。

4. 综合考虑，主次分明　选择路线要与其他园林组成要素综合考虑，处理好园路与园桥、广场和建筑物，水体、山石及园林植物、园林小品之间的关系，分清主景与配景，切勿喧宾夺主，以实现整体的风景构图。

5. 避开危险，确保安全　尽量避开滑坡、泥石流、软土、地形陡峭和泥沼等不良地质地段，以减少人工构造物，节约工程投资，并确保游人的游览安全。

6. 考虑管线，方便施工　选择路线要与管线布置综合考虑，要充分考虑电力线、电信线路、给排水设施、供冷供热管道、有线广播电视线的布置和走向，以方便施工和节约投资。

7. 避开好地，节约土地　选择路线要尽量不占或少占景观用地，充分利用原有道路，尽量节约土地。

总之，定线时，应根据园内的地形地貌，充分利用原有的道路，做到技术上可行、经济上合理、生产上安全，并满足游人游园、公园造景、森林防护和公园职工的生产生活等方面的需要。

（二）实地定线的方法

园路在公园或园林绿地中的位置和走向，在总体规划中已经确定。园路中线的实地定线是根据公园或园林绿地总体规划中已确定的路线走向，综合考虑园路中线实地定线的原则，结合路线所处实地的地形、地质情况，进行勘察、复核和修正，在实地上定出园路中线的交点（也称为转折点，用 JD 表示）和转点（在相邻两个不通视交点的连线间增设一点，使增设的点能同时与相邻的交点通视，这个点即称为转点，用 ZD 表示）位置。具体方法如下：

1. 在规划设计图上画出园路的中心线，分别延长相邻两条直线段，其交叉点即为中线的交点，从园路起点开始，分别注上 JD_0，JD_1，JD_2……

2. 根据图上中线交点与原地形图控制点或其他现状地物、明显地物的距离和角度关系，用极坐标法或支距法、交会法等把交点位置在实地上逐点测设出来，也可根据已测设出的交点位置测设其他交点的位置。这样，中线的位置在实地就定了出来。若中线所处的实地地形、地质条件满足设计要求，则在交点位置打下交点桩，并以 JD_1，JD_2，JD_3……顺序编号；否则，重新调整部分中线位置。

3. 若相邻两交点互不通视，则应在它们连线之间的适当位置打入转点桩，并以 ZD_1，ZD_2，ZD_3…等编号。交点桩和转点桩一般用 $5cm \times 5cm \times 30cm$ 的方形木桩制成，桩顶钉入铁钉、侧面编号，字面朝向路线起点。

二、转角测量

因受实际地形和道路设计功能等的影响，致使园路前进的方向经常会有转弯、迂回。园路在所选线路上改变前进方向时，前、后视线的转折点称为"交点"，用 JD 表示（如图 9-1 所示）。在园路交点处，前、后视线的夹角有"左角"和"右角"之分。当夹角在路线前进方向的右侧时为右角，表示为 $\beta_{右}$；夹角在前进方向左侧时为左角，表示为 $\beta_{左}$。

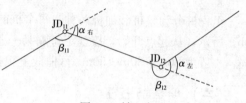

图 9-1　转角

在园林道路中线测量时，通常观测右角，如图 9-1 中 β_{11}、β_{12}，可用 DJ_6 级经纬仪按测回法观测一个测回，当上、下半测回较差不大于 $\pm40''$ 时，取平均值作为最后结果。

当路线由一个方向偏转向另一个方向后，偏转后的方向与原来方向延长线的夹角称为"转角"，用 α 表示。转角有"左转角"和"右转角"之分。在园路交点处，前视导线位于后视导线延长线的左侧时为左转角，表示为 $\alpha_{左}$；前视导线在后视导线的延长线右侧时为右转角，表示为 $\alpha_{右}$。

由图 9-1 可以看出：

当 $\beta > 180°$ 时，为左转角

$$\alpha_{左} = \beta - 180° \tag{9-1}$$

$\beta < 180°$ 时，为右转角

$$\alpha_{右} = 180° - \beta \tag{9-2}$$

确定分角线方向：根据测设曲线的需要，还应在交点处标出前、后两视线间小于 $180°$ 夹角的分角线方向。如图 9-2 所示，由于测量右角结束时，经纬仪处盘右状态。现若已知盘右后视时的度盘读数为 a，盘右前视时的度盘读数为 b，则分角线方向的盘右度盘读数 c 应为 $c = b + \dfrac{\beta}{2}$，由于 $\beta = a - b$，故

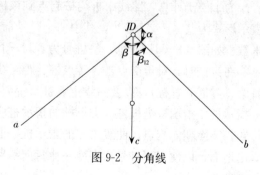

图 9-2　分角线

$$c=\frac{a+b}{2} \tag{9-3}$$

在园路测量中，无论是在路线左侧还是右侧设置分角线，均可按照公式（9-3）计算 c 值。在盘右时转动经纬仪照准部，使水平度盘读数为 c，此时望远镜视线方向即为分角线方向。若望远镜视线方向在前、后视线间大于 $180°$ 夹角的分角线方向时，则需要倒转望远镜。找到分角线的方向后，应在该方向线上钉设一个木桩，以供测设圆曲线"中点"时使用。

三、里程桩设置

为了标定路线中线的位置并测定路线的长度，也为了便于进行路线纵、横断面测量，从路线起点开始，需沿路线方向在地面上设置里程桩，这项工作又称为中桩测设。设置里程桩的工作主要是定线、量距和打桩。

（一）里程桩的设置方法

里程桩分为整桩和加桩两种，每个桩的桩号表明该桩距路线起点的里程。如图 9-3 (a)，(b) 所示，从起点开始，按规定每隔某一整数设一整桩。不同的线路，整桩之间的距离不同，一般为 20m、30m、50m 等（曲线上根据不同半径 R，每隔20m、10m 或 5m 设置）。

（二）加桩的设置

在相邻整桩之间穿越的重要地物处（如铁路、公路、旧管道等）、地面坡度变化处、路线曲线段的主点位置及路线的交点和转点处要增设加桩（或曲线桩）。如图 9-3 (c) 所示为曲线起点（直圆点 ZY）；当相邻两个交点相距较远或互不通视时，还应在其间适当位置增设转点（ZD），并钉设转点桩，如图 9-3 (d) 所示。因此，加桩分为地物加桩、地形加桩、曲线加桩和关系加桩等。

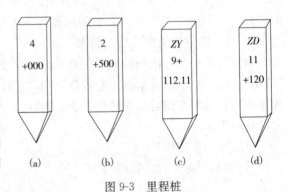

图 9-3　里程桩

（三）桩号的编写

为了便于计算，路线中桩均按起点到该桩的里程进行编号，并用红油漆写在木桩侧面，表示形式为"×+×××"，其中"+"号前的数为千米数，"+"号后的数为不足 1km 的米数。如图 9-3 (d) 所示，整桩号为"11＋120"，即此桩距起点11 120m。

在钉桩时，对于交点桩、转点桩、距路线起点每隔 500m 处的整桩、重要地物加桩（如桥梁、隧道位置桩），以及曲线主点桩，都要打下方桩，桩顶露出地面约 2cm，在其旁边钉一指示桩，指示桩为板桩。交点桩的指示桩应钉在曲线圆心和交点连线外距交点约 20cm 的位置，字面朝向交点。曲线主点的指示桩字面朝向圆心。其余的里程桩一般使用板桩，一半露出地面，以便书写桩号，字面一律背向线路前进方向。

（四）断链的处理

在测量过程中，有时因量距错误、计算错误或局部改线，使路线长度变长或变短，造成里程桩号与实际距离不相符，这种现象称为"断链"。断链有长链和短链之分，当原线路桩号小于实际里程时称为"长链"；反之，则称为"短链"。

设置里程桩时，应尽量减少断链产生。而对测量工作中出现的错误，如能及时发现，应及时返工更正，不作断链处理；如果发现较晚，设置的里程桩已较多，现场逐一改钉桩号的工作量大，且会影响后续工作的顺利进行时，才作断链处理，即在局部改线或差错地段改用新桩号，其他不变地段仍用老桩号，并在新老桩号变更处打一断链桩，分别表明新老两种里程，并在记录簿上注明断链情况，如"新 $1+108.75=$ 老 $1+120$ 短链 $11.25m$"。路线总长度等于末桩里程加上长链总和，再减去短链总和。

四、圆曲线测设

在路线方向发生改变的转折处，为满足行人、行车要求，需要用合适的曲线把前、后直线段连接起来，这种曲线称为圆曲线（平曲线）。曲线半径的参考值见表 9-1。

表 9-1　圆曲线的半径

半径大小 园路类型	园路内侧曲线半径（m）		
	一般情况	最小值	备　注
主干道	≥10.0	8.0	园路中线圆曲线半径为内侧半径值加上 1/2 路宽
次干道	6.0~30.0	5.0	

曲线一般由圆曲线和缓和曲线组成。本节主要介绍圆曲线里程桩的具体测设方法。圆曲线是最常用的一种平面曲线，又称单曲线。其测设一般分两步，先测设出圆曲线的主点，即起点、中点和终点，又称直圆点（ZY）、曲中点（QZ）、圆直点（YZ）；然后在主点间进行加密，在加密过程中同时测设里程桩，也称圆曲线细部测设。

（一）圆曲线的主点测设

1. 测设元素的计算　如图 9-4 所示，为了在实地测设圆曲线的主点，需要知道切线长 T，曲线长 L，及外矢距 E，这些元素称为主点测设元素。若转角 α 及半径 R 已知，则主点测设元素可按下式计算：

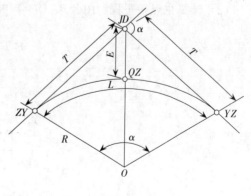

$$\left. \begin{array}{l} T = R\tan\dfrac{\alpha}{2} \\[2mm] L = R\alpha\,\dfrac{\pi}{180°} \\[2mm] E = R\left(\sec\dfrac{\alpha}{2} - 1\right) \\[2mm] D = 2T - L \end{array} \right\} \quad (9\text{-}4)$$

图 9-4　圆曲线测设元素

式中 D 称为切曲差。

2. 主点里程的计算　根据交点 JD 里程及圆曲线测设元素 T，L，E，D 计算各主点桩里程，由图 9-4 可知

$$\left.\begin{aligned} ZY\,里程 &= JD\,里程 - T \\ YZ\,里程 &= ZY\,里程 + L \\ QZ\,里程 &= YZ\,里程 - \frac{L}{2} \\ JD\,里程 &= QZ\,里程 + \frac{D}{2}\,（检核） \end{aligned}\right\} \tag{9-5}$$

3. 主点的测设方法　先根据交点 JD 里程及圆曲线测设元素 T，L，E，D 计算各主点桩里程。

将经纬仪置于 JD 上，望远镜照准后视相邻交点或转点（ZY 方向），沿此方向线自 JD 量取切线长 T，得曲线起点 ZY，钉下曲线起点桩。然后转动仪器照准部，前视 YZ 方向，自 JD 沿该方向量取切线长 T，得曲线终点 YZ，钉下曲线终点桩。再以 YZ 为零方向，测设水平角 $\left(\dfrac{180-\alpha}{2}\right)$，得到两切线的分角线方向，在该方向上从 JD 量取外矢距 E，得曲中点 QZ，钉下曲线中点桩。

知识运用

例 1：已知某交点的里程为 $3+182.76$，测得转角 $\alpha_{右}=25°48'$，拟定圆曲线半径 $R=300\mathrm{m}$，求圆曲线测设元素及主点桩里程。

解：（1）计算圆曲线测设元素。由公式（9-4）可得：

$$T = R\tan\frac{\alpha}{2} = 300\tan\frac{25°48'}{2} = 68.71\,（\mathrm{m}）$$

$$L = R\alpha\frac{\pi}{180°} = 300 \times 25°48' \times \frac{\pi}{180°} = 135.09\,（\mathrm{m}）$$

$$E = R\left(\sec\frac{\alpha}{2} - 1\right) = 300 \times \left(\sec\frac{25°48'}{2} - 1\right) = 7.77\,（\mathrm{m}）$$

$$D = 2T - L = 2 \times 68.71 - 135.09 = 2.33\,（\mathrm{m}）$$

（2）计算主点桩里程。由公式（9-5）可得：

$$
\begin{array}{lll}
JD & 3+182.76 & \\
-)\ T & 68.71 & \\
\hline
ZY & 3+114.05 & \\
+)\ L & 135.09 & \\
\hline
YZ & 3+249.14 & \\
-)\ L/2 & 67.54 & \\
\hline
QZ & 3+181.60 & \\
+)\ D/2 & 1.16 & （校核） \\
\hline
JD & 3+182.76 & （计算无误）
\end{array}
$$

知识探究

（二）圆曲线的详细测设

根据中桩测设要求，除测定圆曲线的主点外，还应在圆曲线上按一定间距 l_i 测设细部点，这样才能将圆曲线的形状和位置标定至实地。l_i 的大小一般为 20m、10m、5m，圆曲线半径 R 越小，细部点的间距 l_i 也越小，这些间距（弧长）称为整弧；在圆曲线上，短于整弧的弧长称为分弧。圆曲线的细部测设方法很多，下面介绍两种常用方法：

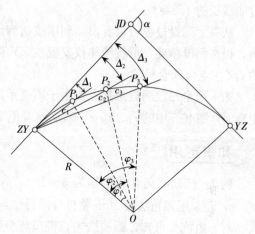

图 9-5　偏角法

1. 偏角法　如图 9-5 所示，偏角法是根据偏角 Δ（弦切角）和弦长 c 测设细部点。从 ZY（或 YZ）点出发根据偏角 Δ_1 及弦长 c（ZY-p_1）测设细部点 p_1，根据偏角 Δ_2 及弦长 c（p_1-p_2）测设细部点 p_2，以此类推。

按几何原理，偏角等于弦长所对圆心角的一半，则有

$$\left.\begin{array}{l} \Delta_i = \dfrac{l_i}{2R} \times \rho'' \\[2mm] c_i = 2R\sin\Delta_i \\[2mm] \delta = l_i - c_i \approx \dfrac{l_i^3}{24R^2} \end{array}\right\} \tag{9-6}$$

式中，l_i 为相邻细部点间的弧长；c_i 为相邻细部点间的弦长；$\rho'' = 206\,264.81$；δ 称为弦弧差。

当曲线上各相邻细部点间的弧长均相等时，则各偏角值为

$$\left.\begin{array}{l} \Delta_2 = 2\Delta_1 \\ \Delta_3 = 3\Delta_1 \\ \vdots \\ \Delta_n = n\Delta_1 \end{array}\right\} \tag{9-7}$$

从图 9-5 可看出，曲中点 QZ 的偏角 Δ_{QZ} 为 $\alpha/4$，终点 YZ 的偏角 Δ_{YZ} 为 $\alpha/2$，利用这两个偏角值，可作为测设检核。

偏角法测设细部点的具体步骤如下：

（1）在检核 3 个主点（ZY，QZ，YZ）的位置准确无误后，安置经纬仪于 ZY 点，水平度盘读数调至 $0°00'00''$，照准 JD 点。

（2）向右转动照准部，使度盘读数为 p_1 点的偏角值 Δ_1，用钢尺沿视线（即 ZY-p_1）方向测设弦长 c_1，标定细部点 p_1，继续向右转动照准部，使度盘读数为 p_2 点的偏角值 Δ_2，并从 p_1 点起量取弦长 c_2 与视线方向（即 ZY-p_2）相交（即距离与方向交会），定出细部点 p_2，同法定出曲线上所有细部点。

（3）最后应闭合至曲线终点 YZ。转动照准部，使度盘读数为 YZ 点的偏角值 $\Delta_{YZ}=\alpha/2$，由曲线上最后一个细部点起量出尾段弧长 l（曲线终点 YZ 与相邻细部点的弧长不一定为整弧长 l_0）所对应的弦长与视线方向相交，所得交点应与先前测设的主点 YZ 重合。如不重合，其闭合差在半径方向（路线横向）应不超过 $\pm0.1m$，在切线方向（路线纵向）不应超过曲线长的 1/2 000。

从以上测设过程可以看出，利用该法测设细部点受到测点累积误差的影响。为削弱其影响，提高测设精度，可将经纬仪安置在 ZY 和 YZ 点，分别向 QZ 点测设，并利用先前测设的 QZ 主点作闭合检验。

如采用全站仪测设细部点，由于不受距离测设长度的限制，故可在视线方向上直接测设距离 c_i（图 9-5 中的 c_1、c_2……），从而避免了测点累积误差的影响，可以提高点位测设精度。

知识运用

例 2：已知某交点的里程为 3＋182.76，测得转角 $\alpha_{右}=25°48'$，拟定圆曲线半径 $R=300m$，若采用偏角法按 20m 整桩号增设细部点，试计算圆曲线上各加桩的偏角和弦长。

解：由例 1 可知，圆曲线主点桩里程分别为 3＋114.05，3＋181.60，3＋249.14，则该曲线所增设的细部点桩号应为 3＋120，3＋140，3＋160，3＋180，3＋200，3＋220，3＋240；设曲线由 ZY 点和 YZ 点分别向 QZ 点测设，其测设数据可由公式（9-6）求出，具体计算结果见表 9-2。

表 9-2　偏角法计算表

桩号	各桩至 ZY 或 YZ 的曲线长度 l_i（m）	偏角值	偏角读数	相邻桩间弧长（m）	相邻桩间弦长（m）
ZY_3＋114.05	0	0°00'00"	0°00'00"	5.95	5.95
＋120	5.95	0°34'05"	0°34'05"	20	20.00
＋140	25.95	2°28'41"	2°28'41"	20	20.00
＋160	45.95	4°23'16"	4°23'16"	20	20.00
＋180	65.95	6°17'52"	6°17'52"	1.60	1.60
QZ_3＋181.60	67.55	6°27'00"	6°27'00"	18.40	18.40
＋200	49.14	4°41'33"	353°33'00"　355°18'27"	20	20.00
＋220	29.14	2°46'58"	357°12'02"	20	20.00
＋240	9.14	0°52'22"	359°07'38"	9.14	9.14
YZ_3＋249.14	0	0°00'00"	0°00'00"		

🔍 **知识探究**

2. 切线支距法　切线支距法也叫直角坐标法，它是以曲线起点 ZY 或终点 YZ 为独立坐标原点，切线为 x 轴，通过原点的径向为 y 轴，根据独立坐标系中的坐标来测设曲线上的细部点 P_i（x_i，y_i）。如图 9-6 所示，设 l_i 为待测设细部点 P_i 至原点间的弧长，φ_i 为 l_i 所对的圆心角，R 为半径，则待测点 P_i 的坐标按下式计算

$$\left.\begin{array}{l} x_i = R\sin\varphi_i \\ y_i = R\left(1 - \cos\varphi_i\right) \\ \varphi_i = 180°l_i/\left(\pi R\right) \end{array}\right\} \quad (9\text{-}8)$$

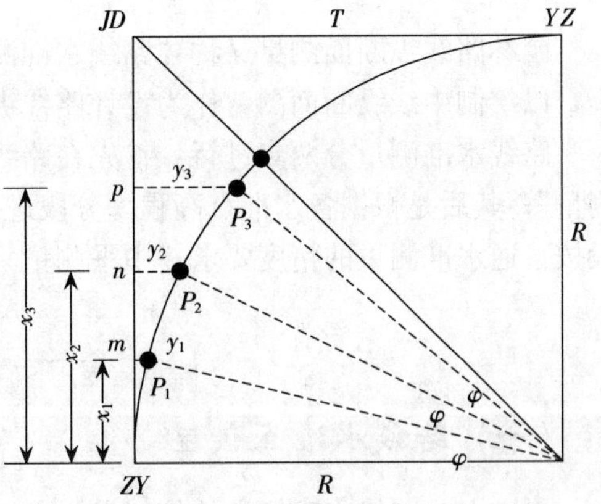

图 9-6　切线支距法

测设的具体步骤如下：

1. 在检核圆曲线上 3 个主点（ZY，QZ，YZ）的位置准确无误后，用钢尺自 ZY 沿切线方向测设 x_1，x_2，x_3……并在地面上定出垂足 m，n，p……

2. 再用经纬仪、直角尺或按"勾股弦"法分别自 m，n，p……测设 y_1，y_2，y_3……打桩标定细部点 p_1、p_2、p_3……

3. 曲线上各点测设完毕后，应量取相邻各细部点的距离，与相应的桩号之差比较，且考虑弦弧差影响，若较差在限差内（小于曲线长 L 的 1/1 000），则曲线测设合格；否则应查明原因，予以纠正。

这种测设方法操作简单、测设方便，且具有测设误差不累积的优点，但测设精度不高。为避免支距过长，影响测设精度，可按同样方法，从另一切线方向测设圆曲线另一半圆弧上的细部点。

✏️ **知识运用**

例 3：已知某主园路的交点 JD_3 转角为 $40°13'$，圆曲线半径 $R = 55$m，交点 JD_3 的里程为 0+571.53，曲线起点 ZY 的里程为 0+551.39，曲线中点 QZ 的里程为 0+570.70，曲线终点 YZ 的里程为 0+590.00，如果用桩距 10m 进行加桩，试求用切线支距法测设圆曲线的数据。

解：已知圆曲线半径和三主点桩号，按桩距 10m 曲线内应加桩 0+560 和 0+580，根据公式（9-8）计算，结果见表 9-3。

表 9-3　切线支距法测设圆曲线计算表

以曲线起点 ZY 为坐标原点				以曲线终点 YZ 为坐标原点			
桩号	弧长（m）	X（m）	Y（m）	桩号	弧长（m）	X（m）	Y（m）
ZY 0+551.39				YZ 0+590.00			
0+560.0	8.61	8.57	0.67	0+580.00	10.00	9.94	0.91
QZ 0+570.70	19.31	18.92	3.36	QZ 0+570.70	19.30	18.91	3.35

第三节 纵断面测量

园林路线纵断面测量又称"路线水准测量"，它的任务是测定中线上各里程桩的地面高程，以绘制中线纵断面图，作为设计路线纵坡、计算中桩填挖尺寸的依据。

路线水准测量分两步进行：首先在路线方向上设置水准点，建立高程控制，称为"基平测量"；其后是根据各水准点高程，分段进行中桩水准测量，称为"中平测量"。基平测量一般按普通水准测量的精度要求；中平测量只作单程观测，精度要求低于基平测量。

一、基平测量

（一）路线水准点设置

水准点是路线高程测量的控制点，在勘测设计和施工阶段甚至工程运营阶段都要使用。因此，水准点应选在地基稳固、易于联测以及施工时不易被破坏的地方。通常设在距离中线20～30m处，可利用突出地面的岩石、房屋基石、伐根设置。

水准点在线路上一般每千米布设2～3个；在线路起点、终点、桥涵，以及高填深挖及工程集中地段应增设水准点。

（二）基平测量方法

基平测量时，首先应将起始水准点与附近国家水准点进行联测，以获得绝对高程。在沿线途中，也应尽量与邻近国家水准点进行联测，以便获得更多的检核条件。若线路附近没有国家水准点，或引测困难，可从国家基本地形图上量取高程，或利用气压表选定一个与实际高程接近的高程作为起始水准点的假定高程。测量时一般用一台水准仪在相邻两个水准点间往、返各测量一次，即支水准路线测量。若两次所测高差误差$\leqslant \pm 12\sqrt{n}$mm 或$\pm 40\sqrt{L}$mm 时，则取其平均值作为两水准点之间的高差。

二、中平测量

（一）中平测量方法

园路中线上的里程桩简称"中桩"，测量中桩高程称为"中桩抄平"，简称"中平"。中平测量是以相邻两水准点为一测段，从一个水准点出发，逐个测定中桩的地面高程，附合到下一个水准点上。

测量时，在每一测站上首先读取后、前两转点（TP）标尺的读数，再读取两转点间所有中桩地面点（中间点）标尺的读数（称为中视），中间点的立尺由后尺手来完成。

由于转点起传递高程的作用，因此，转点标尺应立在尺垫、稳固的桩顶或坚石上，尺上读数至毫米（mm），视距一般不应超过150m。中间点标尺读至厘米（cm），要求尺子立在紧靠桩边的地面上。当路线跨越河流时，还需测出河床断面、洪水位高程和正常水位高程，并注明时间，以便为桥涵设计提供资料。

如图9-7所示，水准仪安置于测站Ⅰ，后视水准点 BM_1，前视转点 TP_1（读至毫米：

mm)，将观测结果分别记入表9-4中"后视"和"前视"栏内；然后观测中间的各个中桩，即后司尺员将标尺依次立于 0+000，0+020…0+080 各中桩处的地面上观测（读至厘米：cm)，将读数分别记入"中间点"栏内。然后将仪器迁至测站Ⅱ，后视转点 TP_1，前视转点 TP_2，再观测各中桩地面点。按同法继续向前观测，直至附合到另一水准点 BM_2，并与其进行检核。如果利用中桩作转点，应将标尺立在桩顶上，并记录桩高。

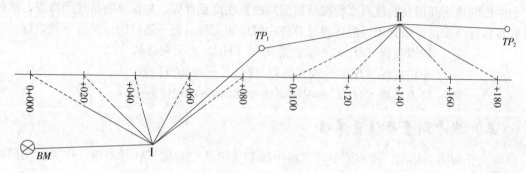

图9-7　中平测量

表9-4　中平测量记录

测　点	水准尺读数（m）			视线高程（m）	高程（m）	备　注
	后视	中间点	前视			
BM_1	2.191			514.505	**512.314**	
0+000		1.62			512.89	
+020		1.90			512.61	
+040		0.62			513.89	
+060		2.03			512.48	
+080		0.90			513.61	
TP_1	3.162		1.006	516.661	513.499	1. BM_1 为高程
+100		0.50			516.16	已知水准点：
+120		0.52			516.14	512.314m
+140		0.82			515.84	2. BM_2 高程为
+160		1.20			515.46	基平测得：
+180		1.01			515.65	524.824m
TP_2	2.246		1.521	517.386	515.140	
……						
1+240		2.32			523.06	
BM_2			0.606		524.782	
校核计算	$L=(1+240)-(0+000)=1.24$km $f_{h容}=\pm50\sqrt{L}=\pm50\sqrt{1.24}mm\approx\pm0.056$m $\Delta_{h理}=524.824-512.314=12.512$m $\Delta_{h测}=524.782-512.314=12.468$m $\Delta_{h测}=\sum a-\sum b=(2.191+3.162+2.246+\cdots)-(1.006+1.521+\cdots+0.606)=12.468$m $f_h=\Delta_{h测}-\Delta_{h理}=12.468-12.510=-0.042$m 因 $\mid f_h\mid<\mid f_{h容}\mid$，故本段测量成果符合精度要求，无需平差。					

（二）计算中桩高程

若高差闭合差在 $\pm 50\sqrt{L}$mm 或 $\pm 12\sqrt{n}$mm 范围内时，即符合精度要求，所测中桩高程无需平差，但在进行下一测段的中平测量时，必须从 BM_2 开始起测，且 BM_2 高程采用基平测量出的结果；若高差闭合差超限，则需要重测。

中桩的地面高程及前视点高程按所属测站的视线高程计算，先计算测站视线高程，然后计算各转点高程，经检查无误后，再计算各中桩地面高程。每一测站的计算按下式进行：

$$\left.\begin{array}{l}视线高程（H_{视}）＝后视点高程（H_{后}）＋后视读数（a）\\ 中桩高程（H_i）＝视线高程（H_{视}）－中间点读数（b_i）\\ 转点高程（H_{前}）＝视线高程（H_{视}）－前视读数（b）\end{array}\right\} \qquad (9\text{-}9)$$

（三）中平测量的注意事项

1. 防止漏测或重测。在施测前，可将中线测量记录中的桩号抄录两份，作为立尺时寻找桩位和记录时核对桩号的依据。

2. 立尺时应将立尺点桩号准确清晰地报告给记录员，记录员听到后应复诵一遍。

3. 水准尺应立在中桩附近高程有代表性的地方，如桩位恰在孤石上或小坑中，尺子应立在桩位附近的一般地面上，这样才能真实反映该处的地面高程。

4. 为了减少水准仪视准轴误差的影响，仪器至转点的前、后视距离应大致相等。

第四节　横断面测量

园林线路横断面测量的主要任务是在各中桩处测定垂直于中线方向的各点地面高程，然后绘制成横断面图，是横断面设计、土石方工程量计算（配以前述的纵断面图）和施工时边桩测设的依据。

横断面测量的宽度及精度应根据路基宽度、填挖高度、边坡大小、地形情况及工程的具体要求而定，一般向中桩两侧各测量不少于路基宽度的 2 倍，深挖、高填以及地形复杂地段还应当加人施测范围。横断面测量多采用简易的测量工具和方法，以提高工效。

横断面测量分为横断面方向测定、横断面点位测定及横断面图的绘制。

一、横断面方向的测定

（一）直线段横断面方向的确定

直线段上的横断面方向是线路中线的垂直方向，曲线段上的横断面方向是与曲线的切线相垂直的方向。横断面方向一般采用方向架、求心方向架标定，精度要求高的断面定向可采用经纬仪、全站仪。

在直线段上，如图 9-8（a）所示，将杆头有十字形木条的方向架置于欲测设横断面方向的中桩点 A 上，用其中一个方向瞄准直线上任一中桩（4＋420），则另一方向 AB 即为 A 点的横断面方向。

当用经纬仪或全站仪测定横断面方向时，可首先安置仪器于中桩点 A 上，盘左瞄准前视中线桩"4+420"，然后将照准部向中线左侧或右侧各拨转 90°，则望远镜所瞄方向即为横断面方向。

（二）曲线段横断面方向的确定

圆曲线上任一点的横断面方向就是该点的径向，确定圆曲线上桩点的横断面方向采用"等角"原理，即同一圆弧上的弦切角相等。测定时一般采用求心方向架，如图 9-8（b）所示，即在方向架上安装一个可以转动的活动片，并有一固定螺旋可将其固定。如图 9-8（c）所示，为测定圆曲线上 P_1 的横断面方向，先将求心方向架置于 ZY 点上，用固定片 ab 瞄准交点 JD（切线方向），则另一固定片 cd 就指向圆心。保持方向架不动，转动活动片 ef 瞄准 P_1 并将其固定。然后将方向架搬至 P_1，用固定片 cd 瞄准 ZY 点，则活动片 ef 所指方向即为 P_1 的横断面方向。在测定 P_2 的横断面方向时，可在 P_1 的横断面方向上插一标杆，以固定片 cd 瞄准它，ab 片的方向即为切线方向。此后的操作与测定 P_1 的横断面方向时完全相同，保持方向架不动，用活动片 ef 瞄准 P_2 并固定之。将方向架搬至 P_2，用固定片 cd 瞄准 P_1，活动片 ef 所指方向即为 P_2 的横断面方向。如果圆曲线上桩距相等，在定出 P_1 的横断面方向后，保持活动片 ef 固定，将方向架搬至 P_2，用固定片 cd 瞄准 P_1，活动片 ef 所指方向即为 P_2 的横断面方向。圆曲线上其他各点亦按上述方法进行。

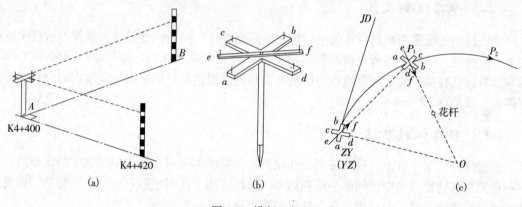

图 9-8　横断面方向

二、横断面测量方法

横断面上中线桩的地面高程已在纵断面测量时测出，只要测量出横断面上各地形特征点相对于中线桩的平距和高差，就可以确定其点位和高程。平距和高差可用下述方法测定：

（一）标杆皮尺法

如图 9-9 所示，A，B，C…为横断面

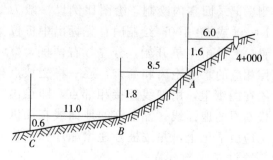

图 9-9　横断面测量

上的变坡点。施测时将标杆立于 A 点，从中桩处地面将皮尺（或钢尺）拉平量出至 A 点的距离，读数至分米（dm），并测出皮尺截取的花杆位置高度，读数至厘米（cm），即 A 相对于中桩地面的高差。同理测得 A 至 B，B 至 C……的距离和高差，直至所需宽度为止。中桩一侧测完后再测另一侧。此法简便，但精度较低，适于山区地形变化较大的地段。

记录表格如表 9-5 所示，表中按路线前进方向分左、右侧。分数的分子表示高差，分母表示平距。高差为正表示上坡，为负表示下坡。

表 9-5　横断面测量记录簿

左　侧			桩号	右　侧			
……			……	……			
$\dfrac{-0.6}{11.0}$	$\dfrac{-1.8}{8.5}$	$\dfrac{-1.6}{6.0}$	4+000	$\dfrac{+1.5}{4.6}$	$\dfrac{+0.9}{4.4}$	$\dfrac{-1.6}{7.0}$	$\dfrac{+0.5}{10.0}$
$\dfrac{-0.5}{7.8}$	$\dfrac{-1.2}{4.2}$	$\dfrac{-0.8}{6.0}$	3+980	$\dfrac{+0.7}{7.2}$	$\dfrac{+1.1}{4.8}$	$\dfrac{-0.4}{7.0}$	$\dfrac{+0.9}{6.5}$

（二）水准仪钢尺法

此法适用于施测横断面较宽的平坦地区。施测时选一适当位置安置水准仪，后视中桩地面水准尺读数，前视中桩两侧横断面方向上各变坡点水准尺读数，标尺读数至厘米（cm），后视读数减前视读数便是各变坡点与中桩地面高差。用钢尺分别量出各变坡点到中线桩的水平距离，量至分米（dm）。

（三）经纬仪视距法

安置经纬仪于中桩上，可直接用经纬仪测定出横断面方向。量出中桩地面的仪器高，用视距法测出各特征点与中桩间的平距和高差。此法适用于任何地形，包括地形复杂、坡度陡峻的线路横断面测量。而利用电子全站仪则速度更快、效率更高。

三、横断面图的绘制

横断面图可在现场边测边绘，也可依据测量记录回室内绘制。绘图比例尺一般为 1∶200 或 1∶100。绘制时，先标出中桩位置，然后由中桩开始，分左、右两侧，按照相应的水平距离和高差，逐一将变坡点绘在图纸上，用细线连接相邻点，即绘出横断面的地面线。各中桩的地面线在图纸上应由下至上，并按桩号递增顺序依次进行绘制。

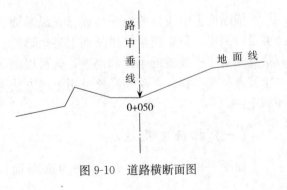

图 9-10　道路横断面图

第五节　纵断面图的绘制

园路纵断面图是园路测量的成果资料之一，也是进行路基设计的主要依据之一。它是以高程作为纵坐标，里程作为横坐标，并按规定的垂直比例尺和水平比例尺绘制在毫米格纸上（如图 9-11 所示）。一般情况垂直比例尺是水平比例尺的 10 倍，垂直比例尺通常用 1∶200（或 1∶100），水平比例尺用 1∶2 000（或 1∶1 000）。园路纵断面图绘制主要包括以下几方面的内容：

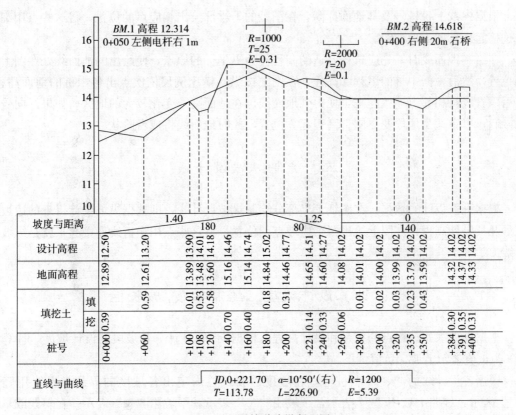

图 9-11　园林道路纵断面图

一、绘制线路平面示意图

按桩号和规定的比例尺绘出路线的直线段和曲线段示意图。直线段用直线表示；曲线段用凹凸的折线表示，凸起（或凹下）的高度为 5mm，长度按圆曲线的起点和终点桩号来确定，并要求在凹凸部分注明交点号、转角、半径及其他曲线元素。

二、填写桩号

在桩号栏内按水平比例尺填写里程桩号，桩号的填写位置一定要和里程一致。为了使纵

断面图更美观，一般要求写桩号时其加号和小数点要对齐。

三、填写标高

在地面高程栏填写各里程桩的地面高程，并与桩号栏内相应的桩号对齐。

四、绘制线路纵断面方向的地面线

根据中线上各桩号及其地面标高，在图纸的上半部绘出相应点的位置，将这些点用细折线连接起来，即为地面线。

在绘制地面线时，先应选择合适的高程作为纵坐标的原点，使绘出的地面线处在图上适当位置，然后根据中桩的里程和高程，在图上按纵、横比例尺依次点出各中桩的地面高程，最后用直线将相邻点连接起来，便得到地面线。在地面高差变化较大的地区，如果纵向受图幅限制，可在适当地段变更图上高程起算位置，此时地面线将成台阶状。

五、绘制纵坡设计线

根据纵坡设计的数据，在图纸上半部分绘制纵坡设计线，即根据纵坡设计得来的边坡点桩号及其设计高程，在图上绘出每个边坡点的位置，将这些点用粗折线连接起来就是纵坡设计线。

六、计算设计坡度，绘制坡度/坡长栏

根据设计线始、终点的桩号和设计高程，根据 $i=h/D$ 计算各坡段的设计坡度。计算出的 i 为正值表示上坡，负值为下坡。

根据各设计线的起、终点桩号，在坡度、坡长栏内定出各坡度的界线。界线用竖线"｜"表示，线路上坡用"／"表示，下坡用"＼"表示，平坡用"—"表示；在斜线或平线之上注明坡度，在斜线或平线之下注明坡长，在界线"｜"的左侧注明设计标高（未设计竖曲线前），右侧注明桩号。

七、计算并填写设计标高

（一）设计标高的计算

根据设计纵坡计算设计标高时，是根据纵坡坡度及坡度线上两点间的水平距离，再由一点高程计算另一点的高程。若设计坡度为 i，起算点高程为 H_0，推算点至起算点的水平距离为 D，则推算点高程 H_P 为

$$H_P = H_0 + iD \tag{9-10}$$

式中，上坡时 i 为正；下坡时 i 为负。

（二）设计竖曲线后设计高程的改正计算

为了使路面平顺、游览散步舒适和汽车行驶安全，在边坡点左右适当的范围内应以圆曲线把相邻两个不同的坡度线连接起来，由于这种曲线位于竖直面内，故称"竖曲线"。

对于竖曲线范围内的中桩，其设计高程的计算，在按（9-10）式计算出切线上的设计高程后，还应加以修正，按竖曲线凸凹，加减竖曲线纵距，才得出设计高程。

当相邻两纵坡线的坡度代数差大于零时，即 $\Delta_i = i_1 - i_2 > 0$ 时，为凸曲线；当 $\Delta_i < 0$ 时为凹曲线，如图 9-12 所示。

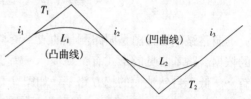

图 9-12　竖曲线的种类

按规定，当 $|i_1 - i_2| \geqslant 2\%$ 时，应设置竖曲线。竖曲线半径的取值范围可参考表 9-6。

表 9-6　园路竖曲线半径建议值

园路类型	主园路（m）	次园路（m）	小路（m）
凸形竖曲线	200～400	100～200	50～100
凹形竖曲线	100～200	70～100	30～70

为了测设竖曲线，首先要计算出曲线元素，即曲线长 L、切线长 T 和外距 E，如图 9-13 所示，一般按下列近似公式计算：

$$\left. \begin{array}{l} L \approx 2T \\[2mm] T \approx \dfrac{|i_1 - i_2|}{2} \times R \\[2mm] E \approx \dfrac{T^2}{2R} \end{array} \right\} \qquad (9\text{-}11)$$

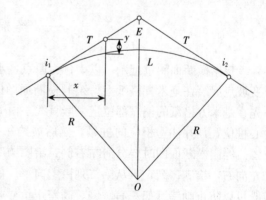

图 9-13　竖曲线的测设元素

在竖曲线的路段内，原切线上各中桩的设计高程不等于竖曲线上相应桩号的高程，故必须将切线上的设计标高加以改正，如图 9-13 所示，改正值 y 的计算公式为

$$y = \frac{x^2}{2R} \qquad (9\text{-}12)$$

式中，x 为竖曲线上任一点桩号与竖曲线起点（或终点）桩号之差，即用平距来代替斜距。

考虑改正值 y 后，设计竖曲线后中桩的"设计高程"等于切线上的"设计高程"加减 y 值，其中凹线时取"加"，凸线时取"减"，用公式表示为：

设计竖曲线后的设计标高＝切线上设计标高±y

八、计算并填写挖填高度

同一里程桩号的设计高程与地面高程之差为填挖高度（填挖数），填方为正，挖方为负。可在图上专列一栏，注明各桩填挖高度，并与桩号对齐。

第六节　路基设计图的绘制

园路路基设计图是园路测量的成果资料之一，是计算土石方工程量和园路路基施工放样的依据。路基常见的形式有：路堤——高于自然地面的填方路基，如图 9-14（a）所示；路堑——低于自然地面的挖方路基，如图 9-14（b）所示；半挖半填路基——介于路堤和路堑之间，如图 9-14（c）所示。路基设计图的基本内容有以下几个方面。

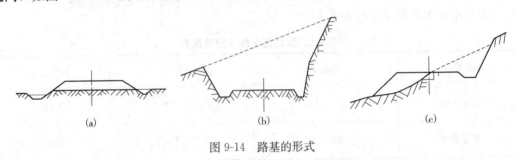

| (a) | (b) | (c) |

图 9-14　路基的形式

一、绘制横断面图

根据横断面测量记录，以中桩为原点，水平距为横坐标，高差为纵坐标，将横断面上的变坡点展绘在毫米方格纸上。绘制横断面图的比例尺一般采用 1：200 或 1：100，绘制时，先在毫米方格纸的偏左部位定一竖直线，由下向上以一定间隔在所定竖线上定出各断面的中心桩位置，并注上相应的桩号，然后展绘每一断面的特征点，连接各特征点，即为横断面图。绘制横断面图时要分清左右侧，绘图顺序是从图纸的左边起，按中线桩号从下向上，从左向右，绘满一列，再从第二列由上向下，依次绘制。横断面图也可在现场边测边绘，这样既可以防止画错（如左右颠倒、高差正负号画错等），又可当场出图，现场校对，发现问题，及时纠正。

横断面绘好后，按路基断面设计，在透明纸上按相同的比例尺分别绘出路堑、路堤和半填半挖的路基设计线，称为标准断面图。依据纵断面图上该中桩的设计高程把标准断面图套绘到横断面图上。也可将路基断面设计的标准断面直接绘在横断面图上，绘制成路基断面图，这一工作俗称"戴帽子"，如图 9-15 所示。根据横断面的填、挖面积及相邻中桩的桩号，可以算出施工的土石方工程量。

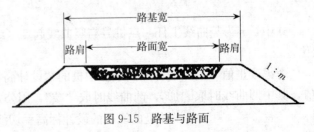

图 9-15　路基与路面

二、绘制路基表面线

根据纵断面图上相应中桩的填高或挖深尺寸，确定路基表面线在横断面的位置，并按规定的路基宽度水平对称地画在横断面图上。表 9-7 列出了园路路基宽度参考值。

表 9-7　园路路基宽度参考值

公园陆地面积（hm²）		<2	2~10	10~50	>50
路基宽度（m）	主干道	2.0~3.5	2.5~4.5	3.5~5.0	5.0~7.0
	次干道	1.5~2.0	2.0~3.5	2.0~3.5	3.5~5.0

三、绘制排水沟

对挖方路基及小于 0.5m 的低填方路基都需设置排水沟。土质边沟其横断面一般为梯形，石质边沟一般为矩形。绘制时按设计尺寸画在路基的挖方侧。

四、绘制边坡

绘制边坡时，应严格按照边坡设计的坡比（1∶m）来画，坡比 1∶m 是高差和水平距离的比例，如 1∶1，就是指高差为 1 个长度单位、水平距为 1 个长度单位的坡度。合理地确定路基边坡坡度，对路基的稳定性起着非常主要的作用，其确定要考虑地形、土质和工程投资等多种因素。边坡陡，稳定性差，容易形成塌方；边坡缓，稳定性好，但因土石方量增大而使造价增加，路基受雨水冲刷的面积也变大。

一般情况下，公园里的园路主要供游人行走的，通车是次要的，只让少量的园务运输车辆通行，且车速较慢，因此，园路的路基设计可以不考虑设置错车道，弯道可以不考虑加宽和超高。

第七节　土石方的计算

路基设计图绘好以后，就可以计算路基横断面的挖填面积，填入相应的表格，接着根据路段长度，计算挖填土石方量，进而可以做出园路工程预算，择机施工。

一、路基横断面挖填面积计算

路基横断面图上原地面线与路基设计线所包围的面积，即为挖方或填方面积，通常用积距法（平行线法）分别算出挖方面积和填方面积，然后将求出的数据填写在横断面图上，以便于计算土石方工程量。

二、土石方量的计算

园路土石方量的计算采用平均断面积法，即首先分别求算出相邻两中桩横断面挖方、填方面积的平均值，然后再各自乘以这两个中桩之间的距离，便可得到该段桩距之间的挖、填土石方工程量。其近似公式为

$$V=\frac{1}{2}(S_1+S_2)L \tag{9-13}$$

式中，V 为两相邻中桩间挖或填的土石方量；S_1、S_2 分别为两相邻中桩路基断面的挖方或填方面积；L 为两相邻中桩之间的距离。

📃 **知识运用**

例 4. 已知 0+000、0+020 两个中桩的填方断面积分别为 $9.78m^2$ 和 $16.82m^2$，挖方断面积分别为 $3.64m^2$ 和 $5.21m^2$，试求算两桩距间的挖填土方量各为多少？

解：根据公式（9-13），挖填土方量分别为：

$$V_{挖}=\frac{1}{2}\times(3.64+5.21)\times20=88.50（m^3）$$

$$V_{填}=\frac{1}{2}\times(9.78+16.82)\times20=266.00（m^3）$$

同理，可计算出园路中线上其他相邻两个中桩间的挖、填土石方量，最终得到整条园路的土石方工程量，如表 9-8 所示。

表 9-8　园路土石方量计算表

桩号	断面积（m²） 填	断面积（m²） 挖	平均断面积（m²） 填	平均断面积（m²） 挖	桩距（m）	土石方量（m³） 填	土石方量（m³） 挖	本段利用方（m³）	本段余方（m³）	本段缺方（m³）
		3.64	13.300	4.425	20	266.00	88.50	88.50	0	177.50
0+000	9.78	5.21								
			12.250	9.780	20	245.00	195.60	195.60	0	49.40
0+040	7.68	14.35								
			5.410	12.800	20	108.20	256.00	108.20	147.80	0
0+060	3.14	11.25								
			4.905	10.555	20	98.10	211.10	98.10	113.00	0
0+080	6.67	9.86								
			5.430	10.090	20	108.60	201.80	108.60	93.20	0
0+100	4.19	10.32								
			4.495	11.350	20	88.03	227.34	88.03	139.31	0
0+120	4.60	12.38								
……	……	……								
Σ						……	……			

完成土石方量计算后，就可以做出园路工程预算，待审核批准、资金到位后，可以择机施工。

资料库

公路等级划分标准

1. 公路等级分类

（1）根据使用任务、功能和适应的交通量，将公路划分为 5 个等级。

高速公路——具有特别重要的政治、经济意义。为专门供汽车分向、分车道行驶并全部控制出入的干线公路。分为四车道、六车道、八车道高速公路。一般能适应按各种汽车折合成小客车的年平均昼夜交通量25 000 辆以上。

一级公路——为连接重要政治、经济中心，通往重点工矿区、港口、机场，专供汽车分道行驶并部分控制出入的公路。一般能适应按各种汽车折合成小客车的年平均昼夜交通量为15 000～30 000 辆。

二级公路——为连接政治、经济中心或大矿区、港口、机场等地的公路。一般能适应按各种车辆折合成中型载重汽车的年平均昼夜交通量为3 000～7 500 辆。

三级公路——为沟通县以上城市的公路。一般能适应按各种车辆折合成中型载重汽车的年平均昼夜交通量为1 000～4 000 辆。

四级公路——为沟通县、乡（镇）、村的公路。一般能适应按各种车辆折合成中型载重汽车的年平均昼夜交通量为双车道1 500 辆以下，单车道200 辆以下。

（2）根据公路在政治、经济、国防上的重要意义和使用性质，划分为 5 个行政等级。

国家公路（国道）——指具有全国性政治、经济意义的主要干线公路，包括重要的国际公路、国防公路，连接首都与各省、自治区、直辖市首府的公路，连接各大经济中心、港站枢纽、商品生产基地和战略要地的干线公路。

省公路（省道）——指具有全省（自治区、直辖市）政治、经济意义，连接各地市和重要地区以及不属于国道的干线公路。

县公路（县道）——指具有全县（县级市）政治、经济意义，连接县城和县内主要乡（镇）、主要商品生产和集散地的公路，以及不属于国道、省道的县际间公路。

乡公路（乡道）——指主要为乡（镇）村经济、文化、行政服务的公路，以及不属于县道以上公路的乡与乡之间及乡与外部联络的公路。

专用公路——指专供或主要供厂矿、林区、农场、油田、旅游区、军事要地等与外部联系的公路。

（3）路面等级按面层类型分高级、次高级、中级和低级：

高级——沥青混凝土路面或水泥混凝土路面。

次高级——沥青贯入或路面式沥青碎石路面。

中级——沙石路面。

低级——泥结碎石或土路。

2. 公路等级划分条件

（1）一级道路等级划分条件。

①商业网点集中，道路旁商业店铺占道路长度不小于70%的繁华闹市地段。

②主要旅游点和进出机场、车站、港口的主干路及其所在地路段。

③大型文化娱乐、展览等主要公共场所所在路段。

④平均人流量为 100 人次/min 以上和公共交通线路较多的路段。

⑤主要领导机关、外事机构所在地。

⑥本市确定的重点道路、景观道路、快速路。

（2）二级道路等级划分条件。

①城市主、次干路及其附近路段。

②城市网点较集中、占道路长度 60%～70% 的路段。

③公共文化娱乐活动场所所在路段。

④平均人流量为 50～100 人次/min 的路段。

⑤有固定公共交通线路的路段。

（3）三级道路等级划分条件。

①商业网点较少的路段。

②居民区和单位相间的路段。

③城郊结合部的主要交通路段。

④人流量、车流量一般的路段。

（4）四级道路等级划分条件。

①城郊结合部的支路。

②居住区街巷道路。

③人流量、车流量较少的路段。

【思 考 练 习】

一、名词解释

转角 平曲线 竖曲线 断链 基平测量 中平测量 横断面 纵断面

二、填空题

1. 圆曲线的测设元素是指_____、_____、_____、_____。

2. 圆曲线的主点有_____、_____、_____。

3. 用切线支距法测设圆曲线一般是以_____为坐标原点，以_____为 x 轴，以_____为 y 轴。

4. 按路线前进方向，后一边延长线与前一边的水平夹角称_____，在延长线左侧的转角称_____角，在延长线右侧的转角称_____角。

5. 路线上里程桩的加桩有_____、_____、_____和_____等。

6. 横断面测量是测定_____。

三、选择题

1. 圆曲线带有缓和曲线段的曲线主点是（   ）。

　A. 直缓点（ZH 点）　　　　B. 直圆点（ZY 点）　　　　C. 缓圆点（HY 点）

D. 圆直点（YZ 点）   E. 曲中点（QZ 点）

2. 公路中线测设时，里程桩应设置在中线的哪些地方（   ）。

A. 边坡点处   B. 地形点处   C. 桥涵位置处

D. 曲线主点处   E. 交点和转点处

3. 横断面的测量方法有（   ）。

A. 花杆皮尺法   B. 水准仪法   C. 经纬仪法

D. 跨沟谷测量法   E. 目估法

四、简答题

1. 简述园林道路实地定线应考虑的原则。

2. 中线测量的转点和水准测量的转点有何不同。

3. 设置里程桩的作用是什么？如何设置？应注意哪些问题？

4. 路线纵断面测量与一般水准测量相比较有何异同点？

［实习 14］园林道路中线测量

一、实习目的

了解园林道路选线的作业程序，掌握转角测量、里程桩设置、圆曲线主点测设和详细测设的方法。

二、实习内容

1. 踏勘选线、钉设交点桩。

2. 测量园路中线的转角，标定出分角线的方向。

3. 求算出圆曲线的元素，进行圆曲线主点测设和详细测设。钉里程桩和加桩。

三、仪器及工具

每组 DJ_6 光学经纬仪 1 台，罗盘仪 1 台，标杆 3 根，钢尺 1 把，木桩 4～5 个，斧头 1 把，记录夹 1 个（附记录表格），红油漆 1 小瓶，毛笔 1 支。自备计算器，三角板、量角器、铅笔、小刀等。

四、方法提示

1. 选择一条 200～300m 长的线路，在起点、终点间设置 2～3 个交点，然后用木桩或红油漆在实地标出 JD_0、JD_1、JD_2、JD_3……的位置。

2. 用罗盘仪测定出起始边的磁方位角，以确定路线的走向。

3. 自起点 JD_0（0+000）开始，向交点 JD_1 丈量距离，并每隔 20m 钉设一个中桩，依次为 0+000、0+020、0+040……丈量最后一个整桩号至 JD_1 的距离，推算出 JD_1 的桩号。

4. 用经纬仪安置于 JD_1，标杆分别竖立于 JD_0、JD_2 上，采用测回法一个测回观测 JD_1 处的右角，当上下半测回较差在 $\pm40''$ 之内时，取平均值，然后算出路线的转角，并注明左转或右转。

5. 在经纬仪盘右状态下，求算并标定出路线右角的角分线方向。

6. 选定合适的半径，结合转角按（9-4）式计算圆曲线测设元素 T、L、E、D。

7. 根据圆曲线测设元素，在实地测设圆曲线的三主点，并按（9-5）式求算出三主点的里程，钉设里程桩。

8. 在圆曲线上，每隔 5m 的整数倍加桩，利用偏角法计算细部点的数据后，进行圆曲线的详细测设。

9. 自 ZY_1 沿 JD_2 方向丈量一段距离得到 P 点，使其里程桩桩号为 20m 的整数倍，钉设木桩并写出桩号。

10. 在 P 与 JD_2 之间进行直线定线，并自 P 点起，沿 JD_2 方向每隔 20m 钉一里程；推算出 JD_2 的桩号，测设第二个圆曲线，直至线路终点。

五、注意事项

1. 相邻交点桩间最好通视，角分线方向始终在前、后视线所夹小于 $180°$ 的水平角之间。

2. 偏角法详细测设中，首个加桩细部点与曲线起点 ZY 之间以及最末一个细部点与曲线终点 YZ 之间，桩距多不为整弧，而为分弧。

六、实习报告

每小组上交中线测量记录与偏角法详细测设计算各 1 份，具体格式见表 9-9 与表 9-10 所示。

表 9-9　中线测量记录

班组：_____　　　观测：_____　　　记录：_____　　　日期：_____

JD___　　　里程_____　+ _____			点号	里程桩号	桩号计算手稿
右角观测与转角计算（°′″）		分角线盘右度盘读数 $C=\dfrac{a+b}{2}=$	ZY_		JD_-T
			QZ_		
盘左	后视		YZ_		ZY_+L
	前视	$JD_1\sim JD_2$ 边磁方位角：____	JD_		
	右角（β）	$JD\_\sim JD\_$ 实测距离：____	直线段桩以及圆曲线起点与终点站		$YZ\_-\dfrac{L}{2}$
盘右	后视	$JD\_\sim JD\_$ 实测距离：____			
	前视	$JD\_$里程桩号：____			$QZ\_+\dfrac{D}{2}$
	右角（β）	示意图：			
β平均值			附记	在园路中线上，$JD\_\sim$ $JD\_$之间的直线长度为：	$JD\_$（检核）
转角（α）	左				
	右				
$R=$　　$\dfrac{L}{2}=$ $T=$　　$D=$ $L=$　　$E=$					

表 9-10 偏角法计算

班组：_____ 观测：_____ 记录：_____ 日期：_____

桩号	偏角值 Δ_i（°′″）	弦长 C_i（m）	测设示意图

[实习 15] 园路纵、横断面测量

一、实习目的

掌握线路纵、横断面测量的方法，初步学会纵、横断面图的绘制方法。

二、实习内容

1. 基平测量、中平测量、各桩号地面高程的计算。

2. 标定横断面方向，标杆皮尺（钢尺）法测量横断面。

3. 根据观测数据，绘制纵、横断面图。

三、仪器及工具

每组 DS$_3$ 水准仪 1 台，水准尺 2 把，花杆 4 根，皮尺（或钢尺）1 把，求心十字架 1 个，记录夹 1 个（附记录表格）；自备铅笔、计算器、毫米方格纸等。

四、方法提示

（一）纵断面测量

1. 基平测量

（1）沿线路方向且离中线 20m 以外的两侧，每隔大约 300m 选一稳固的点（如固定的石块、屋角、树桩等）作为临时水准点，分别以 BM_1、BM_2……进行编号。

（2）用水准路线测量的方法往返测量相邻两水准点之间的高差，若往返测高差之差 ≤12 $\sqrt{n}$ mm（n 为测站数），取平均值作为最后结果。

（3）假定起始水准点的高程为 100.000m，推算出其他水准点的高程。

2. 中平测量　以相邻两水准点为一测段，用附合水准测量的方法测定中桩的地面高程。

(1) 仪器安置于适当位置，后视水准点 BM_1，前视转点 ZD_1，记下读数至毫米（mm）。

(2) 观测 BM_1 与 TP_1 之间的中间点 0+000、0+020 等点的水准尺，读数至厘米（cm）并分别记入表中水准尺读数"中间点"栏。

(3) 仪器搬站，在适当位置选好点 TP_2、仪器后视转点 TP_1、前视转点 TP_2 和中间点各桩号；同法继续进行观测，直至 BM_2，完成一个测段的观测工作。

该测段的高差闭合差（即各转点间高差总和减去该测段两水准点的高差）在容许误差 $\pm 50\sqrt{L}$ mm 或 $12\sqrt{n}$ mm 范围内，可进行下一测段的观测工作，否则应返工重测。

(4) 计算中桩地面高程。按（9-9）式先计算视线高程和转点高程，再计算各中桩地面高程。即

$$\left.\begin{array}{l}\text{视线高程（}H_{视}\text{）＝后视点高程（}H_{后}\text{）＋后视读数（}a\text{）}\\ \text{中桩高程（}H_i\text{）＝视线高程（}H_{视}\text{）－中间点读数（}b_i\text{）}\\ \text{转点高程（}H_{前}\text{）＝视线高程（}H_{视}\text{）－前视读数（}b\text{）}\end{array}\right\}$$

3. 纵断面图的绘制　即以水平距离为横坐标、高程为纵坐标，在毫米方格纸上绘出线路纵方向的地面线。纵、横比例尺分别为 1∶200 和 1∶2 000 或 1∶100 和 1∶1 000。

(二) 横断面测量

1. 用十字架测定中桩的横断面方向，并插标杆作为标志。

2. 沿横断面方向，在中桩左、右两侧用皮尺（或钢尺）配合标杆量取中桩至邻近变坡点、一变坡点至相邻另一变坡点之间的水平距离和高差，读数至厘米（cm）。

3. 横断面图的绘制。按 1∶200 或 1∶100 的比例尺在毫米方格纸上绘出横断面图，绘图顺序为从左到右，从下到上。

每组实测 5 个以上的横断面，每侧实测 10m 以上。

五、注意事项

1. 纵断面测量时，路线上的中桩较多，施测前需抄写各中桩号，以防重测或漏测。

2. 中平测量时水准尺应在木桩附近高程有代表性的地面上，而不能立于桩顶，在水准点和中桩处均不得放置尺垫。

3. 在进行每一测段的中平测量时，都必须从国家水准点或基平测量后的水准点开始起测。

4. 中间点的读数和计算因无校核，所以要特别认真细致。

5. 横断面测量时，中桩每侧水平距离总和应不小于要求的施测范围。

6. 横断面测量与绘图应注意分清左、右侧和高差的正负。

7. 无论是纵断面测量还是横断面测量，所有记录表格中的计算应现场完成（边测边计算），不许只记不算或实验后算总账。

六、上交资料

每组上交 1 份基平测量数据、中平测量记录表和横断面记录表，表格格式见表 9-11 和表 9-12。每人上交 1 份纵断面图和横断面图。

表 9-11　中平测量记与计算

班组：＿＿＿＿＿＿　观测：＿＿＿＿＿＿　记录：＿＿＿＿＿＿　日期：＿＿＿＿＿＿

测点及桩号	水准尺读数（m）			视线高程（m）	高程（m）	备注
	后视	间视	前视			

表 9-12　中桩横断面测量外业记录

班组：＿＿＿＿＿＿　观测：＿＿＿＿＿＿　记录：＿＿＿＿＿＿　日期：＿＿＿＿＿＿

左侧 $\frac{高差}{距离}$（m）	桩　号	右侧 $\frac{高差}{距离}$（m）

园 林 工 程 测 量

学习目标

1. 明确园林工程测量在不同阶段的测量工作；
2. 初步掌握园林场地平整测量的方法（方格法和断面法）；
3. 熟练掌握水平角测设、距离测设、高程测设的基本内容和基本技能；
4. 掌握园林建筑施工测量和其他园林工程施工放样在园林工程建设中的具体应用。

教学方法

1. 应用多媒体课件（PPT）讲授。
2. 实习实训采用任务驱动教学法。

第一节　园林工程测量概述

园林工程测量是园林工程建设在勘测设计、施工和管理过程中所进行的各项测量工作。根据工作阶段的不同，它可分为以下内容：

一、规划设计前的测量

该测量主要为园林规划设计服务。当某一园林用地要进行规划设计之前，必须充分掌握该用地地面的高低起伏、坡向和坡度变化情况，以及道路、水系、房屋、管线、植被等地物的分布等基本情况，而地形图正好可以体现这些内容。因此，规划设计前的测量工作主要是根据规划需要测绘（或调绘）适当比例尺的地形图。

二、规划设计测量

在进行规划设计时，某些需要细部设计的工程项目还需进行详细的专项工程测量，为设计提供准确的数据。如园林道路定线测量、纵横断面图的测绘、堆山高度与挖湖深度的控制、场地平整测量等。这是本课程要学习的内容。

三、施工放样测量

是指用一定的测量仪器和方法把图上已设计好的各项园林工程的地形、大小、位置和高程，准确地标定到实地上，作为工程施工的依据。其分类如下：

1. 按时间顺序分

（1）施工前的测量。指施工控制网的建立，园林建筑物的定位，园林地物放样，建筑物放线，园路中线放样，植物定植点的测设等。

（2）施工中的测量。指随着工程施工的进展，在每一道工序之前进行的测量工作。如基槽底部设计标高的测设，堆山设计标高、挖湖等深线标志的测设，园路路面设计标高的测设等。

2. 按工程内容分

（1）土建工程的施工放样。园林土建工程主要有亭、廊、台榭等建筑，湖池、假山、园路、池坛、景墙、门洞等景观设施，以及给排水、电、气、热、通信等管线项目。

（2）绿化工程的施工放样。主要是指各类植物定植点的测设。相对而言，绿化工程测设的精度要求比土建工程低。

四、竣　工　测　量

园林工程竣工测量是将规划设计施工完毕后的绿地进行验收测量。它一方面检查各项工程是否达到设计目的，另一方面，对验收测量所得的图纸资料进行存档，为今后的使用、管理、维修和扩建提供资料。

园路测量在第 9 章已介绍，本章主要介绍园林场地平整测量和园林工程施工放样测量。

第二节　园林场地平整测量

在园林规划设计中，通常设计一些较为平坦的场地，作为门景广场、纪念广场、花园广场、停车场、运动场、休闲场地、建筑用地、苗圃地或草坪用地等，因此，需要对原来高低起伏的地形进行必要的改造并估算土石方工程量。下面介绍两种常用的场地平整方法。

一、方　格　法

此法适用于地貌起伏不大或地貌变化有规律的地区。先在待平整的场地上建立方格网，然后用水准测量的方法求出每一方格各桩点的地面高程，接着定出设计高程与填挖高，计算出土方量。具体步骤如下：

1. 布设方格网　方格网分格的大小视地面起伏而定，地面起伏大，布的方格小，反之方格大。一般为 10m、20m、30m、40m、50m 等。

布设方格网时，通常在待平整的土地边缘（或中间）定一条基准线，如图 10-1 所示的 A-H 方向，在基准线上从一端点（如 A 点）开始每隔一定距离（本例为 20m）钉一木桩，然后在基准线上各点分别安置经纬仪（当精度要求不高时，也可用木制十字架或按勾股定理）定出基准线的垂直方向，并在其方向线上每隔 20m 钉一木桩。一般纵向按 A、B、C、

D……编号，横向按 1、2、3、4……编号。每一个桩都有一个特定的编号，如 A_1、B_6、D_{10}、G_3 等等。用红磁油将编号分别写到木桩上，这样地面上就布好了方格网。最后，按 1∶500 或 1∶1000 比例尺画一份草图，供后续测量和计算使用。

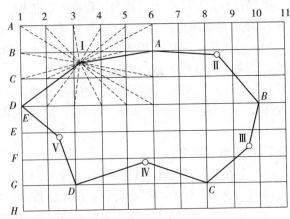

图 10-1　方格网测设

2. 测量各方格点的地面高程　测量各方格点的高程，可采用国家高程系。如附近无水准点，也可采用假定高程系。若使用假定高程系，假定高程的起点应选在待平整土地之外且今后施工时不受破坏的地方，并做好标志。

测量时，应先进行高程控制测量，然后再根据各控制点高程测出各方格点的高程，具体方法同水准测量（图 10-1）。如待平整地面面积不大且高差较小时，也可直接测出各方格点的高程。其数值标于图中方格线上方。

测量时应保证水准仪视线水平，各方格点读数至厘米（cm）即可。水准尺应立在桩位旁且具有代表性的地面上（特别是桩位恰好落在局部的凹凸处时）。记录时要注意立尺点的编号，并现场计算各方格点高程标注于草图上，随时与实地情况校对，避免漏测及错误产生。

如果有精度满足要求的大比例尺的地形图，上述 1、2 步骤可在地形图上完成。即在地形图上拟平整的场地内绘制方格网，再根据图上等高线分别求出各方格点的高程。

3. 计算平均高程　在方格网中，四周只有 1 个方格的点称为角点，如图 10-2 中的 A_1、A_4、D_1、E_2、E_4 点；四周有 2 个方格的点称为边点，如图中的 A_2、A_3、B_1、B_4、C_1、C_4、E_3 点；四周有 3 个方格的点称为拐点，如图中的 D_2 点；四周有 4 个方格的点称为中点，如图中的 B_2、B_3、C_2、C_3、D_3 点。

平均高程用加权平均的方法计算。即平均高程等于各方格平均高程的算术平均值（各方格平均高程相加除以方格数），而每一方格的平均高程等于该方格 4 个点高程相加除以 4。

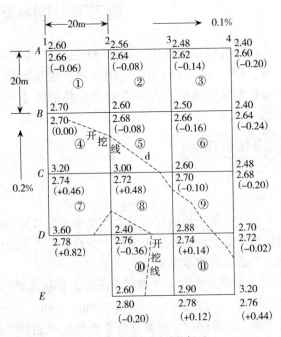

图 10-2　方格法平整场地

从平均高程计算中可看出：角点的高程在计算中只用过 1 次，边点的高程在计算中用过 2

次,拐点的高程用过 3 次,中点的高程用过 4 次。经推导,场地平均高程可写成下面的计算公式:

$$H_0 = \frac{1}{4N}\left(\sum H_角 + 2\sum H_边 + 3\sum H_拐 + 4\sum H_中\right) \tag{10-1}$$

式中,H_0 为场地的平均高程;$\Sigma H_角$、$\Sigma H_边$、$\Sigma H_拐$、$\Sigma H_中$ 分别为各角点、边点、拐点、中点的高程累和;N 为总方格数。

4. 计算设计高程 当场地平整为水平面时,平均高程 H_0 即为各方格点的设计高程,即

$$H_设 = H_0$$

而场地平整为有一定坡度的地面时,则需将平均高程 H_0 作为重心点的设计高程,并以此为基准,推算出各方格点的设计高程(标于图中方格线下方)。可按下式计算:

$$H_设 = H_0 \pm nLi \tag{10-2}$$

式中,n 为方格点距重心点的格数;L 为方格边长;i 为坡度值。

5. 计算填挖高 各方格点的填挖高 h 是各方格点的设计高程与地面高程之差,即

$$h = H_地 - H_设 \tag{10-3}$$

若上式计算结果 $h<0$,表示填方;$h>0$,表示挖方。把 h 值标注在相应的方格点上(图中带括号的数值)。

6. 计算零点位置及画出填挖边界线 当相邻两方格点填挖高符号不相同时,则方格边线上一定有不填不挖的点(零点)。零点位置可目估确定,也可按比例计算确定。设方格边长为 L,某一方格边的零点离方格点的距离为 x,则

$$x = \frac{|h_1|}{|h_1| + |h_2|} \times L \tag{10-4}$$

根据计算结果在方格网上绘出各零点,各相邻零点的连线即开挖线(图中的虚线)。

7. 估算土方量 填挖方工程量可按下式估算:

$$V_W = \frac{S}{4}\left(\sum h_{角W} + 2\sum h_{边W} + 3\sum h_{拐W} + 4\sum h_{中W}\right)$$

$$V_T = \frac{S}{4}\left(\sum h_{角T} + 2\sum h_{边T} + 3\sum h_{拐T} + 4\sum h_{中T}\right) \tag{10-5}$$

式中,S 为一个方格的面积,$\Sigma h_角$、$\Sigma h_边$、$\Sigma h_拐$、$\Sigma h_中$ 分别为各角点、边点、拐点、中点的填挖高之和。

知识运用

例1. 将图 10-2 所示场地整成纵坡(南北方向)为 0.2%、横坡(东西方向)为 0.1% 的地面。已知方格边长为 20m,测得各点高程如图横线上方所示,试计算土方量。

解:(1)按公式(10-1)计算平均高程。

$$H_0 = \frac{1}{4N}\left(\sum H_角 + 2\sum H_边 + 3\sum H_拐 + 4\sum H_中\right)$$

$$= \frac{1}{4\times 11}\big[\,(2.60+2.40+3.20+2.60+3.60)+2$$

$$\times (2.56+2.48+2.40+2.48+2.70+2.90+3.20+2.70)$$

$$+3\times 2.40+(2.60+2.50+3.00+2.60+2.88)\big]$$

$$= 2.70\ (\text{m})$$

（2）在场地中选择重心点（本例选在 C_3 点上），以 H_0 作为重心点的设计高程，按公式（10-2）计算出各点设计高程，并记在相应方格点上（图中横线下方的数据）。例如：

C_1 桩：$H_设 = H_0 \pm nLi = 2.70 + 2 \times 20 \times 0.1\% = 2.74$（m）

B_3 桩：$H_设 = H_0 \pm nLi = 2.70 - 1 \times 20 \times 0.2\% = 2.66$（m）

（3）按公式（10-3）计算各桩点填挖方工程量，并记在相应方格点上（图中横线下方括号内的数据）。例如：

A_4 桩：$h = H_地 - H_设 = 2.40 - 2.60 = -0.20$（m）

（4）按公式（10-5）计算土方量。

$$V_T = \frac{S}{4} \left(\sum h_{角T} + 2 \sum h_{边T} + 3 \sum h_{拐T} + 4 \sum h_{中T} \right)$$

$$= \frac{400}{4} \big[(0.06 + 0.20 + 0.20) + 2$$

$$\times (0.08 + 0.14 + 0.24 + 0.20 + 0.02)$$

$$+ 3 \times 0.36 + 4 \times (0.08 + 0.16 + 0.10) \big]$$

$$= 426 \ (\text{m}^3)$$

$$V_W = \frac{S}{4} \left(\sum h_{角W} + 2 \sum h_{边W} + 3 \sum h_{拐W} + 4 \sum h_{中W} \right)$$

$$= \frac{400}{4} \big[(0.82 + 0.44) + 2 \times (0.46 + 0.12)$$

$$+ 4 \times (0.48 + 0.14) \big]$$

$$= 440 \ (\text{m}^3)$$

填挖基本平衡，说明计算无误。

知识探究

二、断 面 法

在地形变化较大的地区，且测有大比例尺地形图时，可采用断面法来估算土方量。断面法具有速度快、计算简便的特点。根据断面的选取方法不同可分为垂直断面法和水平断面法两种。

（一）垂直断面法

该法是利用地形图截取断面图进行计算。如图 10-3（a）中，$ABCD$ 是计划在山梁上平整场地的边线，该场地的设计高程为 67m。分别估算挖方和填方的工程量。其步骤如下：

1. 绘制断面图 根据 $ABCD$ 场地边线内的地形图，每隔一定间距（本例采用 10m）画一垂直于左、右边线的断面图，图 10-3（b）即为 A-B、1-1、2-2、7-7 和 8-8 的断面图（其他断面省略）。断面图的起算高程定为 67m，这样，在每个断面图上，凡是高于 67m 的地面和 67m 高程起算线所围成的面积即为该断面处的挖方面积；凡是低于 67m 的地面和 67m 高程起算线所围成的面积即为该断面处的填方面积。

2. 计算断面积 用积距法（等距平行线法）分别计算每个断面的挖方面积〔如图中

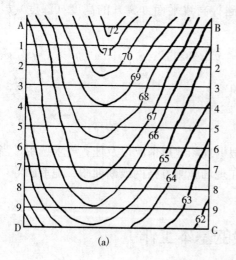 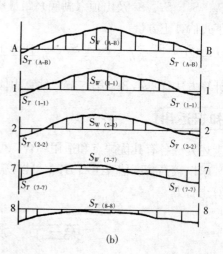

(a)　　　　　　　　　　　(b)

图 10-3　垂直断面法平整场地

67m 线上方的 $S_{W(A-B)}$、$S_{W(1-1)}$、$S_{W(2-2)}$……$S_{W(C-D)}$] 及填方面积 [如图中 67m 线下方的 $S_{T(A-B)}$、$S_{T(1-1)}$、$S_{T(2-2)}$……$S_{T(C-D)}$]:

$$S = (dM)^2 \tag{10-6}$$

式中，S 为断面积（单位为 m^2）；d 为积距（单位为 m）；M 为地形图比例尺分母。

3. 计算土方量　在求出每一断面处的挖方面积和填方面积后，可采用平均断面积法计算出相邻断面间的挖方量和填方量。

$$V_W = \left(\frac{S_{W(A-B)} + S_{W(1-1)}}{2} + \frac{S_{W(1-1)} + S_{W(2-2)}}{2} + \cdots + \frac{S_{W(9-9)} + S_{W(C-D)}}{2} \right) \times L$$

$$V_T = \left(\frac{S_{T(A-B)} + S_{T(1-1)}}{2} + \frac{S_{T(1-1)} + S_{T(2-2)}}{2} + \cdots + \frac{S_{T(9-9)} + S_{T(C-D)}}{2} \right) \times L \tag{10-7}$$

式中，V_W 为挖方体积，V_T 为填方体积，L 为两相邻横断面间的间距。

如果没有待平整区域的地形图，可以用仪器现场实测断面图。即先在待平整的土地边缘或中间设置一条基线，在基线上按一定的桩距测设桩号，并测定其地面高程；在每个桩位上安置仪器，测出横断面方向上每个坡度变化点与桩号之间的水平距和高差，最后绘出各个桩号的横断面图。其他计算方法同上。

（二）水平断面法

又称为等高面法，最适合园林建设中大面积的自然山水地形的土方估算。该法是沿等高线取断面，等高距即为相邻两断面间的高。计算方法与垂直断面法相似。

图 10-4 所示为堆山及挖湖的水平断面。先分别量算出各条等高线所围成的面积

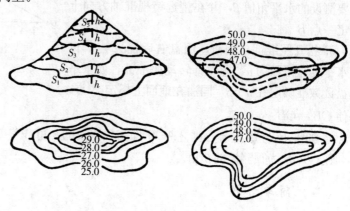

图 10-4　水平断面法平整场地

S_1、S_2、S_3、S_4、S_5 及山顶（湖底）距最小一圈等高线平面（S_5）的高度（深度）h'，然后按下式估算土方量：

$$V = \frac{S_1 + S_2}{2} \times h + \frac{S_2 + S_3}{2} \times h + \frac{S_3 + S_4}{2} \times h + \frac{S_4 + S_5}{2} \times h + \frac{S_5}{3} \times h' \qquad (10\text{-}8)$$

计算方法详见第 8 章第二节"估算山体体积"。

知识运用

上述方法各有其优缺点和适用场合，可以根据现场地形情况以及任务要求选用。当实际工程要求以较高精度估算土石方时，往往需要在现场施测方格网或断面图、地形图等，然后再估算土石方。

第三节 测设的基本工作

测设是把设计图上已设计好的各类工程的位置（平面位置和高程），根据它们和已知点位之间距离、角度、高差的关系，将其标定在实地上，作为施工的依据。因此，测设工作的基本内容就是测设水平角、水平距和高程。现分述如下：

一、水平角测设

水平角测设是根据给定角的顶点和起始方向，将设计的水平角的另一方向标定出来。根据精度要求的不同，测设方法常用如下两种：

（一）一般方法

当水平角测设精度要求不高时，其测设步骤如下：

1. 如图 10-5 所示，O 为给定的角顶点，OA 为已知方向，将经纬仪安置在 O 点，用盘左后视 A 点，并将水平度盘读数拨为 $0°00'00''$。

2. 顺时针转动照准部，使水平度盘读数确定在要测设的水平角值 β，并在望远镜视准轴方向上标定一点 B'。

3. 松开照准部，倒镜，用盘右后视 A 点，读取水平度盘读数为 α，顺时针转动照准部，使水平度盘读数准确定在 $\alpha + \beta$，同法在地面上标定 B'' 点，并使 $OB'' = OB'$。

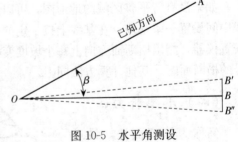

图 10-5 水平角测设

4. 如果 B' 与 B'' 重合，则 $\angle AOB'$ 即为预测设的 β 角；若 B' 与 B'' 不重合，取 $B'B''$ 的中点 B，则 $\angle AOB$ 为预测设的 β 角。

（二）简单方法

当要测设的角度为 $90°$，且测设的精度要求较低时，可用勾股定理进行测设。方法如下：

如图 10-6 所示，欲在 AB 边上的 A 点定出垂直于 AB 的直角 AC 方向。先从 A 点沿 AB 方向量 3m 的 D 点，把一把卷尺的 5m 处置于 D 点，另一把卷尺的 4m 处置于 A 点，然后拉平拉紧两卷尺，两卷尺在零点的交叉处即为预测设的 C 点，此时 $AC\perp AB$。

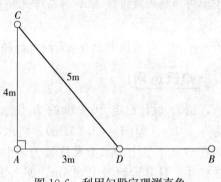

图 10-6　利用勾股定理测直角

二、水平距离测设

水平距离测设是根据给定直线的起点和方向，将设计的长度（即直线的终点）标定出来。其方法如下：

图 10-7　水平距离测设

一般情况下，可根据现场已定的起点 A 和方向线，目测定线将需要测设的直线长度 D 用钢尺量出，定出直线端点 B'（图 10-7）。如测设的长度超过一个尺段长，应分段丈量，返测 $B'A$ 的距离，若相对误差在容许范围内，取往返丈量结果的平均值作为 AB' 的距离 D'，并调整端点位置 B' 至 B，使 $B'B=D-D'$，当 $B'B>0$ 时，B' 往前移动；反之，往后移。

当精度要求较高时，必须用经纬仪进行直线定线，并进行尺长、温度和倾斜改正。

三、高程测设

高程测设是根据某个水准点（或已知高程的点）测设一个或多个点，使其高程为已知值。其方法如下：

1. 如图 10-8 所示，A 为水准点（或已知高程的点），需在 B 点处测设一点，使其高程 H_B 为设计高程。测设时，安置水准仪于 A、B 两点大致等距离处，整平仪器后，后视 A 点上的水准尺，得水准尺读数 a。

2. 在 B 点处钉一大木桩（或利用 B 点处的牢固物体），转动水准仪的望远镜，前视 B 点上的水准尺，使尺缓慢上下移动，当水准尺读数恰好为：

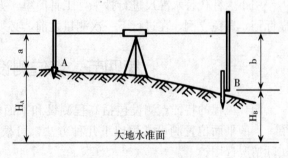

图 10-8　高程测设示意图

$$b = H_a + a - H_b \qquad (10-9)$$

时，尺底处的高程即为设计高程 H_B，用笔沿尺底划线标出。

施测时，如前视读数大于 b，说明尺底高程低于预测设的设计高程，应将水准尺升高；反之应降低尺底。

3. 如果不用升降水准尺的方法，也可将水准尺直接立于桩顶，读出桩顶读数 $b_{读}$，进而

求出桩顶高程改正数 $h_{改}$，并标于木桩侧面。即

$$h_{改} = b_{读} - b \qquad (10\text{-}10)$$

若 $h_{改} > 0$，自桩顶上返 $h_{改}$ 为设计标高；若 $h_{改} < 0$，自桩顶下返 $h_{改}$ 为设计标高。

知识运用

例 2. 设计给定 ±0.000 的 B 点标高为 3.654m（即 $H_B = 3.654$m）；水准点 A 的高程为 3.201m（即 $H_A = 3.201$m）。将水准仪置于二者之间，在 A 点尺上的读数为 1.432m，问在 B 点木桩上的水准尺读数为多少时，尺底才位于设计高程位置？若 B 点水准尺是立在桩顶，且其读数为 1.025m，那么 B 点桩顶应上返还是下返多少米才能达到设计高程的位置？

解： $b = H_A + a - H_B = 3.201 + 1.432 - 3.654 = 0.979$（m）

即 B 点水准尺读数为 0.979m 时，尺底的标高即为 B 点设计标高。

$$h_{改} = b_{读} - b = 1.025 - 0.979 = 0.046 \text{（m）}$$

说明从 B 点桩顶上返 0.046m 即为设计标高。

知识探究

在施工过程中，常需要同时测设多个同一高程的点（即抄平工作），为提高工作效率，一般将水准仪安置到测区居中位置精确整平，然后逐点测设。

现场施工测量人员常用小木杆代替水准尺进行抄平工作。测设前，先计算 A、B 高差 h；测设时，由观测员指挥 A 点上的后尺手，用铅笔在木杆面上移动，当铅笔尖恰在视线上时，观测员喊"好"，后持手就据此在杆面上划第一道横线，并根据 h 值从第一道横线向上（$h < 0$ 时）或向下（$h > 0$ 时）量 $|h|$ 划第二道横线；然后观测员指挥立杆人员在 B 点处上下移动小木杆，当水准仪十字丝恰好对准小木杆上第二道横线时，小木杆底端位置即为预测设的设计高程，画线标记。

用小木杆代替水准尺进行抄平，工具简单、方便易行，但需注意小木杆上、下头须有明显标记，避免立倒，在进行下一次测量之前，必须清除小木杆上的标记，以免用错。

第四节　点位测设的基本方法

园林工程的特征点测设包括高程测设和平面位置测设。点的高程测设在上一节已作介绍，点的平面位置测设常用以下几种方法，可根据实际情况选用。

知识探究

一、极坐标法

当施工场地有导线网且测距较方便时常用此法。其步骤如下：

1. 如图 10-9 所示，要测设一点 A，现场控制点

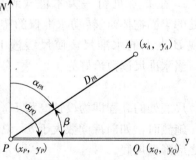

图 10-9　极坐标法测设点位

为 P、Q。在总平面图上可查得 P、A 两点的坐标值分别为 (x_P, y_P)、(x_A, y_A)，以及 PQ 的坐标方位角 α_{PQ}。

2. 计算测设数据。先计算 PA 的坐标方位角 α_{PA}

$$\alpha_{PA} = \arctan \frac{y_A - y_P}{x_A - x_P} \qquad (10\text{-}11)$$

求 PA 与 PQ 的夹角 β：

$$\beta = \alpha_{PQ} - \alpha_{PA} \qquad (10\text{-}12)$$

计算 PA 的水平距离 D_{PA}：

$$D_{PA} = \sqrt{(x_A - x_P)^2 + (y_A - y_P)^2} \qquad (10\text{-}13)$$

当精度要求较低时，上述的 β、D_{PA} 可从图上直接量取。

3. 安置经纬仪于 P 点，测设水平角使 $\angle APQ=\beta$，定出 PA 方向线；在 PA 方向线上，测设距离 $PA=D_{PA}$，则 A 点即为待测设的点。

二、支 距 法

当待测设的点位于基线或某一已知线段附近，且测设点位精度要求较低时，可采用此法。其步骤如下：

1. 如图 10-10 所示，待测设的点 P 在已知线段 AB 附近，在图上过 P 点作 AB 的垂线 PP_1，根据比例尺量取实地距离 D_1 和 D_2。

2. 在现场上找到 A、B 点，从 A 点沿 AB 方向测设水平距离 D_1 得 P_1 点，过 P_1 点测设

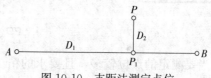

图 10-10　支距法测定点位

AB 的垂直方向并在其方向线上从 P_1 测设水平距离 D_2 得 P 点，P 点即为需测设的点位。

三、交 会 法

可分为角度交会法和距离交会法。

（一）角度交会法

当现场量距不便或待测点远离控制点时，可采用此法。其步骤如下：

1. 如图 10-11 所示，要测设 P 点，A、B 为现场的控制点，根据 P、A、B 点的坐标值可计算出 AP、BP、AB 的方位角、AP 与 AB 夹角 β_1 及 BP 与 BA 夹角 β_2。

2. 用两台经纬仪分别置于 A、B 两点，各测设 $\angle PAB=\beta_1$、$\angle PBA=\beta_2$。

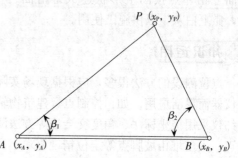

图 10-11　角度交会法测定点位

3. 指挥一人持一测钎,在两方向线交汇处移动,当两经纬仪同时看到测钎尖端,且均位于两经纬仪十字丝纵丝上时,P 点即为预测设的点。

(二) 距离交会法

当待测设的点靠近控制点,量距又较方便,测设精度要求较低时,为加快速度,可用距离交会法测设点位。其步骤如下:

1. 如图 10-12 所示,要测设一点 P,现场控制点为 A、B,根据 P、A、B 点的坐标值分别求出 AP 及 BP 的水平距离 D_{AP} 和 D_{BP}。

2. 以 A、B 两点为圆心,D_{AP} 和 D_{BP} 为半径,分别在地面上画弧,并在两弧交点处打木桩,然后再在桩顶交会所得的点,即为预测设的 P 点。使用该方法,AP 与 BP 的距离不得超过一整尺长。

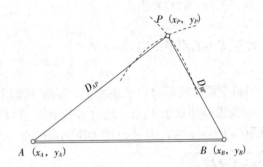

图 10-12　距离交会法测定点位

知识探究

四、方格网法

当要测定的点位较多,且要求的精度不是很高时,可采用方格网法。图 10-13 所示为用方格网法测设人工湖的开挖边界。具体做法是:将图和地面都画成 5m 或 10m 的方格网,然后在图上分别将各条等高线与方格网的交点(如图中的 1、2、3……34 点)的纵横坐标按其在方格中的比例算出,标定在地面相应位置上,插上竹竿做好标高,并将地面上相邻点按图上形状连成平滑曲线,撒上白灰,以供施工使用。

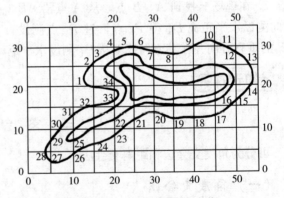

图 10-13　方格网法测定点位

知识运用

点位测设的方法很多,应根据现场实际情况和测设的精度要求,选择合适的方法和相应的仪器而灵活应用。如:控制点、建筑物轴线点、主园路中心点等定位精度较高的点位需用经纬仪采用极坐标法、角度交会法等方法测设;而树木种植点、游览小道中心点、人工湖边线点、人工堆山坡脚点等定位精度要求不高的点位,则可选用方格网法、距离交会法、支距法等测设,以提高工效。

第五节 园林建筑施工测量

园林建筑施工测量同样要遵循"从整体到局部，先控制后碎部"的原则。由于进行园林工程施工的区域一般不是特别大，而且在施工现场仍有测绘地形图时的测量控制点可以利用，因此，如没有特殊情况，可直接进行园林工程施工的各项测量工作。

一、园林建筑物的定位

园林建筑物的定位是将建筑物外廓的各轴线交点（简称角桩）测设到地面上，作为基础放样和主轴线放样的依据。根据现场定位条件的不同，可选择以下方法：

（一）利用"建筑红线"定位

在施工现场若有规划管理部门设定的"建筑红线"，则可依据此"红线"与建筑物的位置关系进行建筑物的定位。如图 10-14 所示，AB 为"建筑红线"，小卖部的定位方法如下：

1. 从平面图上，查算出小卖部轴线 EC 的延长线上的点与 A 点间的距离 AC'、长度 CD 及宽度 CE。

2. 在 A 点安置经纬仪，照准 B 点，用钢尺量出 AC'、AD' 的距离，定出 C'、D' 两点。

3. 将经纬仪分别安置在 C' 和 D' 两点，以 AB 方向为起始方向精确测设 $90°$ 角，得出 $C'E$ 和 $D'F$ 两方向，分别在此方向上用钢尺量出 $C'C$、CE 和 $D'D$、DF 的距离，定出 C、E、D、F 各点。

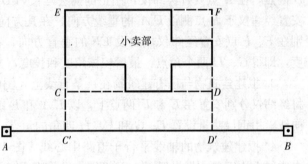

图 10-14　利用"建筑红线"定位园林建筑物

4. 用经纬仪测回法检查 $\angle ECD$ 和 $\angle FDC$ 是否为 $90°$，用钢尺丈量检验 CD 和 EF 的距离是否等于设计的尺寸。若角度误差在 $1'$ 以内，距离相对误差在 $1/2\,000$ 以内，可根据现场情况进行调整，否则，应重新测设。

（二）依据与原建筑物的关系定位

在规划范围内若保留原有的建筑物或道路，当测设精度要求不高时，拟建建筑物也可根据它与已有建筑物的位置关系来定位。图 10-15 所示为几种常见情况（图中画阴影的为拟建建筑物，未画阴影的为已有建筑物），现分别说明如下：

1. 拟建建筑物与已有建筑物的长边平行［图 10-15（a）］　测设时，先拉细绳分别沿已有的建筑物的两端墙皮 CA 和 DB 延长出相同的一段距离（如 $2m$）得 A'、B' 两点；分别在 A'、B' 两点安置经纬仪，以 $A'B'$ 或 $B'A'$ 为起始方向，测设出 $90°$ 角方向，在其方向上用钢尺丈量设置 G、E 和 H、F 四角的角点；定位后，对角度（经纬仪测回法）和长度（钢尺丈量）进行检查，与设计值相比较，角度误差不应超过 $1'$，长度误差不应超过 $1/2\,000$。

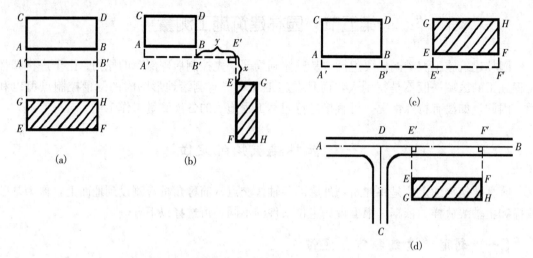

图 10-15　依据与原建筑物的关系定位园林建筑物

2. 拟建建筑物与已有建筑物长边互相垂直 [图 10-15（b）]　按上法用细绳测设出 A'、B' 两点，在 B' 点安置经纬仪，用正倒镜法延长 $A'B'$，在视线方向上用钢尺丈量设置 E' 点；安置经纬仪于 E' 点测设 $E'A'$ 的垂线方向，在其方向是用钢尺丈量设置 E、F 两个角点；分别在 E、F 点安置经纬仪，测设 EF 的垂直方向，在其方向是用钢尺丈量 EG 和 FH 的长度，即得 G、H 两个角点。最后校核角度和长度，方法和精度同上。

3. 拟建建筑物与已有建筑物在一条直线上 [图 10-15（c）]　按上法设置 E'、F' 两点；将经纬仪分别安置在 E' 和 F' 两点上，以 $E'A'$ 和 $F'A'$ 为起始方向，测设出 $90°$ 方向，在其方向线上用钢尺丈量设置 E、G 和 F、H 四角的角点，最后同法进行角度和长度的校核。

4. 拟建建筑物的轴线平行于道路中心线 [图 10-15（d）]　定位时先找出路中线 AB，在中线上用钢尺丈量设置 E'、F' 两点；分别在 E'、F' 安置经纬仪，以 $E'D$ 和 $F'D$ 为起始方向，测设出 $90°$ 角方向，在其方向是用钢尺丈量设置 E、G 和 F、H 4 个角点，最后同法进行角度和长度的校核。

二、园林建筑物的放线

是指根据已定位的园林建筑物外廓各轴线角桩，详细测设出建筑物内其他各轴线的交点桩（或称中心桩）位置，并据此按基础宽度、深度及边坡，用石灰撒出基槽开挖边界线。

（一）细部轴线交点桩的测设

如图 10-16 所示，A、B、C、D 为建筑物外廓各轴线角桩，要测设建筑物内其他轴线交点桩的位置，如图中的 E、E'、F、F'、1、$1'$ 等。测设时，用经纬仪定线，用钢尺量出相邻两轴线间距离，量距精度不小于 1/2 000。

图 10-16　园林建筑物细部轴线的测设

例如，测设 AB 上的 1、2、3、4、5 各点，可把经纬仪安装在 A 点，瞄准 B 点，把钢尺零点位置对准 A 点，沿望远镜视准轴方向分别量取 A-1、A-2、A-3、A-4、A-5 的长度，打下木桩，并在桩顶用小钉准确定位。

交点桩测设完成后，按建筑物的基础宽度、深度及边坡，用石灰撒出基槽开挖边界线，作为开挖基槽依据。

（二）轴线交点桩的引测

由于在开挖基槽过程中，角桩和交点桩将被挖掉，为了便于在施工中恢复各轴线位置，需把各轴线引测到槽外安全地点，并做好标记。引测的方法有设置轴线控制桩和龙门板两种形式。

1. 设置轴线控制桩 轴线控制桩也称"引桩"，其设置方法是：如图 10-17 所示，将经纬仪安置在角桩 A 点上，瞄准另一对应的角桩 B 点，沿视线方向在基槽外侧距 B 点 2～4m 处打下木桩 $3'$，并在桩顶钉上小钉，准确标志出轴线位置；倒镜，沿视线方向在基槽外侧距 A 点 2～4m 处打下木桩 3，并在桩顶钉上小钉，准确标志出轴线位置。同法在 A 点还可测设出轴线控制桩 1，$1'$；在 D 点测设出轴线控制桩 2，$2'$、4，$4'$。如有条件可把轴线引测到周围原有固定的地物上，做好标志来代替轴线控制桩，并用混凝土包裹木桩（图 10-18）。

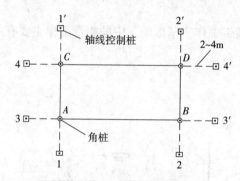

图 10-17 轴线控制桩的测设

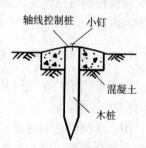

图 10-18 轴线控制桩的埋设

* 2. 设置龙门板 如图 10-19 所示，在低层的园林建筑中，常用钉设龙门板的方法来引测轴线。其步骤和要求如下：

（1）在建筑物四角和中间已定位轴线的基槽开挖线外 1.5～3m 处（视土质与基槽深度而定）设置龙门桩，桩要钉得竖直、牢固，桩的外侧面应与基槽平行。

（2）根据场地内的水准点，用水准仪将 ±0.000 的地坪标高测设在每个龙门桩上，用红笔划一横线。

（3）沿龙门桩上测设的 ±0.000 标高线钉设龙门板，使板的上边缘高程正好为 ±0.000。若现场条件不允许，也可测设比 ±0.000 高或低的一个整分米数的高程，测设龙门板高程的限差为 ±5mm。

（4）将经纬仪安置在 A 点，瞄准 B 点，沿视线方向在 B 点附近的龙门板上定出一点，并钉小钉（称轴线钉）标志；倒转望远镜，沿视线在 A 点附近的龙门板上定出一点，也钉小钉标志。同法可将各轴线都引测到各相应的龙门板上。如建筑物较小，也可用垂球对准桩点，然后沿两垂球线拉紧线绳，把这些延长并标定在龙门板上（图 10-19）。

（5）在龙门板顶面将墙边线、基础边线、基槽开挖边线等标定在龙门板上。标定基槽上

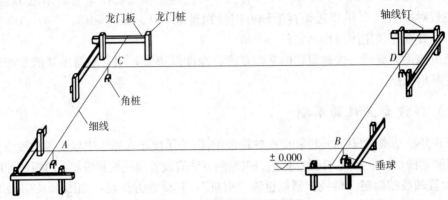

图 10-19　设置龙门板示意图

口开挖宽度时，应按有关规定考虑放坡的尺寸。

用机械开挖基础时，为便于施工，一般只测设轴线控制桩而不设置龙门板和龙门桩。

三、基础施工放样

轴线控制桩测设完成后，即可进行基槽开挖等施工工作。基础施工中的测量工作主要有以下两方面：

（一）基槽开挖深度的控制

为避免超挖，在进行基槽开挖施工时，应随时控制开挖深度。当挖到接近槽底设计标高时，用水准仪沿槽壁测设一些距槽底设计标高为某一整分米数（一般为 0.4m 或 0.5m）的水平桩（图 10-20），用以控制挖槽深度。水平桩高程测设的允许误差为 ±10mm。

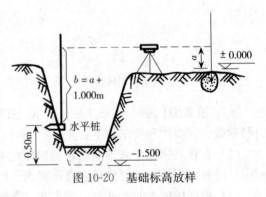

图 10-20　基础标高放样

为了施工方便，一般在槽壁各拐角和槽壁每隔 3～4m 处均测设一水平桩，必要时，可沿水平桩的上表面拉线，作为清理槽底和打基础垫层时控制标高的依据。

基槽开挖完成后，若检查槽宽、槽底标高符合要求，即可按设计要求的材料和尺寸铺设基础垫层。

（二）在垫层上投测墙中心线

基础垫层做好后，根据轴线控制桩或龙门板上的轴线钉，用经纬仪或拉绳挂垂球的方法，把轴线投测到垫层上，并标出墙中心线和基础边线（图 10-21），检查合格后即可砌筑基础。

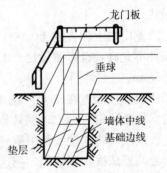

图 10-21　在垫层上投射墙中线

第六节　其他园林工程施工放样

包括园路施工放样、堆山与挖湖放样、园林植物种植放样等。

一、园路施工放样

园路的施工放样包括：中线（或中桩）放样和路基放样。

（一）中线放样

园路的中线放样是在园路施工前，把园路中线测量时设置的各桩号，如交点桩（或转点桩）、直线桩、曲线桩（主要是圆曲线的主点桩）在实地上重新测设出来，以便于施工。进行测设时，首先在实地上找到各交点桩位置，若部分交点桩已丢失，可根据园路测量时的数据（如转角、交点桩间距等）用极坐标法（或其他方法）把丢失的交点桩恢复出来；圆曲线主点桩的位置可根据交点桩的位置和切线长 T、外距 E 等曲线元素进行测设（测设方法在第9章已介绍）；直线段上的桩号根据交点桩的位置和桩距用钢尺（或皮尺）丈量进行测设。

对中线上各桩位测设的方法很多，第四节介绍的点位测设的基本方法都可以使用，可根据所使用的仪器、现场条件和精度要求，灵活地选择其测设方法。

（二）路基放样

路基放样是把设计好的路基横断面在实地定出其轮廓线，作为填土或挖土的依据。

1. 路堤放样　图 10-22（a）为平坦地面路堤放样情况。从中心桩向左、右各量 $L/2$ 宽钉设 A、B 坡脚桩，从中心桩向左、右各量 $d/2$ 宽处竖立竹竿，在竿上量出填土高 h，得坡顶 C、D 和中心点 O，用细绳将 A、C、O、D、B 连接起来，即得路堤断面轮廓。施工中可在相邻断面的坡脚连线上撒出石灰线作为填方的边界。

若路基位于弯道上，放样时应包含有加宽和加高的数值。

若路基断面位于斜坡上，如图 10-22（b），先在图上量出 L_1，L_2 及 C、O、D 3点的填高数，按这些放样数据即可进行现场放样。

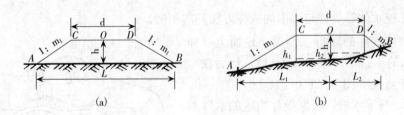

图 10-22　路堤放样

2. 路堑放样　图 10-23（a）、（b）分别是在平坦地面和斜坡上路堑放样情况。只要在图上量出 $L/2$ 和 d_1、d_2 长度，就可以定出坡顶 A、B 的实地位置。为了施工方便，可制作坡度板，如图 10-23（b）所示，作为施工时放坡的依据。

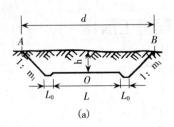
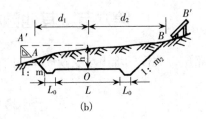

图 10-23　路堑放样

对于半填半挖的路基，除按上述方法测设坡脚 A 和坡顶 B 外，一般要测出施工量为零的点 O'，如图 10-24 所示，拉线方法从图中可以看出，不再加以说明。

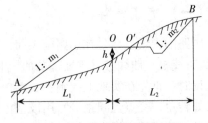

图 10-24　半填半挖路基放样

二、堆山与挖湖放样

(一) 假山的放样

假山放样可用极坐标法、支距法或方格网法等。如图 10-25 所示，先利用控制点 A、B 测设出设计图中假山最下圈等高线的各转折点（图中 1、2、3……14 等各点），然后将各点用平滑曲线连接，并用石灰或绳索加以标定。再利用附近水准点测出 1～14 各点的设计标高，若高度允许，可在各桩点插设竹竿画线标出。若山体较高，则可在桩的侧面标明上返高度，供施工人员使用。一般情况，堆山的施工多采用分层堆叠，因此，在堆山的放样过程中也可以随施工进度随时测设，逐层打桩，直至山顶。

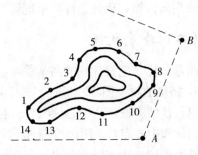

图 10-25　假山放样

(二) 挖湖及其他水体放样

挖湖或开挖水体等放样与堆山的放样方法基本相似。

首先把水体周界的转折点测设在地面上（如图 10-26 所示的 1、2、3……30 各点），然后在水体内设定若干点位（图 10-26 中①、②、③、④、⑤、⑥各点），打下木桩，根据设计给定的水体基底标高在桩上进行测设，画线注明开挖深度。在施工中，各桩点不要破坏，可留出土台，待水体开挖接近完成时，再将此土台挖掉。

水体的边坡坡度，同挖方路基一样，可按设计坡度制成坡度板置于边坡各处，以控制和检查

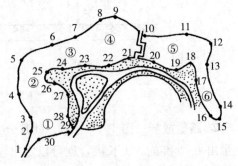

图 10-26　园林水体放样

各边坡坡度。

三、园林植物种植放样

即按设计图的要求对园林植物的种植位置进行放样。根据园林植物种植形式的不同，其放样的方法分述如下。

（一）孤植放样

孤植种植就是在草坪、岛上或山坡上等地的一定范围里只种植一棵大树，其种植位置的测设方法视现场情况可用极坐标法或支距法、距离交会法等。定位后以石灰或木桩标志，并注明树种、规格及挖穴范围。

（二）丛植放样

丛植种植就是把几株或十几株甚至几十株乔木、灌木配植在一起，树种一般在两种以上。定位时，先把丛植区域的中心位置（或主树位置）用极坐标法、支距法或距离交会法测设出来，再根据中心位置（或主树位置）与其他植物的方向、距离关系，定出其他植物种植点位置，打桩标志，并在桩上注明植物名称、规格及挖穴范围。

（三）行（带）植放样

道路两侧的绿化树、中间的分车绿化带和房子四周的行树、绿篱等都是属于行（带）种植。定位时，根据现场实际情况一般可用支距法或距离交会法测设出行（带）植范围的起点、终点和转折点，然后根据设计株距的大小定出单株的位置，做好标记。

（四）片植放样

在苗圃、公园或游览区常常成片规则种植某一树种（或两个树种）。放样时，首先把种植区域的界线（界线上的转折点）视现场情况用极坐标法或支距法等在实地上标定出来，然后根据其种植的方式再定出每一植株的具体位置。

1. 矩形种植放样

如图 10-27（a）所示，$ABCD$ 为种植区域的界线，每一植株定位放样方法如下：

（1）假定种植的行距为 a，株距为 b。如图 10-27（a）所示，沿 AB 方向量取距离 $D_{A1} = 0.5a$、$D_{A2} = 1.5a$、$D_{A3} = 2.5a$…定出 1、2、3 等各点；同法在 CD 方向上定出相应的 $1'$、$2'$、$3'$ 等各点。

（2）在 $11'$、$22'$、$33'$ 等连线上按株距 b 定出各种植点的位置（连线

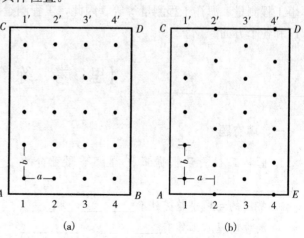

图 10-27　园林植物规则定植放样

上的第一株和最后一株离边界线的距离按$b/2$测设），撒石灰标记。

2. 三角形种植放样 如图10-27（b）所示，定位放样方法如下：

（1）与矩形种植同法，在AB和CD上分别定出1、2、3等和相应的$1'$、$2'$、$3'$等各点。

（2）在第一行（单数行）上按$0.5b$、b…$0.5b$间距定出各种植点位置，在第二行（双数行）上按b、b…b间距定出各种植点位置。

（五）花镜放样

在园林设计中，常用不同颜色的观叶植物或花卉排列出各种图案造型（即花镜），以获得良好的视觉效果。花镜的外边界及各种植物间界线的形状因设计不同而异，常为自然曲线形。放线时一般用方格网法。具体做法是：在图上画5m（或10m）的方格网，分别将花镜的外边界及各种植物间界线与方格网的交点的纵横坐标按其在方格中的比例算出，标注于图上。然后在实地对应位置用白灰打上方格网，将图中各交点标定在地面相应方格位置上，并将地面上相邻点按图上形状连成平滑曲线，然后撒上白灰，供施工使用。

资 料 库

工程测量简介

在测绘界，人们把工程建设中的所有测绘工作统称为"工程测量"。实际上它包括在工程建设勘测、设计、施工和管理阶段所进行的各种测量工作。它是直接为各项建设项目的勘测、设计、施工、安装、竣工、监测以及营运管理等一系列工程工序服务的。可以这样说，没有测量工作为工程建设提供数据和图纸，并及时与之配合和进行指挥，任何工程建设都无法进展和完成。

工程测量按其工作顺序和性质分为：勘测设计阶段的工程控制测量和地形测量；施工阶段的施工测量和设备安装测量；竣工和管理阶段的竣工测量、变形观测及维修养护测量等。

按工程建设的对象分为：园林工程测量、建筑工程测量、水利工程测量、铁路测量、公路测量、桥梁工程测量、隧道工程测量、矿山测量、城市市政工程测量、工厂建设测量以及军事工程测量、海洋工程测量等等。因此，工程测量工作遍布国民经济建设和国防建设的各部门和各个方面。

【思 考 练 习】

一、填空题

1. 园林工程测量根据工作阶段不同可分为_____、_____、_____和_____。

2. 常用的场地平整方法有_____和_____。

3. 测设的基本工作有_____、_____、_____三方面。

4. 测设点位的基本方法有_____、_____、_____和_____。

二、简答题

1. 简述园林工程测量在各阶段的主要工作。

2. 简述用方格网法平整有一定坡度的场地的步骤。

3. 点位测设的基本方法有哪些? 各在什么情况下采用?

4. 图 10-28 中已标出新建筑物与原建筑物的相对位置关系。简述测设新建筑物的方法。

5. 简述不同形式的园林植物种植放样方法。

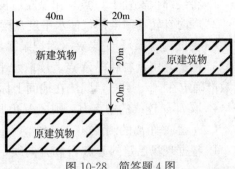

图 10-28 简答题 4 图

三、计算题

1. 如图 10-29 所示,方格边长为 20m,欲将 A、B、C、D 范围内的地面平整为一水平面。试用目估法确定各方格点的地面高程,并计算出设计高程、各方格点的填挖高及填挖方总量。

2. 已知水准点 BM_A 的高程为 34.288m,现要放样设计高程为 33.500m 的 B 点,安置水准仪于 A、B 两点之间,读得 A 点尺上的读数为 1.345m。求在 B 点木桩上的水准尺读数为多少时,尺底才位于设计高程位置? 如 B 点水准尺是立在桩顶上,且其读数为 1.833m,则 B 点桩顶应上返还是下返多少米才能达到设计高程的位置?

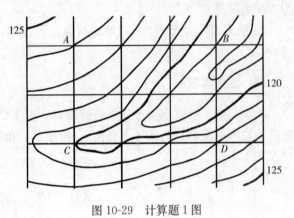

图 10-29 计算题 1 图

[实习 16] 水平角、水平距测设

一、目的要求

掌握水平角、水平距测设的基本方法。

二、仪器及工具

每组准备经纬仪 1 台,测伞 1 把,30m 钢尺 1 把,标杆 2 根,测钎 1 套 (共 11 根),垂球 1 个,木桩及小钉各 2 个,手锤 1 把,记录夹 1 个 (附记录簿)。自备计算器、铅笔、卷笔刀、橡皮等。

三、方法步骤

学生以小组为单位进行实训。

指导教师在现场布置 O、A 两点 (距离 40～60m)。现欲测设 B 点,使 $\angle AOB=45°$ (角

度值可由指导教师根据现场而定），OB 的长度为 50m。其操作步骤如下：

（一）水平角的测设

1. 将经纬仪安置于 O 点，用盘左后视 A 点，并使水平度盘读数为 0°00′00″。

2. 顺时针转动照准部，使水平度盘读数准确确定在 45°，在望远镜视准轴方向上标定一点 B′（长度约 50m）。记录夹（附记录簿）1 本，自备计算器、铅笔、卷笔刀、橡皮等。

3. 倒镜，用盘右后视 A 点，读取水平度盘读数为 a，顺时针转动照准部，使水平度盘读数准确确定在 (a+45°)，同法在地面上标定 B″ 点，并使 OB″=OB′。

4. 取 B′B″ 连线的中点 B，则 ∠AOB 即为欲测设的 45°角。

（二）水平距离的测设

1. 根据现场已定的起点 O 和方向线，先进行直线定线，然后分两段丈量，使两段距离之和为 50m，定出直线端点 B′。

2. 返测 B′O 的距离，若往返测距离的相对误差 ≤1/2 000，取往返丈量结果的平均值作为 OB′ 的距离 D′。

3. 求 B′B=50m−D′，调整端点位置 B′ 至 B，当 B′B>0 时，B′ 往前移动；反之，往后移动。

四、注意事项

本次实训不要求上交实训报告等材料，但实训每完成一项，应请指导教师对测设的结果进行检核（或在教师的指导下自检）；检核时，角度测设的限差不大于 ±40″，距离测设的相对误差不大于 1/2000。

[实习 17] 高程测设

一、目的要求

掌握高程测设的基本方法。

二、仪器及工具

每组水准仪 1 台，水准尺 2 把，木桩 2 个，手锤 1 把，记录夹 1 个（附记录簿）。自备计算器、铅笔、卷笔刀、橡皮等。

三、方法步骤

学生以小组为单位进行该项实训，轮流进行观测和立尺。要求每个学生完成一次操作。

由指导教师在现场布置 A、B 两点，并假定 A 点的高程为 ±0.000m。现欲测设 B 点，使 B 点的高程为 −0.600m（图 10-30）。操作步骤如下：

1. 安置水准仪于 A、B 的约等距离处，整平仪器后，后视 A 点上的水准尺，得水准尺读

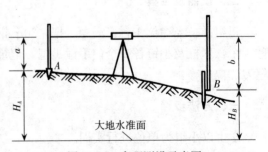

图 10-30　高程测设示意图

数为 a。

2. 在 B 点处钉一大木桩，转动水准仪的望远镜，前视 B 点上的水准尺，使尺缓缓上下移动，当尺读数恰为 b（$b=0.000\text{m}+a-0.600\text{m}$），则尺底的高程即为 0.600m，用笔沿尺底划线标出。

施测时，若前视读数大于 b，说明尺底高程低于欲测设的设计高程，应将水准尺慢慢提高；反之应降低尺底。

四、注意事项

本实训不要求上交实训报告等材料，但每位学生完成实训操作，应请指导教师对测设的结果进行检核（或在教师的指导下自检），高程测设的限差不大于±10mm。

教 学 实 训

园林测量实训须知

一、测量实训的基本要求

1. 实训前应认真阅读"教学实训"中相应的部分，明确实训目的、内容和有关要求，并根据实训的内容复习教材中的有关章节，熟悉实训内容，确保实训顺利完成。

2. 按"实习实训"中的要求，在上课前准备好自备的工具，如计算器、铅笔、小刀、记录板及计算表格等。

3. 按时到达指定的实训地点，不得无故缺席、迟到或早退。

4. 按指导教师的规定和要求进行操作，认真完成实训任务，如遇到问题要及时向指导教师提出。

5. 实训中，如仪器出现故障，必须及时向指导教师报告，不可自行随意处理。

6. 教师要求上交的资料要按时独立完成。

7. 在实训过程中，要爱护周围的花草树木和公共设施，不得随意砍折、踩踏或损坏。

二、实训仪器、工具借还办法

1. 以测量小组为单位，由组长负责安排组员于课前凭学生证向测量实训室借领仪器、工具。

2. 借领仪器、工具时，应当场清点检查实物与清单是否相符。若发现不符或有缺损情况，应及时告知管理人员，以保证实训的正常进行，并使责任分明。

3. 实训过程中各组的仪器工具要妥善管护，不得随意调换。如有损坏和遗失，应写书面报告说明情况，并按有关规定赔偿。

4. 实训结束后，应将所使用的仪器及工具上的泥土清理干净后交还实训室，经管理人员清点检查清楚后办理返还手续。

三、测量仪器、工具的正确使用和维护

1. 领到仪器时，应检查仪器箱盖是否关妥、锁好，背带、提手是否牢固，脚架各部是否完好。

2. 打开仪器箱时，应将仪器箱平放在地面上或其他平台上方能开箱，严禁托在手上或抱在怀里开箱，以免将仪器摔坏；开箱取出仪器前，要看清仪器在箱内的安放位置，避免以后装箱困难。

3. 自箱内取出仪器时，应先放松制动螺旋，以免取出仪器时，因强行扭转而损坏制、微动装置或轴系；然后一手握住照准部支架，另一手托住基座，轻拿轻放，不得只用一只手抓取仪器。

4. 架设仪器时的注意事项

(1) 脚架的 3 条腿抽出后，要及时拧紧固定螺旋，防止脚架自行收缩而摔坏仪器，但不要用力过猛而造成螺旋滑丝。

(2) 架设脚架时，脚架的跨度要适中（脚间距离 60cm 左右为宜）。跨度太小仪器不稳定，容易被碰倒；跨度太大容易滑倒且影响观测员操作。在坡地（或阶梯）架设仪器时，一般是两条腿在低处，一条腿在高处；在光滑地面架设仪器时，可用绳子或细铁链把三脚架连起来，以防脚架滑动，摔坏仪器。

(3) 连接仪器时，应一手握住仪器支架，一手旋紧仪器与脚架间的连接螺旋。

(4) 仪器架设好后，要随即关闭仪器箱盖，防止沙土、杂草进入箱内和仪器附件丢失。另外，仪器箱上严禁坐人。

5. 使用仪器过程中的注意事项：

(1) 野外使用仪器，必须撑伞保护，防止烈日暴晒和雨淋（包括仪器箱）。

(2) 在任何时候，仪器旁必须有人看护。

(3) 如遇目镜、物镜外表面蒙上水汽而影响观测时（在冬季较常见），应稍等一会或用纸片扇风使水汽蒸发，或用镜头纸轻轻擦拭。

(4) 转动仪器时，应先松开制动螺旋再平稳转动。转动各种螺旋时，用力要均匀，动作要有轻重感，用力过大或动作过猛都会对仪器造成损伤。另外，微动螺旋和脚螺旋都不要旋到极端。

(5) 仪器迁站时要清点仪器、附件及工具是否齐全；长距离迁站或通过行走不变的地区，应将仪器装入箱内搬迁；短距离迁站时，可先将脚架收拢，并将仪器各部的制动螺旋稍微拧紧，然后一手抱脚架，一手扶住仪器，并保持仪器近于直立状态搬迁。严禁将仪器横扛在肩上迁移。

(6) 测量结束、仪器装箱前，可用软毛刷轻拂仪器表面的尘土。有物镜盖的要将镜盖盖上，仪器箱内如进有尘土、草叶或其他杂物应清除干净。

(7) 仪器装箱后，应清点箱内附件是否齐全，然后先轻轻试盖一下，若合不上箱口，切不可强压箱盖，应重新放置；确认放妥后，将各部制动螺旋略微拧紧，最后将仪器箱关上、扣紧、锁好。

6. 测量工具的使用和维护

(1) 使用钢尺时，应防止扭曲、打结和折断以及行人踩踏或车辆碾压，尽量避免尺身着水；前、后尺手携尺前进时，应将尺身抬离地面，不准沿地面拖行，以防损坏刻划。钢尺用后，应擦涂油，以防生锈。

(2) 使用皮尺时，应均匀用力拉伸，避免着水、车压。如果皮尺受潮，应及时晾干。

(3) 使用水准尺、花杆时，应注意防水、防潮，防止受横向压力，不能磨损尺面刻划和

漆皮，不用时应安放稳妥。塔尺的使用，还应注意接口处的正确连接，用后及时收尺。立尺时，应用双手扶直，不得将标尺靠在树上或墙上，花杆不得用来抬东西、晒衣服或拿来投掷。

（4）使用测图板时，要注意保护图板面，不得乱写乱画乱扎，不得重压或坐压。

（5）使用垂球、测扦、尺垫等小件工具时，应用完即收，防止遗失。

四、外业观测资料的记录与计算要求

1. 实训记录必须直接填在规定的表格上，不得用其他纸记录后再转抄。所有记录与计算均用（HB 或 1H）铅笔记录，且表格上规定填写之项目不得空白。

2. 记录员听到观测员的读数后应复诵回报一次再记录。记录时要求字体端正清晰，字脚靠近底线，字的大小约为表格栏高的 2/3，留出的空隙作错误的更正。表示精度或占位的"0"均不得省略，如水准尺读数 1.300 或 0.926，度盘读数 80°07′06″中的"0"。

3. 观测数据的尾数不得更改，读错或记错后必须重测、重记。例如，角度测量时，秒级数字出错，应重测该测回；水准测量时，毫米位数字出错，应重测该测站；钢尺量距时，毫米位数字出错，应重测该尺段。

4. 观测数据的前几位出错时，应用细横线划去错误的数字，并在原数字上方写出正确的数字，不得涂擦已记录的数据。禁止连续更改数字，例如，水准测量中的黑、红面读数，角度测量中的盘左、盘右读数，距离测量中的往、返测数据等，均不得同时更改。

5. 记录数据修改后或观测结果废去后，应在备注栏内写明原因，如观测错误、计算错误或误差超限等。

6. 每个测站观测结束后，应现场完成规定的计算和检核，确认无误后方可迁站。

7. 数据计算应根据所取位数，按"4 舍 6 入，5 前单进双舍"的原则进行凑整。

［实训1］大比例尺地形图测绘

一、实训目的

在课堂实习 4（水准路线测量及成果整理）、实习 9（经纬仪导线测量）、实习 11（地形碎部测量）的基础上，进行综合实训，使学生熟练系统地掌握小范围控制测量中导线的布设、平面控制测量的外业和内业方法、高程控制测量、坐标格网的绘制、图根点的展绘、碎部测量的方法、地形图的清绘和整饰等。

二、实训内容

每组完成 1∶500 地形图 4～6 个方格（10cm×10cm）的测绘。包括平面控制测量的外业、内业，高程控制测量，图根点的展绘、碎部测量和地形图的清绘和整饰等内容。

三、仪器及工具

每组经纬仪 1 台，水准仪 1 台，罗盘仪 1 台，水准尺 2 把，标杆 2 根，测伞 1 把，30m 钢尺 1 把，测钎 1 套，斧子 1 把，木桩和小钉若干，红油漆 1 小瓶，绘图板 1 块（附图纸 1

张），记录夹 1 个（附表格若干），丁字尺 1 把。自备计算器、三棱比例尺、量角器、三角板、铅笔等。

四、方法步骤

（一）平面控制测量

采用闭合导线，导线点以 4～6 个为宜。有连接条件的可与高级控制点连接，也可设为独立测区。

1. 选点　进行测区踏勘，熟悉情况，综合考虑各方面因素现场选定出 4～6 个控制点，钉桩、按顺时针方向编号，绘出导线略图。

2. 测距　用钢尺往返丈量各导线边长，读数至毫米（mm），相对误差≤1/3000 时，取其平均读数至厘米（cm）。

3. 测角　根据编号顺序用经纬仪测回法测出每个内角，上下两个半测回误差≤±40″时取均值。与高级点连接的，测出连接角。若是独立测区，用罗盘仪测出起始边的方位角。

4. 内业计算　外业数据整理后，在表格内依次进行①角度闭合差的计算、调整，②各边坐标方位角的推算，③坐标增量的计算，④坐标增量闭合差的计算与调整，⑤各点坐标的计算。以上每一步做到符合精度要求后，再进行下一步（参阅教材第 6 章第二节）。

（二）高程控制测量

高程控制测量采用等外水准测量方法，测定出每个控制点的高程。具体做法参照第 3 章实习 4。

（三）测图准备

准备测图用的图纸，绘制坐标格网、展绘图根点（参阅教材第 6 章第三节）。

（四）碎部测量

可按教材第 7 章第二节的经纬仪测图法。在每个控制点上安置经纬仪观测。目估法现场勾绘出等高线。

（五）地形图的清绘和整饰

参照教材第 7 章第三节，对地形图有顺序地进行清绘和整饰。整饰后的图面要求内容齐全、线条清晰、取舍合理、符号正确、注记适当、整个图面整洁美观。

五、注意事项

1. 实训的各项工作均以小组为单位进行。组长要切实负责，合理安排各组员的工作，使每人均有练习的机会。组员之间应团结协作、密切配合，以保证实训任务的顺利完成。

2. 本项实训领借仪器、工具较多，使用时间较长，应妥善保管，以避免丢失或损坏。

3. 为防止错漏、提高工效，实训期间能现场计算的数据应在测站内完成。每天收工后应检查当天外业观测数据并进行完内业计算。

六、上交材料

（一）小组材料

平面控制及高程控制测量外业记录手簿、碎部测量记录手簿、1∶500 地形图。

（二）个人材料

每人完成实训报告书1份。内容包括：

1. 封面　包括实训名称、时间、地点、小组、姓名、指导教师等。

2. 实训内容　包括实训目的、任务、具体的时间安排；每个步骤的进行过程、所采用的方法、精度要求、计算成果（经纬仪导线测量计算表、水准路线成果计算表）及示意图。

3. 实训体会　在实训中遇到的问题及解决方法等。

［实训2］园林工程施工测量

一、实训目的

掌握园林建筑主轴线的测设、引桩的设置、基础施工测量及花镜方格网法放样的方法。

二、实训内容

1. 用极坐标法测设主轴线上的4个点　分别用支距法和距离交会法测设主轴线上的一个点。

2. 引桩的设置

3. 基础施工测量

4. 花镜方格网法放样

三、仪器及工具

每组经纬仪1台，水准仪1台，30m钢尺2把，水准尺1把，标杆2根，斧头1把，木板、木桩、小钉若干，记录板（附记录表格）1块，园林种植（花镜）设计图复印件1张；自备铅笔、小刀、橡皮、计算器等。

四、方法步骤

指导教师布置场地：在较平坦的地面上选定 A、B 两点，使 AB 的距离为30m，打下木桩和小钉标志；假定它们的坐标分别为（105.000，105.000）和（105.000，135.000），$H_A = 100.000$m。

已知的测设数据：1点（107.000，115.000），2点（116.659，112.412），3点（121.836，131.730），4点（112.176，134.319）；1234为长方形且 $D_{12} = D_{34} = 10$m，$D_{23} = D_{41} = 20$m；±0.000的地坪标高为100.300 m。

测设要求：以 B 为测站点，BA 为后视方向，用极坐标法测设出1、2、3、4点；以 A、B 为已知点，用距离交会法测设第一点；以 AB 为基线，用支距法测设第二点。

（一）园林建筑主轴线的测设

1. 极坐标法

（1）计算测设数据：先按（10-10）式计算 BA、$B1$、$B2$、$B3$、$B4$ 方向的方位角 α_{BA} 和 α_{B1}、α_{B2}、α_{B3}、α_{B4}；再按（10-11）式计算 $\angle AB1$、$\angle AB2$、$\angle AB3$、$\angle AB4$；按（10-12）式计算 D_{B1}、D_{B2}、D_{B3}、D_{B4}。

（2）在 B 点安置经纬仪，用水平角的测设方法，分别测设出 B 点至 1、2、3、4 点的方向线。

（3）以 B 点为起点，分别沿 B 至 1、2、3、4 的方向线，测设水平距 D_{B1}、D_{B2}、D_{B3}、D_{B4} 的终点位置，即得第 1、2、3、4 点的实地位置。

2. 距离交会法

（1）计算测设数据，即计算 A 至 1、B 至 1 距离 D_{A1} 和 D_{B1}。

（2）以 A、B 两点为圆心，D_{A1} 和 D_{B1} 为半径，分别在地面上画弧，两弧交点处即为第一点的实地位置。应与极坐标法测设的 1 点位置重合。

3. 支距法

（1）计算测设数据：过 2 点作 AB 的垂线，垂足为 $2'$，计算（或量出）A 至 $2'$ 的距离 y 和 2 至 $2'$ 的距离 x。

（2）从 A 点沿 AB 方向线测设水平距离 y 得 $2'$ 点，过 $2'$ 点作 AB 的垂直方向并在其方向线上从 $2'$ 测设水平距离 x 所得的点，即为第二点的实地位置。

（二）引桩的设置

参照"第十章第五节　园林建筑施工测量'设置轴线控制桩'"。

（三）基础施工测量

基础施工测量主要是控制基槽的开挖深度，其方法参照实习 17"高程测设"。

（四）花镜方格网法放样

在园林种植（花镜）设计图复印件上画上间距为 5m 的方格网，方法按"第 10 章第六节　其他园林工程施工放样'花镜放样'"。

五、注意事项

1. 实训前每人应独立计算好所有的测设数据，并相互校核。

2. 4 个点位测设完成后，应以经纬仪和钢尺检查转折角和边长，角度误差≤$1'$为合格，边长的相对误差≤$1/2\,000$ 为合格。

3. 若受场地限制，指导教师可调整已知数据，使该实训能顺利完成。

六、上交资料

每人上交 1 份测设数据计算表，如下表所示。

测设数据计算表

班级：＿＿＿＿＿＿＿　小组：＿＿＿＿＿＿＿　姓名：＿＿＿＿＿＿＿　日期：＿＿＿＿＿＿＿

测设方法	点号		坐标增量（m）		方位角 ($°'''$)	水平角 ($°'''$)	水平距 (m)	备　　注
			Δx	Δy				
极坐标法	B	A						以 B 为测站，BA 为后视方向，测设 1、2、3、4 点
		1						
		2						
		3						
		4						

（续）

测设方法	点号	坐标增量（m）		方位角 (°′″)	水平角 (°′″)	水平距 (m)	备 注
		Δx	Δy				
距离交会法	A	1					以 A、B 为已知点，用距离交会法测 设第 1 点
	B	1					
支距法	A	$2'$					$2'$ 为过 2 点作 AB 垂线的垂足
	$2'$	2					

备注：表格中有"/"的为不填入数据的空格。

[＊实训 3] 场地平整测量

一、实训目的

掌握方格法场地平整测量的方法步骤。

二、实训内容

每组完成 9～15 格（10m×10m）方格网的布设，各桩点高程测量及将场地平整为纵向坡度为 0.1％，横向坡度为 0.2％的地面的各项内业计算（计算平均高程、计算设计高程、计算填挖高、零点计算、填挖土方量计算）。

三、仪器及工具

每组经纬仪 1 台，水准仪 1 台，标杆 2 根，水准尺 1 把，30m 钢尺 1 把，记录夹 1 个（附记录表），木桩 12 个，斧子 1 把。自备计算器、三角板、铅笔、小刀、橡皮等。

四、方法步骤

指导教师选择一块缓坡场地，指定各小组测量的范围，引导学生在长边界上定出基线，每隔 10m 打上木桩，将经纬仪分别安置在基线各桩上，测定其垂直线方向上的桩位。具体测量方法参照第十章"第二节　园林场地平整测量'方格法'"。

五、上交资料

1. 小组上交资料　外业方格网布设草图；水准测量记录表。

2. 个人上交资料　方格法场地平整图（标注有地面高程、设计高程、填挖高及填挖边界线）；平均高程、填挖土方量计算式及数据。

[＊实训 4] 园林道路测量

一、实训目的

初步学会根据园林规划设计的要求和现场实际情况进行定线，掌握路线中线测量、纵断面水准测量和横断面测量的方法。

二、实训内容

每组完成路宽 3～4m 的园林道路 300～400m，包括路线中线测量、纵断面水准测量、横断面测量和纵横断面图的绘制。

三、仪器及工具

每组经纬仪 1 台，水准仪 1 台，标杆 2 根，水准尺 2 把，30m 钢尺 1 把，记录夹 1 个（附记录表），木桩（方桩、扁桩）、小钉若干，斧子 1 把，红油漆 1 小瓶，毛笔 1 支。自备计算器 1 个、三角板量角器 1 副、毫米方格纸、铅笔、小刀、橡皮等。

四、注意事项

1. 实训期间的各项工作以小组为单位。组长要切实负责，安排好组员的工作，使每人均有练习的机会；组员之间应团结协作，密切配合，以保证实训内容的顺利完成。

2. 在实训的前一个工作日，应准备好所有的测量仪器与工具；出测前应对所带仪器与工具进行登记，以便迁站和收工时清点核对。

3. 实训期间，能够现场计算的数据应做到站前清，每天收工后应检查当天外业观测数据并进行内业计算。

五、方法步骤

1. 选线　在教师的指导下进行实地选线，定出园路中线的交点，若相邻两交点不通视，应增设转点。选定后分别打桩、编号。

2. 中线测量　中线测量的主要内容有：测定转角（含标定分角线方向）、圆曲线测设、钉里程桩，在地形明显变化处设置加桩。具体方法参阅实习 14。

3. 路线纵横断面测量

（1）测设水准点。本实训线路总长为 300～400m，可设置 2 个水准点，其位置应选在中线两侧 20～30m 的固定地物（如房屋基石或岩石等）或钉设木桩作为标志。然后利用往返测的方法测定相邻两水准点之间的高差，若往返测高差的绝对值之差不大于 $\pm 40\sqrt{L}$ mm 或 $\pm 12\sqrt{n}$ mm，则取往返测高差绝对值的平均值，符号以往测为准，作为相邻两水准点之高差。根据起点高程和平均高差，计算水准点的高程。

（2）纵、横断面测量。具体方法参阅实习 15。

4. 路线纵断面图的绘制　纵断面图一般绘制在毫米方格纸上，绘图比例尺为 1∶1000（横）和 1∶100（纵）。其图例参阅图 9-11。各小组将中线测量、路线纵断面测量外业成果填入桩号、地面高程栏中，绘制出直线与曲线图及地面纵断面地面线。指导教师指导学生在合适的位置绘制设计线。其他项目参阅教材中的相关内容。

5. 路基横断面图的绘制　园路路基横断面图也绘制在毫米方格纸上，比例尺为 1∶100。其内容包括横断面方向的地面线、路基表面线、排水沟和边坡。各小组根据横断面测量数据绘制出横断面方向的地面线。按教师设计、提供的路基宽度、排水沟的规格和边坡的坡比绘制各桩号的横断面图。

六、上交资料

1. 小组上交资料　线路中线测量、纵断面测量和横断面测量记录计算表。

2. 个人上交资料

（1）线路纵、横断面图。

（2）实训报告书。其内容包括如下：

①封面。实训名称、地点、时间、班组、编写人员及指导教师姓名。

②前言。说明实训的目的、任务和过程。

③实训内容。说明测量的顺序、方法、精度要求、计算成果及示意图等。

④实训体会。说明实训中遇到的技术问题及解决的办法。

主要参考文献

陈炳荣 . 1996. 地籍测量 [M] . 天津：天津人民出版社 .

陈涛，李桂云，等 . 2010. 园林测量 [M] . 郑州：黄河水利出版社 .

陈涛 . 2009. 园林工程测量 [M] . 北京：化学工业出版社 .

刘顺会主编 . 2001. 园林测量 [M] . 北京：中国农业出版社 .

全国科学技术名词审定委员会 . 2002. 测绘学名词 [M] . 第 2 版 . 北京：科学出版社 .

宋子柱，孙忠才 . 1999 . 地籍测量 [M] . 北京：中国大地出版社 .

肖振才 . 2005. 测量常用仪器操作考核方法 [J] . 中国高校教育研究（1）：15-18.

郑金兴 . 2005. 园林测量 [M] . 北京：高等教育出版社 .

中华人民共和国国家质量监督检验检疫总局，中国国家标准化管理委员会 . 2007. GB/T20257. 1—2007 国家
基本比例尺地图图式 第 1 部分：1：500 1：1000 1：2000 地形图图式 [M] . 北京：中国标准出版社 .

周相玉 . 2004. 建筑工程测量 [M] . 武汉：武汉理工大学出版社 .

百度百科（http：//baike. baidu. com/）

图书在版编目（CIP）数据

园林测量/肖振才主编 . —北京：中国农业出版
社，2012.8（2024.6 重印）
中等职业教育农业部规划教材
ISBN 978-7-109-16912-8

Ⅰ.①园… Ⅱ.①肖… Ⅲ.①园林－测量学－中等专
业学校－教材 Ⅳ.①TU986

中国版本图书馆 CIP 数据核字（2012）第 131681 号

中国农业出版社出版
（北京市朝阳区农展馆北路 2 号）
（邮政编码 100125）
责任编辑 王 斌 钟海梅
中农印务有限公司印刷 新华书店北京发行所发行
2012 年 8 月第 1 版 2024 年 6 月北京第 3 次印刷

开本：787mm×1092mm 1/16 印张：16
字数：380 千字
定价：48.00 元
（凡本版图书出现印刷、装订错误，请向出版社发行部调换）